自 然 文 库

N a t u r e

S e r i e s

Hawthorn:

The Tree that has Nourished, Healed, and Inspired through the Ages

山楂树传奇

远古以来的食物、药品和精神食粮

〔美〕比尔·沃恩 著

侯畅 译

2018年·北京

Bill Vaughn Hawthorn:

The Tree That Has Nourished, Healed,

and Inspired Through the Ages

This edition arranged with Tessler Literary Agency

through Andrew Nurnberg Associates International Limited

献给姬蒂

每个牧羊人都在

山谷的山楂树下

讲述他的故事。

——米尔顿（Milton）

单子山楂

Willkomm, H.M., *Illustrationes florae Hispaniae insularumque Balearium*, vol. 1 t. 47 (1881–1885)

目录

前言

作为一名杂志作家，我曾跋涉万里，去各地报道那里的风土人情和各种事件，从细枝末节的小事，到意义重大的大事。曾经，我在婆罗洲（加里曼丹岛）的岸边给渔民送钱，让他们在守卫的眼皮底下把我偷渡到哥伦比亚广播公司（CBS）拍摄热播节目《生还者》第一季的那个小岛。我在退潮时跨越北海的海底走向荷兰海岸外的另一个岛屿，并在涨潮之前回到大陆上，这种古怪又危险的活动叫作“走泥巴”，在荷兰似乎很流行。我在密苏里州布兰森用了一个星期与一车参加舞台表演的退休人员四处逛。我在得克萨斯州奥斯汀的一家机械店里花了一整天的时间采访真人秀明星杰西·詹姆斯（Jesse James，当时他还没有和桑德拉·布洛克 [Sandra Bullock] 闹离婚弄得满城风雨）。我骑着自行车环绕普罗旺斯开展美食之旅，在萨德侯爵的古堡以及另一个属于亨利二世那八面玲珑的情妇兼廷臣戴安娜·德·普瓦捷（Diane de Poitier）的较小的城堡中过夜。我制造了一条风动力船，沿着蒙大拿州的铁路轨道航行，有些旅程是合法的，有些则不然。而在走访北部大草原（Northern Plains）某些部落视为圣地的一些发出诡异嗡鸣声的地方时，我吓得心惊胆战。

但是，我在全世界漫游，遇到的最引人入胜的故事却发生在我自家的后院里。那就是山楂树的史诗，这种树与人类有记录的历史紧密地相依相伴了至少九千年。在我偶然地发现这种超凡的生命形式并开始研究它之后，我惊奇地发现，它在欧洲政治史上扮演的角色间接决定了我自身的存在。于是，我决定去了解更多，一次不期而至的训练把我引上了许多陌生的道路。山楂树在天主教中是一种效果卓然的象征物，这促使我去理解这一宗教，而作为一个没有母亲的孩子，我曾经是拒斥它的。山楂树在我个人的历史中所起的作用又让我来到了爱尔兰的乡间，这是我的家族挣扎求生的地方，我还来到了蒙大拿州的耶稣会布道团，这里是我的曾祖父在新大陆落脚的地方。

虽说驱使我写这本书的原因是我个人与山楂树的联系——我们居住的地方“黑暗英亩”（Dark Acres），正好处在漫山遍野的几百英里山楂林中——但我同样相信，山楂树在政治、宗教和自然方面的历史，应该编织进同一个叙事中。这些故事对某些读者，特别是美国读者而言，可能是令人大吃一惊的，因为我们在很大程度上已经遗忘了这种树在北美大陆上的欧洲外来者和原住民心中扮演的角色。

我对山楂树着迷的核心原因在于它的矛盾性。这种树用携带着病原体的尖刺把自己武装到了牙齿，但同时也抚育了各种生物，给它们遮风挡雨。这种树曾经在异教徒的精神生活中充当过一个重要的符号，但也成为了企图侵蚀旧信仰的新兴宗教基督教崇拜的对象。同样也是这种树，一方面被栽在灌木篱墙中，使人们能够耕种，另一方面也被用来把穷苦的欧洲人无情地阻挡在过去曾经人人有份的土地之外。如今，这种树又给受心脏病困扰的人带来健康生活的希望。

在某种意义上，山楂树的故事，就是我们自己的故事。

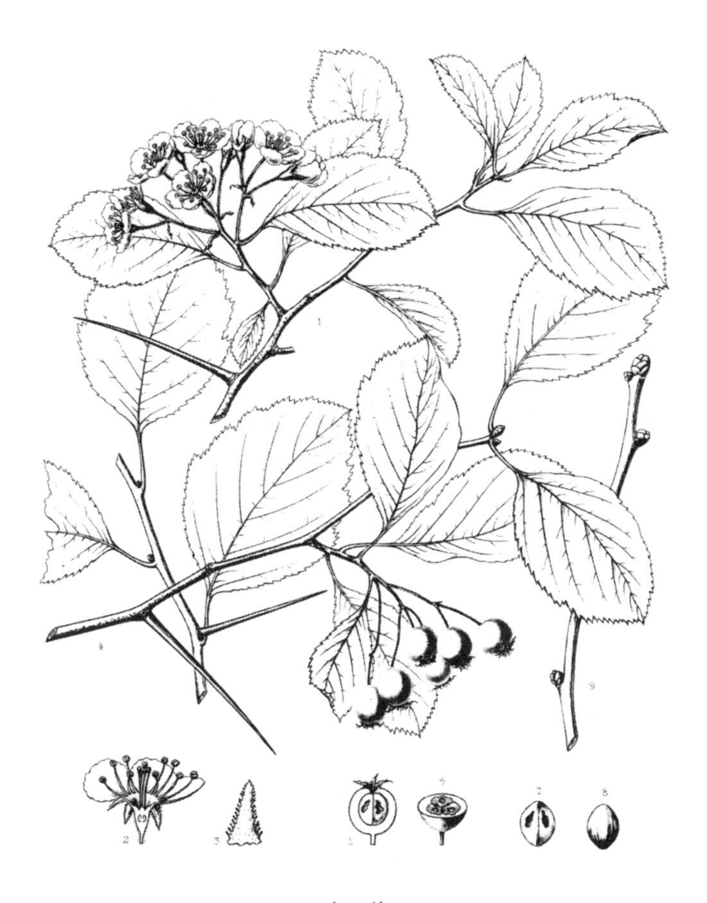

肉山楂

Sargent, C.S., *The Silva of North America*, vol. 13 t. 686 (1898) [C.E. Faxon]

第一章　全世界最繁忙的树

被一棵植物杀死是没有意义的。

——《三尖树时代》(*Day of the Triffids*)

在我们搬去“黑暗英亩”的第一个春天，我在一个清晨给电锯上好油，加满了燃料，拽着它穿过草场，来到一个乱糟糟的小树丛前边，这些树有20英尺*高，开满了白色的花朵。当时，天色阴沉，乌云密布，闪着摄影师所钟爱的五月里薄纱般的光。一群加拿大雁在我头顶上排着“人”字形的队伍低掠而过，我甚至能听到它们翅膀拍动的嘶嘶声。空气中氤氲着唇萼薄荷的芬芳与棉白杨花蕾那慵懒的气息。一阵清风拂过克拉克福克河，在碧绿的嫩草上吹出一道道波纹。和暖的春雨下了一个星期，让我们的河谷看上去更像爱尔兰，而不是西蒙大拿州通常烤得干硬的土地。现在我和我的妻子姬蒂重新住回乡下了，那里就像童年时期没有母亲、桀骜不驯的时候待过的穷乡僻壤一样，在这完美的日子里，除非是看到一张百元大钞乘着清风飞来，再没有什么能让我快乐了。

* 1英尺＝0.3048米。——本书中脚注无特殊说明，均为译者注。

走近了仔细观察，我发现这团树丛实际上是一棵树。它往各个方向伸展，长了八根树干。这树不像院中的垂柳那样优雅，也不像我们林中高达 100 英尺的美国黄松那样伟岸。它长满瘤子的虬结的枝条上满是地衣的蓝色硬壳，好像一块块污渍。这些枝条从树冠上弯下来，仿佛巫婆的手指一般，上边灰白色的树皮片片剥落。看样子除了这种树的亲妈，是不会有谁爱它的。

最近给我们惹麻烦的正是它的树干。那段树干横着长，与地面平行，15 英尺长，离地 1 码 * 高，并用它那曲里拐弯的枝条建了一道满是尖刺的墙，这些枝条环抱着一大团藤蔓，以及一段挂在松木杆之间，现在已经烂掉了的网栏。这网栏是用铁丝织成的，其中的孔隙 4 英寸 ** 见方，两根铁丝交叉的地方用细些的铁丝紧紧地绑好，而在风雨的作用下，它早已锈迹斑斑，被生长的树木顶弯了。

我很疑惑当初在这片河漫滩上让牛群随处溜达的牧场人家为什么要用网子，而不是面目可憎的装有倒刺的铁丝栅栏。除了这里，那种栅栏在森林中蜿蜒得到处都是。不过，一想起我姐姐在蒙大拿中部的大牧场里喂养的猪和它们的围栏，我就觉得，原因一定在于不能让猪被围栏伤害到。但不论究竟是为了什么，这种噩梦般的荆棘和金属的组合必须消失，就像那些有刺的铁丝要为我那加工过的松木制成的对马儿无害的条状栏杆腾地方一样。

前一天，我从家里出来，想把我们的夸特马 *** 从草场上带回来，结

* 1 码 = 0.9144 米。

** 1 英寸 = 2.54 厘米。

*** 四分之一英里（1 英里 ≈ 1.609 公里）竞赛马。——原注

果发现我们用来配种的老母马“泰茉尔”(Timer)站在那棵树旁边，垂着头，抬着左前蹄。我真的吓坏了，走近一看才发现，她被铁丝网缠住了。“泰茉尔”在专心工作的时候——她每天和其他的马能够出去放牧四五个小时——不知怎地跨过了沟渠，跑到铁丝栅栏那里了。我让我那条吵吵闹闹的红毛随从犬“拉迪什”(Radish，直译为萝卜)退后，不过为时已晚，他已经热切地叫唤起来，像每天召集马群回到畜栏里一样。当泰茉尔看到今天当值的是拉迪什时，拉迪什更是用力大叫起来，马儿在惊慌中想挣脱栅栏，我在一边吓得目瞪口呆，心里做好了最糟糕的打算。

突然间，泰茉尔重新获得了自由。她跛着一条腿，踉踉跄跄地一路小跑到远离那棵树的地方并狠狠地朝拉迪什踢了一脚，不过拉迪什闪开了。我一边说着安抚的话一边靠近她。当我抬起她的蹄子时，我总算松了口气，她并没有被划伤，只是在挣脱的过程中弄掉了一个蹄铁。幸亏如此，否则情况可能严重得多。陷在铁丝里的受惊的马儿有可能受到特别严重的划伤，最后不得不安乐死。

我把链锯放在那棵树的旁边，想了想这个问题。我发现如果能把那棵惹麻烦的树周长两英尺左右的树干锯开，我就可以把它和它上边带的铁丝拴在皮卡上拖走，扔到垃圾场去。于是，我在树干上寻找没刺的地方，好用链锯给它来个痛快，但是，整棵树干竟然都是全副武装的。我用园艺大剪刀从最上边剪下了两根直径不过半英寸的长满瘤子的树杈，而衍生出树杈的那根枝条虽然处在树梢，直径也有两倍粗。当我想把剪下来的枝条拉开的时候，那些棘刺却像魔术贴一样钩连在一起。我又剪又拽，跟它们奋战了很久，可丝毫没有见效。我的耐心耗尽了，在与一根剪断了的枝条搏斗时，我牢牢地钳住上边的一根尖刺，把那玩意儿使劲往外扯，结果我的手滑了一下，枝条啪地一下打在了我的脸上。

我条件反射地扭过头并往后撤了几步，脚下却传来一阵刺痛。我抬起脚一看，上边还扎着一段枯枝呢，一根1英寸长的尖刺戳穿了网球鞋底，直刺进我的脚后跟。伤口已经疼起来了。然后我看见自己的手也流血了。另一根刺在手掌上撕开了一道又深又长的伤口，就在所谓的"情感线"旁边。

我疼得退缩了，一瘸一拐地离开了那棵树，然后瘫坐在草地上，一时间被击败了。一只喜鹊落在了用堆积的细枝搭成的乱蓬蓬的巨大鸟窝上。当这只鸟朝下看过来的时候，它翘起头，用它那乌鸦一般的嗓子发出了一声粗厉的嘲笑，然后带着轻蔑飞走了。这时忽然起了一阵狂风，先是冷得瘆人，然后又转暖，把这棵树上四处蔓延的枝条吹上了半空。我有一种强烈的感觉，这树在庆功呢，用自己的树枝啪啪啪地击掌祝贺，为自己战胜了那个蹲坐在地上的倒霉的人类而感到扬扬自得。小巧而精致的白色花朵像细雨般落在了我的身上。我从衬衣上捡起几朵放到鼻子底下，以为会嗅到芬芳，但气味完全谈不上甜美。那股气息糜烂，带着强烈的性暗示。我这才发觉那棵树在一群嗡嗡的东西的簇拥下摇摆着。但与屋后那棵老苹果树身边围绕的蜜蜂和蜂鸟不同，这棵树周围聚集的是苍蝇。

这鬼东西到底是啥啊？就像我从小就很喜欢的荒诞科幻电影《三尖树时代》里狂暴的外太空植物那样的突变物种吗？还是从恶魔的温室里泄漏出来的食肉植物的种子被风吹到了这里？

呵呵，不管你是什么东西，趁自己还有命在的时候好好享受生活吧，我一边这样想着一边计划着复仇，“我会烧死你。我会毒死你。我会在你身上缠上链子，然后用皮卡车把你连根拔起。”呃，最后这条可能做不到——这棵树如此固若金汤，要把它连根拔起只会让我的皮卡和保险杠分家。我能感觉到自己心跳加速，怒火中烧，血压飙升。我开始耳鸣。当我的手最终不再流血，伤口火辣辣地疼起来时，我在想这棵树是不是给我下了毒。

这棵树死死抱定栅栏的那种坚韧不拔的方式让我想起了瑞格利球场周围攀在砖墙上的常青藤，它们利用砖墙来支撑自己，并获取其吸收的热量。或许这棵树也是在用铁栅栏来获取额外的保护。但我根本就想不通这么一棵全副武装的树，浑身长满尖锐如针的棘刺，张牙舞爪又冷酷无情，为什么还需要更多的甲胄？它还要怎样才算安全啊？

花朵的情色意味毫不掩饰——直径半英寸的浅浅的碗状花朵，五片晕染着粉红的椭圆形白色花瓣环绕着十根绯红的雄蕊。叶子的大小和 25 美分美元硬币差不多，形状则像雪鞋。它们闪闪发光，带着锯齿，布满叶脉，富有韧性。也许山羊会把这当成一顿美餐，不过除此以外应该不会有别的动物觉得这东西可以下咽了。虽然如此，我还是摘下一片叶子咬了一口，我惊讶地发现，竟有一种柔和的、泥土般的芳香，让人想起乌龙茶的味道，只不过片刻之后一股强烈的怪味就在舌尖上散播开来。我被呛到了，赶紧一口啐了出来。哎哟！我刚才塞进嘴里的是什么东西啊？（我之后才知道，山楂树的嫩叶可以用来拌沙拉，而且在第一次世界大战期间英伦三岛一直用它来代替茶叶和烟草，而磨碎了的山楂种子则用来代替咖啡。）

在我冷静下来之后，我发觉这棵树与堡垒的共同点并不仅仅在于它的铜墙铁壁，而且还在于它庇护性的浓荫和散发出来的快活的满不在乎的态度为“黑暗英亩”的其他居民提供了避难所。除了喜鹊，还有一株蔷薇在山楂树的树干中间茁壮地生长着，与它一道的还有毛核木，一丛悬钩子，一茎荨麻，一棵苦樱桃，某种树皮为红色的灌木，还有至少两种不同的藤蔓。荆棘丛中最深的隐蔽处传来了一阵窸窸窣窣的声音，让我不禁好奇是什么动物正在利用这个杂乱的庇护所，来逃避诸如白头海雕、狐狸、短尾猫和郊狼这些在河曲处（loop of river）安家的掠食者。

在我和妻子买下“黑暗英亩”时，我们并没有同树木宣战的打算。姬蒂和我爱上了这片树林、沙滩，还有沼泽和泥潭，而当我们听说了河边竟有人对土地胡作非为的时候，还大为惊骇呢。其中一个人是来自南达科塔州的磨坊工人，他甚至把灌木扫荡一空，把大树砍倒，还把除了草以外的东西全都付之一炬，只剩下几英亩整洁得异常的草坪，上边没有一朵野花，也没有任何一个松鸡或兔子的藏身之处。说不定他是在怀念自己家乡那单调的平原吧。

不过我和那棵树的争执却使我更为谦卑。我是在落基山脉另一侧的密苏里河那边的丛林中长大的，所以对“黑暗英亩”的植物种类略知一二。尽管如此，我还是对那种可怕的生物一无所知。这份无知使我脸红。“哎，我们刚搬来的时候一直太忙了，”我心想，“忙着整理好这块地方，让马儿也安安全全的，还要忙着摸清怎样重新开始乡居生活，了解它的与世隔绝，还有对于那些宁愿在家工作而不是终日嬉游的人长久的诱惑。”

我把链锯拽了回去，然后从办公室里拣了几本没读过的野外指南，又回到了牧场。要知己知彼嘛，我想。

然而在看了一个小时的书之后，我开始把这种树看作一个被家族遗忘、不再被人提起但却声名显赫的亲戚，而不是一个怪物或是仇敌。一个月后，在我浸淫于关于它的多姿多彩的民间传说之后，我感觉自己仿佛走进后花园却发现了整个世界。这就是耶稣的荆棘冠冕与摩西所见的燃烧的荆棘。这就是不列颠最负盛名的树以及基督教最为宝贵的树。这是我铁器时代的祖先锻造征服罗马的长矛与利剑时所用的薪柴。这是当年英国人和他们的爱尔兰盟友当作武器来对付我曾祖父的绿篱植物。而这，也是可以提取精油，用来治疗全世界心血管病患者的树。

我说的正是山楂树。

山楂树在英语中也叫刺苹果树（thornapple）、五月树（May-trees）或白花荆棘（whitethorn），它所在的属包含多达二百多种灌木或小乔木，在北半球的温带地区广有分布，其中大部分在北美洲。这个属的学名叫作山楂属（*Crataegus*），据信是从希腊语中表示“坚硬”或“强壮”的词“krátys”演变来的，因为它的木质坚硬细密得不可思议。山楂属是蔷薇科的一员，这一科的植物都有着华丽炫目的花朵，山楂的表亲中也不乏商业价值不菲的果，比如草莓、苹果、桃和梨。但是，虽然山楂果也可以吃，其中一些品种甚至称得上美味可口，这些野莓般的梨果中的大多数却是味同嚼蜡的，包在硬壳中的种子叫作“分核”，里面含有氰化物。果实的颜色则是从黑色到紫色、红色甚至黄色，不一而足，直径则从四分之一英寸到一英寸半不等。果实的名字“haw”来自中古英语中表示树篱的词。与它坚硬的木质一样，这种植物的刺也帮助了农民一臂之力，让他们千年来得以建起密不透风的有生命的屏障，来保护田野不受游荡的野兽侵犯。(蒙大拿州本地有一种肉山楂[*C. succulenta*]，耀武扬威地挥动着两英寸多长的刺。这些尖刺还萌生出了小倒刺，实乃植物所能达成的超级成就。)

大多数山楂在春天开花，花朵的颜色多样，从绯红到粉红，再到白色。每到五月时节，当山楂因天性使然，疯长成密密层层的灌木丛的时候，爆炸般的色彩和气息以及它们周围聚集起的大量昆虫构成了令人难以忘怀的景观。这种在美国和中国广泛分布的树丛，以及在欧洲依然得以留存的绿篱，为各种不同的鸟类、昆虫和走兽提供了赖以为生的栖息地，并在自己的环境中扮演了重要角色。春天时繁花满枝的肆意炫耀，之后盛夏时苍翠欲滴的浓荫，还有深秋时枝头色彩绚丽的累累果实，都使得山楂树在世界各地的花园和庭院里得到种植。

我开始认为，在“黑暗英亩”生活的各种生灵之中，山楂树才应该被称为国王——同时也是王后(它的花是雌雄同体的)。这并不仅仅是因为这里的山楂树比别的种类的树都要多。虽然白杨树和美国黄松木更加高大，狐狸更加上镜，而大蓝鹭和鱼鹰更富戏剧感，但是，能与欧洲的政治、宗教和文学，美国早期农业的崛起，还有中国数千年的文化缠绕交织的，却只有山楂树。

山楂树在利用人类把自己扩散到世界各地的过程中并不只是财富和灵感的来源，它同时也是苦难的起因。几个世纪以来，在英国和德国，人们一直用山楂树篱来标记地产的边界以及保护财产，而且就像在蒙大拿州一样，山楂树篱也被用来防止牛羊随处乱走。另外，英国和爱尔兰拥有地产的贵族同样使用山楂树来阻挡农民，尽管那些土地先前曾把物产一视同仁地赠给各个阶层的人。然而，由于山楂树与神秘事物的联系，在爱尔兰，人们认为伤害一棵独自生长的山楂树是会招致厄运的，因此，道路常常会绕开它们。某些文化认为，山楂树具有超自然的力量，而另一些文化则时至今日依然认为它有治愈的功效和魔法的力量。当基督教在西方世界渐渐登上统治地位的时候，教会的某些人物企图把山楂与巫术联系起来，这是教会计划的一部分，它要把自己的圣像强加于当地的符号体系之上，从而压制异教的信仰和当地语言，比如说，禁止盖尔语，以爱尔兰的大领主所讲的英语取而代之。在德国，山楂树与死亡相关，人们用它来搭建火葬堆，称其所产生的神圣的烟会载着死者的灵魂升上天空。在大不列颠，这种树代表着生命的复苏，是古老的凯尔特节日在新时代复兴的核心。在航海时代，很多船只都以"五月花"命名。除了白花荆棘、五月荆棘（maythorn）、五月梅（May），还有快荆棘（quickthorn）之外，"五月花"也是一种山楂的别名，植物学家把它命名为单子山楂（*Crataegus monogyna*）。我们并不知道那艘载着第一批前往美洲的英国移民的船是什么样子的，但是，1956 年从英国开往马萨诸塞州的"五月花号"复制品的船尾上，雕刻着一朵山楂花。[1]

大量提及山楂的作品显示，它在文学中是一个经久不衰的象征符号。它戏剧般地出现在欧洲的异教民谣、中世纪对《旧约》以及耶稣受难场景的解读，以及印第安奥吉布瓦人的故事中。而在西尔维娅·普拉斯*那骇人又如梦似幻的诗歌"蜜蜂集会"（The Bee Meeting）中，叙述者的邻人带着她来到了一丛繁花满枝的山楂树上的蜂房那里。邻人们穿的都是黑色的防护服，她穿的却是一件夏装，孤立无援，易于受伤。

* Sylvia Plath（1932—1963），美国著名的女诗人、女作家，1982 年普利策诗歌奖得主。

"是不是山楂树散发出如此难闻的味道?" 她问道,"山楂树那贫瘠的身体,麻醉着它的孩子。"[2] 这首层次丰富的诗可以有很多种解读方式。但是,开满白花的山楂树唤起了关于死亡的悖论,这一点却是不需要分析的。

在 J. K. 罗琳的奇幻小说《哈利·波特》中,不是巫师选择了魔杖,而是魔杖选择了巫师。哈利·波特的第一支魔杖是冬青木的,杖芯嵌的是凤凰尾羽。在哈利夺下德拉科·马尔福的魔杖之后,那支魔杖转而服从哈利,成了他最终战胜伏地魔的关键因素之一。德拉科的魔杖由山楂木制成,杖芯嵌的是一缕独角兽毛。根据罗琳的设定,山楂木魔杖很适合治愈系魔法,并且擅长在人身上施加诅咒。但是,使用者必须要小心,在一知半解的人手里,诅咒可能会反噬。[3]

山楂同样出现在马塞尔·普鲁斯特(Marcel Proust)回溯往事的七卷本著作《追忆似水年华》中。主人公告诉我们他第一次"爱上"山楂花是在"玛利亚月"的教堂祈祷仪式中(山楂树五月开花,这使它几个世纪以来都与圣母玛利亚相联系)。"山楂花不仅点缀教堂",普鲁斯特写道,

> 那地方固然很神圣,但我们还有权进去;它还被供奉在祭台上,成为神圣仪式的一部分,同神圣融为一体。它那些林立在祭台上的枝柯组成庆典的花影,盘旋在烛光与圣瓶之间;一层层绿叶像婀娜的花边衬托出花枝的俏丽,叶片之上星星点点地散布着一粒粒白得耀眼的花蕾,像拖在新娘身后长长的纱裙后襟上点缀的花点。但是,我只敢偷偷地看上一眼;我觉得这些辉煌的花

朵生气蓬勃，仿佛是大自然亲手从枝叶间剪裁出来的，又给它配上洁白的蓓蕾，作为至高无上的点缀，使这种装饰既为群众所欣赏，又具备庄严神秘的意味。绿叶之上有几处花朵已在枝头争芳吐艳，而且漫不经心地托出一束雄蕊，像绾住最后一件转瞬即逝的首饰；一根根雄蕊细得好像纠结的蛛网，把整个花朵笼罩在轻丝柔纱之中。我的心追随着，模拟着花朵吐蕊的情状，由于它开得如此漫不经心，我把它想象成一位活泼而心野的白衣少女正眯着细眼在娇媚地摇晃着脑袋。[4*]

*　　　　*　　　　*

所有这些对山楂的自然与文化史的探寻都开启了一个迷人的想象世界，不过这次探索引出的发现同样揭示了对我个人而言更加不可抗拒的东西：我的家族历史。多亏山楂树带领我认识了我的曾祖父——当然不是他本人，而是他的故事，他在我出生之前 30 年就过世了。我的曾祖父是个不识字的爱尔兰天主教农民，因为土豆饥荒和公地被圈为私有所造成的民不聊生而被迫移民。

如今，在对山楂有了更多的了解之后，我很高兴自己输给了它。那些让我得以来到这个世界上的种种偶然事件中至少有一部分要归功于山楂。而在绝大多数人很少经历过的超验的对称性(symmetry)[**] 中，我了解到它的果实中含有的化合物有望成为治疗高血压的安全而有效的

* 译文引自《追忆似水年华》，李恒基、徐继曾译，译林出版社，1992 年，第 114—115 页。

** 由迈克尔 · 皮勒担任制片人的节目《死亡地带》(*The Dead Zone*) 中的一集，名叫“Symmetry”。这部片子让人慢慢进入一种起初似乎非常真实的场景，并逐渐迫使人开始质疑所见到的究竟是真还是假。

药品，而这种疾病正是我的父系家族遗传的基因缺陷所导致的慢性病。

在我们发现“黑暗英亩”是山楂树和它所庇佑的动植物的保留地之后，九月下旬的一天，姬蒂和我骑着“泰茉尔”和一匹叫作杰克·里德的骟马穿过我们的森林。我们突然发现，小路中间有一堆奇怪的动物粪便。我下了马，把缰绳交给姬蒂，用一根小树枝戳了戳那堆东西。我一开始以为这是浣熊留下的，但是浣熊粪不会有这么多，而且这堆粪便里并没有那种疯疯癫癫、侵略成性的动物爱吃的河里的小龙虾，反而满是山楂种子和紫色的山楂皮，另外还有稠李和蔷薇果。

然后我们就看到留下这堆东西的高度嫌疑对象了，它就在不远处蹲着：一只黑熊，充满好奇又肆无忌惮。要是平常，一旦有熊靠近，马儿就会受惊，这时它们却仿佛没事一样，这让我猜想到，这位熊先生一直在“黑暗英亩”转悠，时间久了，马儿已经习惯了它的气味，之前很可能也见过它，它像马儿们一样在牧场附近四处溜达时，说不定每天都会碰面。有这么多果子可以吃，没有任何一只准备在河对岸贝特鲁特山岩壁的洞穴中过冬而储存脂肪的熊，会产生哪怕一丁点的去攻击一匹体重是自己10倍的马的念头。“拉迪什”气势汹汹地叫着，脊背上的毛都竖了起来。但当黑熊气定神闲地待着，一点要跑的意思都没有时，狗只好怒目而视，企图把它瞪走。

我骑着“泰茉尔”向房子走去的时候，回头看到那只熊正跟着我们。我再仔细看时，它突然像蒸发了一样，隐没在山楂树的枝叶交织成的那一面密不透光的厚厚的墙中。

第二章　山楂树下

你能看到的只是这样一些身影……他们浑浑噩噩地拖着沉重的步伐，嘴角叼着个烟袋；肩膀上斜搭着一根叫“夏雷里”（Shilelahs）的大木棍，棍子上系着个脏兮兮的包袱，里边就是他们在这个世界上的全部身家——也许，除了那五六个小崽子。一个小鬼被父亲扛在肩上，剩下的五个跟着母亲——除了他们自己之外，在任何人眼里这幅情景想必都是非常悲惨的，在这样的处境中他们如何挣扎求生，这绝对会让你大吃一惊。

——约翰·巴罗（John Barrow）

田野中孤独地矗立着一棵奇形怪状的老树，周围泥地里拖拉机的辙印突然拐了个弯，从它身边绕了过去。这样的情景在爱尔兰是司空见惯的。这里的农民，还有他们的父辈，乃至祖父辈，都如此用心地保护这棵树，这件事本身就很能说明问题——不仅是关于这些农民，而且是关于这种树。如果这棵不巧在农民赖以为生的大麦或燕麦田里生根发芽、占了地方的树是花楸树或柳树的话，它早就葬身犁下了。但这位孤独的哨兵是山楂树，与其说它是树，不如说它是一种圣像——不仅有象征意义，还富于感情色彩，在爱尔兰岛的文化、宗教和政治史中都占据着重要的位置。

直到今天，朝圣者们依然会把自己的缎带和从衣服上剪下来的布条系在特定的山楂树上，以祈求健康、财运或爱情。这些树叫作“布条树”或“衣带树”。人们还把开花的山楂树枝条挂在门上阻挡精灵鬼怪，或者放在牲口棚里让母牛产更多的奶。在文艺复兴时期，圣母崇拜遍及欧洲，山楂花的纯白也成了“玛利亚月”的仪式中最核心的象征符号。然而，与这种树相关的民间传说也是矛盾的。人们同样相信，如果把山楂的花枝带进家门，就会招来不幸，甚至是家里要死人的噩兆。[1]

1838 年 3 月 1 日，我的曾祖父在爱尔兰岛东南角沃特福德郡（Waterford）一个落后的小村子里受洗的时候，山楂树依然被看作强大的超自然力量的来源。根据当时爱尔兰的天主教传统，受洗的日子也就是被记录在案的生日。我的曾祖父托马斯是埃德蒙·莫兰（Edmond Moran）和霍诺拉·布瑞吉特·巴顿·莫兰（Honora Bridgit Barton Moran）的七八个孩子中的老四。我的高祖父母都是不识字的农民，在库姆拉山（Comeragh Mountain）脚下的莫塞尔与拉斯戈马克（Mothel and Rathgormack）的罗马天主教教区所属的农场里做工。[2] 教会鼓励生育，严禁避孕和堕胎，于是，像我的高祖父母这样的人生养众多，结果从 1700 年到我的曾祖父托马斯呱呱坠地的 1838 年之间，爱尔兰的人口竟上涨了四倍之多。就像大多数爱尔兰农村的穷人一样，莫兰一家的耕地只有一小块，种的是土豆，可能还有一点芜菁。他们大概是在东家的土地上盖起了自己的容身之处，要么就是搬进了之前的一户跟自己没什么两样的人家搭建的茅屋里。这座小屋用薪柴和泥巴糊成，想必是又脏又破，既没有窗子也没有烟囱，屋顶不过是搭了几根杆子，上边蒙着层稻草，将将可以容纳一家人站起身来，而地板是一条挖空的沟。[3]

离这里最近的能称得上是城镇的地方是北边几英里远的舒尔河畔卡里克（Carrick-on-Suir），它就在这个郡的主要交通线路舒尔河旁边。这个城镇的建立能追溯到13世纪，到1800年，从羊毛纺织到蜡烛制造，各种手工业作坊使它兴旺了起来。这份繁荣很大一部分要归功于附近那片土地肥沃、一片青翠的乡野，其中包括莫兰一家所在的教区。不过，在我曾祖父出生后的20年内，卡里克的经济就崩溃了，农产品的价格下跌，镇子里每家每户手工纺出的羊毛衣料又无法和英格兰机器纺织的工业品相竞争。[4]1834年，一位名叫亨利·英格里斯（Henry Inglis）的英格兰绅士造访了卡里克，他写道，“衰颓荒废的景象实在触目惊心，房屋和商店关了门，玻璃窗被打得粉碎，衣衫褴褛的穷人在街上徘徊……我发现这里的劳动力价格比我去过的任何地方都低……只要你勾一勾手指，就能立刻招来好几百没有工作的壮劳力。”[5]在舒尔河下游距离卡里克17英里的地方是沃特福德市。该市在公元852年由维京人建立，是爱尔兰最古老的城市。虽然按照蒙大拿州的标准，库姆拉山的12座山峰顶多算是丘陵，但是，这里的景色依然堪称引人注目，大片的土地为冰川所侵蚀，不长树木。而田野被山楂、黑刺李和冬青的浓密树篱分成一块一块的。在每年平均32英寸的降水的滋润下，田野在春天焕发出郁郁青青的光彩，几乎令人目眩。虽然沃特福德郡和加拿大艾伯塔省的卡尔加里一样处在结冰的纬度范围内，但在这里，冬天的温度很少降到零度以下，因为附近的凯尔特海调节了气候，使之变得温润。

但是，到托马斯出生的时候，这片风光优美的田园上却充满了走投

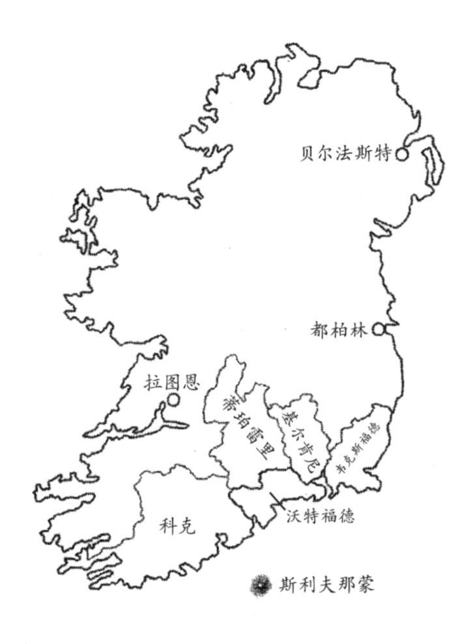

爱尔兰，图中为 1837 年东南部各郡县

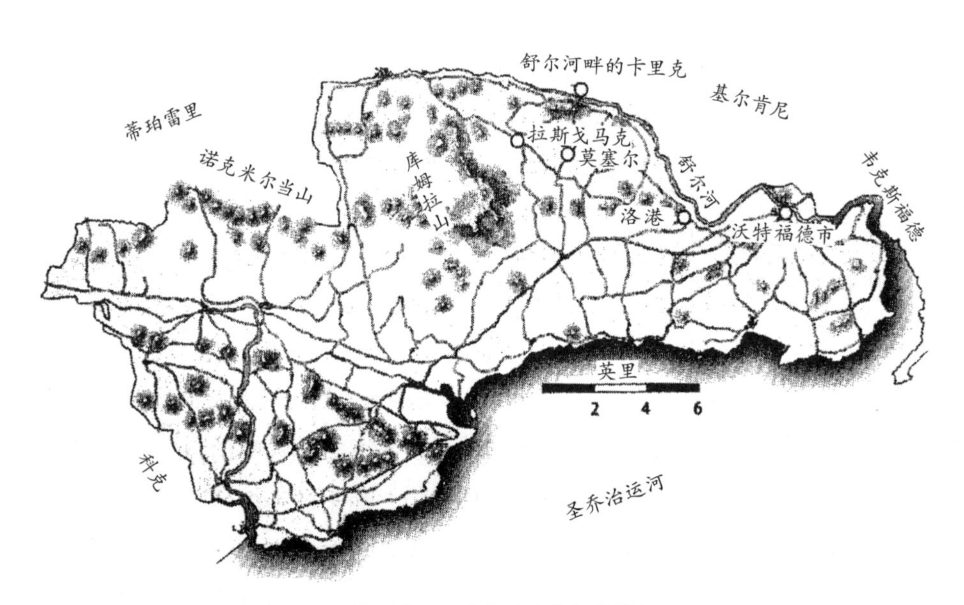

沃特福德丛林分布图（作者绘制）

无路的人。就像大多数爱尔兰底层阶级的人一样，莫兰一家的处境其实岌岌可危，离毁灭只有一步之遥。在春天，他们把去年秋天收获的省着没吃的土豆发出的芽眼种到小块的土豆田中。土壤是用粪施肥的，粪堆就在大门跟前，以便全家人看守。有时候，人们只需把芽眼一个个排成一行放到地里，以懒散的方式在上面盖上一大块泥炭。相比其他农作物，土豆的种植、除草、施肥和收获过程是最不费事的。但它却是近乎完美的食物。[6] 完全由土豆构成的饮食虽然单调乏味，然而，爱尔兰人瘦骨嶙峋，成年男性的平均体重是 140 磅，女性是 90 磅，对他们而言，这样的饮食所提供的蛋白质和重要的微量元素，比如铁和钙，乃是他们日常所需的两倍。除此之外，土豆中有害的脂肪含量很少，抗坏血酸的含量却很高，这就预防了坏血病。这一切都完美地适应了这里压迫性的土地所有制体系——农民没有足够的土地来种粮食和饲养牛羊，土豆是他们唯一的选择。土豆不耐贮藏，这也没有关系，因为像莫兰一家这样的农民反正也没有足够的资源来建自己的谷仓或储藏室。因此，爱尔兰的英国统治者及其爱尔兰下属把土豆看作“懒汉的庄稼”，也就不足为奇了，在他们眼里，盖尔人懈怠懒惰的根源正在于此，而思想上的根源则在于对教皇的迷信所带来的桎梏。

就像其他的农村劳力一样，莫兰一家从雇主那里得到的报酬很可能并不是钱，而是食物、一个园子和头上的一方屋顶（不论这屋子如何破旧）。在 1837 年英国国会发布的关于爱尔兰贫困人口的报告中，因为夏天土豆尚未收获而饱受营养不良和随之而来的疾病折磨的人多达 2,385,000，莫兰一家必然身属其列。这个令人震惊的数字代表了整个爱尔兰岛上 1/3 的人口。正如 1841 年的人口普查所涵盖的沃特福德郡的大多数居民一样，莫兰一家属于“第三阶级”，也就是说，“没有任何资产，无论是在金钱、土地还是知识上。”[7]

在八月的一个午后，我骑着车，从卡里克向南，去看一看当年莫兰一家的小村子。狭窄的双车道公路沿着舒尔河谷一路行进到了库姆拉山。我在拉斯戈马克的教堂墓地停了下来，在墓碑间寻找我亲人的名字。但是一个也没有。附近的老公墓也是一样，也许是因为即便墓碑保留了下来，在多年风雨的侵蚀之下，上面的字迹也早已磨灭不清了。我停下脚步，看着一个农夫和他的家人在公路的下面放牧牛群，从一个牧场走到另一个牧场。这两块地都是由山楂树和黑刺李树围起来的。树枝上挂满了朱红深紫的果实，引来了一大群叽叽喳喳的鸟儿。平整的田野向山脚下延展开，青翠欲滴，生机盎然，仿佛是图画中的景致而不是现实。很难相信，在仅仅两代人之前，这里竟然上演了那样的人间悲剧。如今空空荡荡的乡间小路，在 1841 年的时候是附近农村的交通动脉，而路边排列的一行破破烂烂的小屋里，住着比今天多得多的人口，这种景象需要一定的想象力才能描绘出来。

托马斯·莫兰最初的记忆中一定会包括当时典型的家庭晚餐，因为晚餐是全天的高潮与焦点。生火用的燃料是从附近的泥塘里采来，然后在太阳底下晒干的泥炭。在泥炭燃烧所产生的浓烟之中，托马斯全家围坐在一篮热乎乎的土豆周围，吃饭的地点有时是家里的地板上，有时是外边。如果他们运气好的话，说不定还能有一小碗黄油牛奶，每个人都能用土豆蘸着吃。晚餐里也许会有其他的窖藏蔬菜，可能是芜菁（在万圣节的时候，人们用芜菁雕刻“杰克灯笼”；后来爱尔兰人逃荒到了美国，芜菁灯也改成了南瓜灯）。在冬天，天黑得早，莫兰一家吃完晚饭不久就上床休息了——所谓的床也就是稻草堆和几条破布。他们的睡眠要分成两个阶段，跟当时大多数欧洲人没什么两样——第一个阶段是在午夜之前，大家其实是醒着的，小孩们在一起玩耍，大人则为家里的农活生计拌两句嘴，然后回去一觉睡到天明。

就像大多数农民一样，莫兰一家的大人和小孩都穿着破衣烂衫。他们买不起鞋，一年到头都光着脚。在冬天，托马斯会穿上一条厚重的棉布围裙，上身有很深的横向褶纹，这样，随着他的身体长高，裙子也能很方便地接长。等他到了青春期的时候，他大概会得到一条从哥哥们那里传下来的紧身裤。爱尔兰的农民普遍给小男孩穿裙子，一方面也是因为裙子比裤子容易缝制。不过，这些衣服完全不防水，所以一到下雨天——爱尔兰经常下雨——他就不得不躲在屋里或是大树底下。

在夏天，托马斯大概会在溪水中洗澡。一家人偶尔也会在那里洗洗他们破破烂烂的衣服。但是在冬天，用炭炉烧开水实在是太费功夫了，所以洗澡也成了稀罕事。所以，虽然托马斯的父母会用刀子给他削削头发，但他恐怕还是长了满头的虱子。他很可能连一件真正的玩具都没有，而是用泥巴、石头和小树棍来找乐子。他会像今天的孩子一样爬树，抱着一块大木板在小溪里玩漂流，还有就是和小伙伴们一起玩抓人和捉迷藏。他说不定也会去钓鱼，并在兜里装一根山楂树上的刺来祈求好运，另外还有下绳套逮兔子。他受的宗教教育应该只有父母脑子里记得的那几段《圣经》里的寓言故事，另外，莫兰一家大概也会参加莫塞尔村或拉斯戈马克村的弥撒。就像大多数农村的穷人一样，他讲的是盖尔语。我们也不知道他是从什么时候起开始说英语的，那是大地主的语言，也是贸易和法律所用的语言。在正规教育这方面，莫兰家根本没有钱送他去私立学校，虽然1840年在库尔纳诺尔纳(Coolnahorna)成立了免费的公立学校，但他要上学的话，从家里出发至少要走4英里。没有任何证据显示他哪怕去过一次秘密的“树从学校”(hedge schools，或“露天学校”)，这些学校的目的是让天主教儿童接受基本的启蒙教育(第三章会谈到这些)。直到1870年，32岁时，他依然需要别人替他代笔写信。因此，托马斯的命运就注定是在“褐色产业”上——也就是作为农村的劳力——劳碌一生，这辈子都要待在这贫困的教区中，在这里，没受过教育的迷信的人们依然会畏惧镜子。

在刚刚学会用自己那古老的土话说出一个完整的句子时，托马斯就已经浸淫于爱尔兰广博的民间传说之中了，这是好几百代人传承和创作的，包含着故事、神话和迷信的口头图书馆。其中的一些传说能追溯到2700年前遍布欧洲并进入爱尔兰的凯尔特人那里，并且吸收了自冰河时代末期就扎根在这座岛上的农耕文化中的万物有灵论。因为凯尔特人自己并没有留下文字记录，关于他们的文化的只言片语，都是通过希腊罗马的观察者之手保存下来的。根据罗马哲学家老普林尼的描述，凯尔特人中受过教育的阶级叫作德鲁伊，他们崇拜橡树和橡树上的槲寄生，并且会聚集在树林中举行他们的仪式。在爱尔兰，圣树崇拜的对象从橡树扩展到了橡树、白蜡树与山楂树的三位一体。这可能是由于地主们开始在那些有价值的树木旁边种上山楂树篱，以保护这些木材免受牛群的破坏，另外，传说山楂树也能为树木抵御雷击。在19世纪到来的时候，爱尔兰对山楂树的尊崇与人们相信它是妖精的家园有关，那些妖精和人类住在一起，但人类很少能看见它们。[8]这些精灵种族夜晚出来，在山楂树虬结多瘤的树枝下沐浴着月光舞蹈欢爱。如果你想对这些烦人的小东西一窥究竟的话，山楂树下就是你该去的地方。

然而，为什么有人要谈论爱尔兰传说中这些角色身上更深层的东西呢？这些仙宫（Sidehe）的生物并不像迪士尼版的《小飞侠彼得潘》中的仙子“小叮当”（Tinker Bell）那样可爱和欢快，也不像莎士比亚《仲夏夜之梦》中山楂树下宫廷里的仙王奥布朗与仙后提泰妮娅那样高贵和富有口才。爱尔兰的妖精往好里说也是害虫，往坏里说，则是恐怖、畸形、令人厌恶的兽人（goblins），它们在村子里徘徊，给人们带来死亡和祸患。在极少的情况下，妖精也会告诉人类关于未来的事，不过这个人要为此承担极大的风险。

人们相信，妖精的后代一般还没出世就死了。而那些生下来的孩子，也往往要么畸形，要么发育不良。于是妖精父母可能会偷偷潜入一户农舍，用自己那先天不足的小孩调换人类的婴儿。这些妖精的孩子就是“调换儿”（changeling）。他们的特征不在于长相，而在于脾气秉性：那些动不动就号啕大哭或是明明家里没发生什么事却一直尖叫的孩子，很可能就是“调换儿”。他们来到人类的家庭后，过不了几天牙齿就会长齐，双腿则会萎缩，而长着软软的汗毛的小手会变得像鸟爪子一样又干又瘦，骨节分明。[9] 一般认为，如果一个婴儿没有受洗或是被人夸得太过了，就会引来妖精夫妇的觊觎，也特别容易被偷走。不过，如果在孩子的摇篮里横放一个耶稣受难像，或是一把铁钳子的话，孩子就能受到这些护身符的保护了；而如果用父亲的一件衣服盖在熟睡的婴儿身上，也能起到类似的效果。再者，因为山楂树丛是妖精们的老家，所以，直到今天，人们都把用山楂树枝编成的花环挂在门上，以安抚这些讨厌而且满怀恶意的力量。

很明显，莫兰一家可不打算失去托马斯，他们采取了各种措施：他们在托马斯出生没多久就让他在莫塞尔和拉斯戈马克的教区神父约翰·康顿（John Condon）那里受了洗礼，这次洗礼也被及时地记录在案了。这孩子直到青春期都穿一件厚重的法兰绒连衣裙，这么穿的好处有很多，其中之一就是让他看起来像个小姑娘，因为妖精对偷女孩没兴趣。莫兰一家的信仰中既有基督教，也有异教那神秘的世界，但两者并行不悖。在向那些看不见的力量求援时，穷人总是宁可信其有，不可信其无，所以他们在两边都下了注。

托马斯的成长环境从物质上来讲也许很匮乏，但精神世界却充满幻影，异彩纷呈：妖精、女巫、鬼魂、精灵、仙子，名叫“魅罗”的手上有蹼的充满诱惑的美人鱼，还有报丧女妖，她们的嚎叫预示着有人即将死去，以及其他在森林中潜行并掌管着黑夜的超自然的存在。基督教传说中的各种幻影组成的大军——天使、恶灵、魔鬼、圣灵，还有童贞玛利亚的显圣，也陪伴在他身边。他在这种情况下还能睡得着觉，真是一个奇迹。不过，在1845年，他的整个世界都改变了。那一年他七岁，爱尔兰历史上最大的悲剧降临了。

灾难静悄悄地降临。在1845年多雨的夏季，从秘鲁进口来用作肥料的蝙蝠粪从墨西哥带来了类似真菌的病原体，其学名叫作*phytophthora infestans*，俗称“晚疫病”，会造成土豆的歉收。在1800年之后，土豆已经成了农民的主食，它取代燕麦、苹果和牛奶，成了人们主要的营养来源。对于莫兰一家这样的农民来说，土豆几乎是他们拥有的唯一的食物。可现在土豆烂在地里，变成了黑乎乎的干瘪的小囊，散发出恶臭。晚疫病持续了七年之久，超过一百万人死于饥馑和营养不良引起的疾病，比如痢疾、斑疹伤寒和高烧。（直到今天，晚疫病依然威胁着爱尔兰4%的土豆地，很多农学家由此呼吁政府解除对转基因作物的禁令。）

说得好听点，爱尔兰的佃农和雇农所遭受的苦难，部分是因为土地所有者的腐化堕落和麻木不仁；说得难听点，是赤裸裸的阶级斗争的体现。爱尔兰岛上的大地主是英国人，他们援引托马斯·马尔萨斯（Thomas Malthus）的理论来把这场悲剧合理化：不加控制的人口增长本来就会带来悲惨恐怖的结局，这一切只是正在变成现实罢了。广受尊敬的马尔萨斯博士在1817年写道："爱尔兰的土地上人口比其他任何地方都要多，其中大部分都应该从土地上遣走，送进大工厂和商业城镇。"而一位叫作奥蒙德（Sir Ormonde）的爱尔兰政客，在给维多利亚女王的爱尔兰主管部门的首脑贝斯巴勒爵士（Sir Bessborough）写的一封信中所表达的观点简直称得上冷酷无情。他说，爱尔兰的人口比真正需要的人口多出两百万。[10]

乞食的蹒跚幼童，倒毙在路旁的肿胀的饿殍，见证实录成了爱尔兰悲伤的现代叙事的核心，150年间燃烧着岛上的激愤之情。莫兰一家的教区里贫穷的农民在各个农场之间游荡乞食。在一个星期之内，就有两个人饿死在从卡里克到莫塞尔的大道旁；他们之所以死在路边而不是自己的小屋里，是因为他们已经被赶出来，流离失所了。人们哪怕一天能吃到一顿饭都是很幸运的事了。在春天和初夏，灾民在绿篱中找东西吃。他们用山楂叶、蒲公英和野豌豆来充饥。在秋天，他们采摘黑莓、山楂果，还有黑刺李灌丛紫黑色的果实——黑刺李是蔷薇科中山楂的一个表亲。荨麻的嫩芽也被摘去熬汤了。饥民会在一个农场停下来，乞讨一点“粗粮”——卖粮食时脱谷剩下来的茎秆。1846 年，进口粮食的关税取消，穷人也能买到从美国运来的便宜的谷粒了。但是，谷粒要是没有经过研磨，根本不能吃，而爱尔兰几乎没有磨坊。后来人们讥讽地称之为“皮尔的硫黄石”，因为这个项目的构想者是英国首相罗伯特·皮尔爵士（Sir Robert Peel）。无论从口感还是营养价值方面来看，这些应急食物都根本不能与土豆相提并论。单子山楂的果实在爱尔兰的树篱中很常见，然而，尽管它营养丰富，果肉却特别稀软无味（除了回味有一点酸涩）。但是在秋天，成熟的山楂果经常是人们唯一能找到的食物。矛盾的是，根据传说，如果秋天山楂果挂满枝头的话，来年一定会有灾荒。[11]

如果莫兰一家住在卡里克或是洛港（Portlaw）的话，说不定镇上那些还有余力行善的好心人会给他们一些食物券。也许他们会加入形形色色靠武力夺取食物的抢劫团体。在当时，关于这类犯罪的故事传得沸沸扬扬。舒尔河上运粮的船只被人持枪威胁着开到岸边，然后被洗劫一空。公路上的盗贼偷窃黄油。在卡里克，准备装船运往沃特福德的 69 头肥猪被窃贼驱散了，偷得一只不剩。[12]

沃特福德和另外五个东南部的郡所属的芒斯特省的主教颁布了一项显然很荒谬的律令：穷人在斋戒和禁食的日子里不必拘泥，找到什么就可以吃什么。为托马斯·莫兰施洗的约翰·康顿神父在 1846 年记录了一场会议的片段，当时的报告称，“巨大的贫困与苦难”席卷了这个地区。在那一年，该教区的农民只种了七百英亩*的土豆，比前一年的一半略强，剩下的土地改种了燕麦、大麦和白萝卜。但土豆作物依然歉收。[13] 同时，爱尔兰生产的其他商品，比如谷物、大麦和乳制品，却在爱

* 1 英亩 = 40.4686 公亩 = 4046.86 平方米。

尔兰人几乎饿死的情况下出口去养活英国人，因为英格兰出的价格更高。威斯敏斯特的政治家们推行的是贸易自由，他们相信爱尔兰人是咎由自取，谁让他们没有奉行资本主义呢?

创作于1990年的畅销儿童小说《山楂树下》(*Under the Hawthorn*)和之后改编的电视剧使当代的观众领略到了大饥荒带来的精神创伤及其对家庭生活的破坏。故事发生在沃特福德郡旁边科克郡凯尔特海岸边的一个小村庄，讲述的是奥德里斯科尔（O'Driscoll）一家面临的困境——连续两年庄稼歉收，一家人被迫骨肉分离，到别处去找食物和工作。[14]

托马斯·莫兰，他的两个姐妹，还有兄弟中的三人最终熬过了大饥荒，但另一个兄弟詹姆斯就没有那么幸运了。他很可能死于营养不良导致的“饥馑热”——斑疹伤寒、斑点热或跳蚤与蜱虫传播的回归热，不过，让爱尔兰1845年的800万人口中超过1/4的人非死即徙的原因，并不仅仅是土豆歉收。灾民80%以上是天主教徒。到1870年，爱尔兰一半的土地掌握在区区750个家庭手中，其中一部分是住在英格兰的“外居地主”(absentee landlord)。在这样一个被称为“谷亩制”（“谷物—英亩”的简称）的残酷的土地所有制体系中，大地主把耕地转租给佃农，佃农再把土地分成1/8英亩的长条或小块，也就是所谓的“嘻嘻笑”（snigger，此外还有其他的名字），租给农民，每次租期不超过11个月，以确保没有土地的农民不会与农场主或土地建立长久关系。因为爱尔兰大饥荒之前人口严重过剩，土地是供不应求的。于是，地主们想要多少钱就可以要多少钱。他们让中间人去收租，把自己与租户隔离开来。1838年的一项法律要求地主纳税，以减轻地租给穷人造成的痛苦。

而地主们为了避税，选择把租地的农民赶走。另外，一切农产品的10%都要上缴给爱尔兰的新教教会。很明显，这种强制性的“什一税”不会让天主教分一杯羹，在宗教方面也不会给它任何好处。[15]

地主们麻木不仁的举动使穷人的处境雪上加霜，他们不让农民接近先前农民们种粮食、砍柴、挖泥炭和找食物的土地。田地四周种起了生长迅速的山楂树、黑刺李和冬青，形成密不透风的树篱，牛羊出不去，穷人进不来。在不列颠，政府和大地主站在同一阵线上对付没有土地的穷人——自1760年以来，通过了五千多条圈地法案，几百年来不分贫富地向所有人提供物产的近一万平方英里的公地，就这样变成了少数人的私产。虽然自从14世纪开始，苗木培育在英格兰就是一个足以养家糊口的行当，但是在1750年到1850年之间，生意前所未有地兴旺——英国竟然种下了长达二十万英里、至少由十亿棵树组成的树篱。苗木公司获得了巨大商机，懂得如何栽种山楂树并将树篱修剪得一排排密不透风（栽种山楂树篱的过程会在第四章中详述）的人，也发了大财。在这些被圈为私有的土地中，只有一小部分是荒地，大部分都是耕地。在不列颠，被圈起的土地几乎占可耕种土地的1/3。对“公有地”的征用迅速地瓦解了欧洲中世纪时期曾经非常普遍的“敞田制”，在那个时候国王赏赐给领主两三块几百英亩的土地作为采邑，然后领主让农民为其耕种。作为犒劳，农民有权种自己的庄稼，放牧自己的牲畜。在领主的采邑范围内，森林和牧场是人人都可以使用的。[16]有些农民也会努力去利用“废地”，比如沼泽或石头地。

自12世纪起，用树篱圈用小块土地的事情就时有发生。不过当时这种举动都是在大家默许的情况下发生的，要是有哪一方反对的话，圈地也会叫停。然而在工业革命和资本主义兴起的时代，土地被看作可以买卖交易的私有财产，缓慢的圈地过程也发生了剧变。土地所有权越来越集中到屈指可数的几个人手中，而农民则被赶出农村，到城市的工厂去做工。英国对法国和对美洲殖民地的战争，以及之后的拿破仑战争，造成了粮食短缺，而议会和王室认为，只有靠提高农业生产效率才能解决这一问题（第二次世界大战之后，这种想法再次登上了历史舞台，不过对英格兰的树篱而言后果大相径庭）。人们认为农民作为农业生产者，效率太低下，他们生产的粮食和纤维除了交租，只能勉强维持自己不致冻馁。而让采邑的土地年年休耕以恢复肥力的做法也是在损害生产效率。此外，敞田制还创造了不合逻辑地分散在各片大田附近的长条形土地，称作“弗隆”(furlong)。1845 年的“圈地法案”创立了“圈地专员”这个职务，他们可以不经议会的许可就奖励地主额外的地产，从而大大精简了地主占有土地的手续。在 18 世纪，爱尔兰与英国类似，人心的贪婪再加上经济压力，使圈地成为普遍现象，特别是在芒斯特省。然而，这往往不是都柏林的爱尔兰议会的法案造成的，而是由于地主，还有那些能替东家当家做主的中间人的一时兴起。这些人大部分是爱尔兰天主教徒；其中有些人拥有可靠的持有权，下下辈子都不会失效。他们关心的并不是无能为力的租户和农场工人，而是如何最大限度地从土地中榨取财富。[17]

不过，被赶走的人也没有对这样的行为听之任之。1761 年，利默里克郡一个叫作“白男孩”的秘密组织开始袭击地主和中间人，他们声称这些人征收过高的地租，从而盘剥农民，或是因为动物产品的需求大幅上涨，就把农民赶走，将土地用来养肉牛或乳牛。这个组织之所以得名，是因为他们在夜晚发动攻击时总会穿着天主教农民十来岁时通常穿的白色罩衫。“白男孩”现象很快就在沃特福德和芒斯特省的其他各郡蔓延开来。他们一般会先跟某个地主或中间人打声招呼，申明自己的不平之气，警告这个人好自为之。之后，如果这个人不肯改弦更张的话，“白男孩”就会把他的牛群宰杀掉，把他的树篱毁掉，把他园中的果树砍倒，把他的牧场掘开，以制造更多的粮食地，也就是更多种植土豆的土地，或者把他的房子付之一炬。这一切行动为他们赢来了“均等主义者”的官方称呼。在芒斯特省发生了三起对抗圈地和土豆征收什一税的“白男孩”骚乱。但是，到1786年，这些起义——天主教穷人对抗中产阶级的一种阶级斗争形式——就逐渐因为缺乏组织和连续不断的食物短缺而销声匿迹了。没有粮食，即便最热血的起义者也会气力衰竭。[18]1848年，当革命横扫全欧洲的君主制时，叛乱在沃特福德郡卷土重来。但这一次，爱尔兰叛乱者的领头人是资产阶级的绅士。他们的目标是废除1800年的《联合法案》，当年这项法案促成了一个新的国家——大不列颠和爱尔兰联合王国，剥夺了都柏林议会制定法律的权力，而且去除了阻止爱尔兰的食物与纤维出口到英格兰的一切障碍。

对于每日都在挣扎求生，不晓得自己还能不能看到明天的莫兰一家来说，朝堂上的争权夺利实在太过遥远和虚幻。但随着“青年爱尔兰”（Young Ireland）运动声势日益浩大，联合王国在这些青年看来，不论是在思想还是道义上都是可憎的。该组织最为雄辩的发言人之一是托马斯·弗朗西斯·玛尔（Thomas Francis Meagher，Meagher读作“Mar”），这个人比我的曾祖父托马斯·莫兰要大十五岁，而且过着与后者判若云泥的生活。玛尔出身于大富之家，他降生在沃特福德郡舒尔河右岸一字排开的码头上一栋豪宅中。现在他的故居已经被改建成优雅的格兰维尔宾馆，有一次我骑车去同一家公司旗下的托马斯·弗朗西斯·玛尔酒吧时，曾经从那里经过。[19]

玛尔的父亲是为数不多的靠爱尔兰的港口发了大财因而飞黄腾达的爱尔兰商人之一。在1829年，即“天主教解放”的那一年，天主教徒不得担任公职的禁令解除了，他被选举为沃特福德市的市长。他的儿子玛尔先是就读于寄宿学校，然后被送往都柏林的法学院。在那里，这个年轻人结识了一群作家、演说家与活动家，他们出版了一份叫作《国家》(*The Nation*)的报纸，煽动人们反抗《联合法案》。玛尔是个浮华的纨绔子弟，他喜欢书籍和漂亮衣服，不过他也是个才华横溢的演说家，能让听众个个斗志昂扬。他没受过军事训练，也没有参与暴力斗争的经验，但是，当晚疫病在乡村肆虐的时候，他号召人们用武装起义来终结大不列颠对爱尔兰的压制。

1848年7月，事情发展到了高潮。数千人聚集在斯利弗那蒙山(Slievenamon Mountain)上。这座山位于蒂珀雷里郡(County Tipperary)，以2300英尺的高度俯瞰着不到5英里之外莫兰一家所在教区的惨状。玛尔策马登上山顶，身上披着三色的饰带，头戴一顶带金色流苏的帽子。在集会之后的翌日，他骑马去了卡里克，在那里，他会见了一群支持者的代表团，然后跟他们一起返回沃特福德。革命的气息在悄悄蔓延，即便是饱受营养不良摧残的农民也摆出了预备决一死战的样子。这些破衣烂衫的人几乎没有火器，但他们每个人，包括妇女，都装备着一种叫作“夏雷里”的有韧性的棍棒。“夏雷里”是用黑刺李(*Prunus spinosa*)制成的，直到现在，山楂木雕刻的“夏雷里”依然是游客们争相购买的纪念品。而在当时，这是当地人火并时常用的武器——在托马斯·莫兰挣扎着成长的时候，斗殴是卡里克市集里常见的消遣。[20]

1848 年 7 月 29 日，在卡里克以北 10 英里处，巴连加里的蒂珀雷里镇上，叛乱的群众与一支警察小队爆发了流血冲突，冲突一个小时就结束了，留下了几具叛乱者的尸体。与此同时，玛尔正在库姆拉山上，他就像其他起义军的领导人一样，彻夜点燃篝火作为信号，给人以这片区域已经完全武装起来了的感觉。当他听说巴连加里发生的事情以后就躲藏了起来。8 月 13 日，他被捕了。两个月后，他以煽动叛乱罪被判处绞刑。[21]

* * *

在一个夏日的清晨，空气中氤氲着微温的雾霭，我站在沃特福德市一尊玛尔的青铜塑像前。这尊塑像曾经矗立在雷金纳德塔（Reginald Tower）前，那是一座于 1003 年由维京人建立的圆柱形石头城堡，位于一座环岛上，俯瞰着脚下川流不息的道路。玛尔身上披着他亲自设计的爱尔兰三色旗，骑着骏马，高举宝剑，带领人们冲锋。[22] 我毫无来由地有一种似曾相识的感觉，如此生动，如此强烈。突然之间，我意识到，我在什么地方见过一尊与这非常相似的玛尔像。当我想起来时，我意识到，在 1848 年的起义失败许多年后，我的曾祖父，一个目不识丁的农民，和玛尔，一位养尊处优的民族主义者，在逃过了造成爱尔兰不断动荡的根源的力量向他们宣判的死刑之后，脚下的道路再次交错——这一次，是在世界的另一边。

第三章　凯尔特锻造炉

如果我们胜利了——啊！想象一下吧！爱尔兰的欢欣、狂喜和荣耀又当何如？这个古老的国家将重新焕发出青春强健的光彩。如果我们不幸失败，那么国家也不会比现在更有价值。饥馑的利剑比士兵的刺刀更加残酷无情。

——托马斯·弗朗西斯·玛尔

托马斯·弗朗西斯·玛尔在1848年起义的最高潮时戏剧性地策马登上了斯利弗那蒙山的山顶，这在1782年之前是不可能的。因为直到那一年，政府才废除了禁止爱尔兰天主教徒拥有价值五英镑以上的马匹的法律。英国议会认为，五英镑以下的马匹不太可能适合军事方面的用途，也就不会让叛乱者有机可乘了。直到18世纪末期，天主教徒依然不能参与投票，不能成为律师或法官，不能拥有枪械，不能在军中服役，不能继承新教徒留下的地产，不能与新教徒通婚，不能在学校中授课，也不能领养孤儿。不过，在政府允许天主教徒做的寥寥无几的事情中，还是包括修建新的天主教教堂的，只是教堂必须是木质结构，而不能是砖石建成的，而且地点必须远离主要的道路。直到1829年英国议会通过了《罗马天主教宽松法案》(*Roman Catholic Relief Act*)，天主教徒才被允许担任公职。[1]

在“光荣革命”中，英格兰国王詹姆斯二世遭到了罢黜，议会邀请他的女婿奥兰格亲王威廉问鼎英国国王宝座。在1690年的博因河战役中，詹姆斯的爱尔兰天主教盟友败给了威廉指挥的新教部队。1798年爆发了一场新的反叛，但是遭到了无情的镇压。在天主教组织了多年非暴力的煽动之后，1829年的“解放”给爱尔兰天主教社会的中产阶级和受过较高教育的成员带来了一些好处，但是对于莫兰一家这样的农民来说，生活却变得更加艰辛了。他们不仅受到不断恶化的经济状况的折磨，还没有公民权：女性无论是哪个阶级都不能投票，而我的高祖父艾德蒙·莫兰也不能，因为他没有价值十英镑以上（大概相当于今天的一千美元）的租契。直到1840年，佃农都必须向爱尔兰政府缴税，还要向新教教会缴纳什一税。而在1840年之后直到1869年，地主需要为佃农缴税，为此，他们索要更加高昂的地租，还雇佣了催债人来收取租金。（我妻子的曾祖父帕特里克·多尔西·伯克 [Patrick Dorsey Burke] 就是附近科克郡的一名催债人。他是个天主教徒，为一个常年不在爱尔兰的英国地主工作。1862年的一天，伯克收完地租就卷着东家的租金启程去了波士顿。）[2]

就在贫穷的天主教农民在藏身房或露天的地方偷偷摸摸地继续自己的宗教仪式时，一种秘密的教育机构于18世纪兴起，它教孩子们阅读、英语、“算术”，有时候还遵照爱尔兰吟游诗人的传统教授拉丁语、希腊语、历史和乡土经济。这就是“树丛学校”，它之所以得名是因为课堂往往设在户外，有时还隐蔽在山楂树丛后面，一个孩子负责望风，一旦有官府的人在附近转悠就赶紧提醒大家。天冷的时候，孩子们还要自己拉一两块泥煤到学校来取暖（“我从没搬过泥砖”也成了没受过学校教育的简要通称）。孩子们学习识字的“教材”是农村集市上卖的廉价的故事书，讲的一般是关于海盗和绿林好汉的粗野故事。这种“树丛学校”其实触犯了刑法，但事关儿童教育，当地的治安部门通常也会网开一面：1723 年到 1782 年之间，天主教办学都在禁止之列，但从来没有一起教师遭到起诉的事情。虽然孩子们也可以去英国政府批准的新教学校上学，但大多数天主教徒拒绝把孩子送到那种学校去，因为他们相信教室是强制他们同化的核心机构。而且大多数天主教徒出不起学费。“树丛学校”是免费的，不需要资金支持，对穷人有吸引力，而它依靠的是受过教育的成年人对同胞的同情心和忠诚，老师们收取的束脩有时就是农家自制的黄油或别的农产品。1826 年，爱尔兰差不多 3/4 的“学龄儿童”上过“树丛学校”，那里既讲盖尔语也讲英语。虽然 1831 年的一条法律颁布以后，政府资助的国立学校体系就建立起来了，但是“树丛学校”一直延续到了 19 世纪。[3]

但是，并没有任何记录显示我的曾祖父在任何一所学校上过任何一堂课。在这一层意义上，他和许多爱尔兰儿童并没有两样——1851 年，这个国家有近一半的人口是文盲，不识字也不会写字。[4] 很难说得清这个孩子有多无知。有没有人告诉过他自己教区的历史，或莫兰这个姓氏的来历呢？他有没有见过比爱尔兰一便士的硬币数额更大的钱呢？对于 19 世纪浪漫主义时期的欧洲人来说，凯尔特人那真真假假的往事都是很时髦的，可对于托马斯而言，我想知道，有没有人告诉过他，他身上流的是当初曾占领过罗马的那个种族的血液？

*　　　　*　　　　*

古代的凯尔特人是一群崇拜树木的好战的人，他们在冶金、工艺和军事方面都取得了很高的成就。凯尔特人自己并没有留下文字记录，因此，我们对他们的了解来自他们留下的大量实物证据，以及将他们视为野蛮人的希腊和罗马作家们带有偏见的描述。“凯尔特”* 这个词本身也是误称，它是现代的产物，如今学者们已经不太喜欢使用，这部分是因为凯尔特人显然不会用这个词，部分是因为所谓的“凯尔特人”其实包含许多不同的部落，他们的身体特征有相似之处，但他们所创造的艺术品、建筑物、葬礼仪式，还有加工金属的方式都不尽相同；另一个共同点就是他们都用宝剑战斗。（但是，因为这个名字更为人们所熟知，而且在广阔的历史范围内使用起来更加方便，在此我还是会继续沿用。）随着凯尔特人扩散到今天的欧洲和中东地区，他们的语言开始分化，最终消失不见了，仅剩的是少数活语言，诸如爱尔兰语、威尔士语和布列塔尼语，在凯尔特世界的西方边陲，还有人讲这些语言。[5]

在公元前 450 年到公元前 1 世纪之间的铁器时代晚期，凯尔特人所共有的物质文化叫作拉坦诺文化（La Tene），它得名于瑞士纳沙泰尔湖（Lac du Neuchatel）北岸的一个小村庄。1857 年，当地发生的旱情使得水位下降，岸边的浅滩上出现了40 把古代的宝剑和其他武器。考古学家认为，它们是为了取悦“无形的力量”而被投入水中的，这种仪

* Celt 一词的拉丁语是 Celta，来源于希腊语的 Keltoi，可以追溯到古希腊历史学家希罗多德，他用这个词指代高卢人。

式在凯尔特人中相当普遍，类似的武器曾见于泰晤士河（其中最著名的就是由青铜和玻璃制成的“巴特西盾”[Battersea shield]）、法国西南部图卢兹附近的一个湖泊，以及传说为亚瑟王埋骨之地的格拉斯顿伯里。（亚瑟王临终让手下的骑士将其王者之剑投入湖中，这种传说就源自凯尔特人的习俗。）虽然几乎没有实物能证明亚瑟王确有其人，但是，从墓葬地点出土的武器却显示，拉坦诺文化之所以能以这样的速度扩散开来，直到今天的巴伐利亚和奥地利，其凶残的剑术肯定居功不小。不过，这些墓葬的主人生前乃是不同部落的领袖，他们各自为战，属于不同的政治团体，有时还彼此攻伐，并没有一个统一的目标，更遑论作为一个整体的帝国。宝剑在凯尔特人的生活中处于核心的地位，这一点从他们对砍下的头颅所表现出的尊崇就能看出来，头颅的图案经常被刻在陶器、头盔、钱币与盾牌上。在战斗中，人头是相当珍贵的战利品，因为凯尔特人相信，头颅是灵魂的容器，一旦将头颅从敌人的身体上砍下，它就具有了预言、对话、治病、祈求丰产，以及独立行动的能力。[6]

当一个战士一剑砍下敌人的头颅，他就会提着它到处炫耀。他可能会把这颗头悬挂在马脖子上，钉在自家前门上，在前院竖根木桩戳在上面，或是把它砌在凯尔特人那种屋顶上铺着茅草的圆形房屋的墙壁中。有时候，人们会把头颅浸泡在香柏油中，然后用匣子保存好，只在特殊的场合才拿出来给宾客们欣赏。对于最受尊敬的对手，头颅也会得到特殊的处理。头顶削去后，用沸水煮烂或让蛆虫吃掉皮肉，接着给头骨镀上金，用作酒器。凯尔特钱币上的人头形象一般是相当扭曲的，长着巨大而空洞的眼睛，毛发杂乱，还有角和文身。有些头颅长有两副面孔，有的甚至有三副。有时是一个硕大的人头摆在中间，周围环绕着用链子系住的小一些的人头。在英格兰北部哈德良长城附近的区域，发现了自基督教以前的时期流传下来的典型的凯尔特石雕头颅，它们的眼睛瞪得大大的，嘴角带着痴愚的狞笑。[7]

当冶铁与锻造工艺从西奈半岛传到欧洲时，技术的爆发也使得这种以杀人为乐的行径成为了可能，有了更加先进的武器协助，拉坦诺文化从爱尔兰一路扩张到了土耳其。在青铜时代，可怕的武器是由 90% 的铜和 10% 的锡混合铸造的，所产生的合金比这两种金属中的任何一种都更加坚硬，也更富有韧性。为了让青铜更加坚硬，凯尔特的工匠还会反复敲击锻打。但是，锡与铜很少会出现在同一个矿床里，所以必须依赖于进口。虽然英格兰有大小可观的锡矿，但是，根据学者的估计，在那些矿藏消耗殆尽之后，锡就不得不作为商品从中东进口了。而后来，也许是由于商路遭到了破坏，这一条来源也枯竭了，于是凯尔特的工匠们转向了铁，铁是地壳中最常见的金属之一。这种转变并非突如其来——之前凯尔特人就已经在冶炼数量有限的铁了。不过，虽然锻造的青铜比纯铁坚硬，有些人却偶然发现了一个事实，那就是如果在冶铁的过程中加入少量碳，然后把炽热的金属浸入水中，接着再次加热，最后锻打，就能改变其晶体结构，使之比青铜还要坚硬。[8]

凯尔特与罗马，还有遍及全欧洲的很多地方，一直到中世纪，熔炉使用的都是用橡树、山毛榉树、苹果树还有山楂树等硬木制成的木炭。在这些燃料中，山楂树的比重最大，或者说密度最高，而相应地，其火焰的温度也是最高的。西班牙境内发掘的一座 8 世纪的冶炼炉显示，用来加工铁的木炭大多来自蔷薇科植物，比如人工栽培的苹果树和梨树，以及野生的山楂树。研究者们推测，烧炭所用的木材是通过剪枝的方式采集来的，也就是说来自附近的果园和山楂树篱，人们修剪上层的树冠，以便让下层的枝叶得到更多阳光，这样树木会长得更加茂盛。剪枝使得树木生生不息，并且提供了可持续的木柴来源。在英格兰发掘出的一个可以追溯到公元初年左右的炼铁场上，考古学家发现了四份橡树木炭的样本，还有一份山楂树木炭的样本。大体能追溯到同一时期的，还有爱尔兰的戈尔韦郡的一处炼铁场遗址，在那里同样发现了大部分来自山楂树的木炭。[9]

后来，凯尔特人对马匹的依赖达到了马匹崇拜成为一种狂热追求的程度——差不多在同一时期，日耳曼人渗透到凯尔特人的中心地带——于是，战车成了骑兵符合逻辑的延伸。最初的战车是四轮的；之后，人们发现两轮战车的操纵性更胜一筹。战车上的战士需要更长的剑，这样他才能探出身来攻击敌方骑兵或步兵的头部及肩部。早期的拉坦诺剑都相当短，大概只有22英寸长。当今天法国境内的凯尔特部落最终被罗马征服时，他们的剑已经延长到3英尺了。[10]

拉坦诺文化在战场上的最高成就，体现在一个人身上就是布伦努斯（Brennus），他既是部落的首领，也是个凶猛的战士（布伦努斯可能并不是他的名字，而是他的称号，因为这个词据说是从凯尔特语的“酋长”或“壮汉”一词演变而来的）。布伦努斯是色诺内斯族（Senones）的军事领袖。在高卢出没的形形色色的凯尔特部落共有三十多个，色诺内斯族就是其中之一。高卢的领地包括今天的法国、比利时，以及瑞士。被入侵家园的日耳曼人所迫，某些部落移民到了北意大利。很多人选择在波河河谷务农和放牧，但色诺内斯族人更喜欢的做法是，想要什么就去劫掠。在公元前400年左右，他们翻越阿尔卑斯山，洗劫了翁布里亚人（Umbrians），迫使其丢下了山丘上的城镇逃走了。色诺内斯人在今天的塞尼加利亚（Senigallia）建立了自己的首都，它位于亚得里亚海边，在罗马以北约125英里的地方。之后，色诺内斯人的注意力转向了下一个可以征服的目标。[11]

他们很快把目光投向了克鲁休姆（Clusium），这里是托斯卡纳秀丽的山顶小镇丘西城的旧址，大约在塞尼加利亚西南方向40英里处。根据罗马历史学家提图斯·李维（Titus Livy）的记载，克鲁休姆人在遭到包围之后向罗马人求援。虽然非亲非故，罗马还是派遣了三个使者来为克鲁休姆和布伦努斯居中调停。但是，在凯尔特人指控罗马派来的使者是前来刺探情报的间谍之后，碰面的情形就不可收拾了。人们互相辱骂，做出种种不堪的举动。在一场冲突中，色诺内斯族的一个首领被罗马贵族法比乌斯家族的昆图斯·法比乌斯（Quintus Fabius）所杀。罗马人不肯把凶手交给色诺内斯人处理。布伦努斯一怒之下，扔下对克鲁休姆的作战计划，转头向罗马攻来。[12]

为了保卫自己的城市，一支训练有素、全副武装的罗马军队在昆图斯·苏尔比基乌斯（Quintus Sulpicius）的指挥下向前线开去。在公元前390年7月16日（根据其他一些史料，也可能是公元前396年7月18日），部队在罗马以北11英里，台伯河的一条名叫阿里亚河的小支流附近集合。罗马人想必对面临的处境感到震惊。罗马人不仅在数量上处于劣势——他们只有12,000人，野蛮人却足足有24,000人，而且这些身强力壮的“蛮夷”要比己方身强力壮得多。一个普通的罗马士兵身高只有五英尺七英寸左右，生着黝黑润泽的肌肤，褐色眼睛，光滑的黑头发，而对面的凯尔特人却长着蓝眼睛，皮肤苍白，满头瀑布一样的红发，还留着浓密的唇髭和胡子，而且足有六英尺高。

凯尔特人开始激励自己进入一种迷狂的状态，他们大声叫骂、唱歌，用剑有节奏地敲击盾牌，并像魔鬼一样狂呼大喊，叫声与号角声、擂鼓声混在一起；战马嘶鸣着，用后腿直立起来。有些入侵者还在罗马人面前表演着对方即将遭受的命运：他们模拟战斗场景，冲向彼此，又跳、又舞蹈、又呐喊，仿佛遭受了极大的痛苦一样地抱着头部和胸部，揪住长长的辫子把脑袋提起，比画出割喉的动作，然后一头栽倒。受过高度训练、纪律严明的罗马士兵从没见过这样的场面。他们在方阵中面面相觑，不明白自己怎么就做了这么一场疯狂的噩梦。

最后，有些凯尔特人在彻底的疯狂之中扯掉了自己身上的锁子甲、铠甲和头盔，并把它们扔在一边。他们一边咏唱着誓言，一边举起了手中的剑和盾，就这样一丝不挂地站在对手面前，身上画满了异教的符号，场面又滑稽又恐怖。

接着他们发动了冲锋。

色诺内斯人直接冲进罗马人的阵地，他们驾着雷霆一般的战车，车上有两个战士（一个负责驾车，另一个投掷标枪，并用长长的铁剑砍杀敌人）。另外还有骑兵，一匹马上两个人（一个驾驭马匹，另一个负责杀敌）。几乎就在发动进攻的时候，凯尔特人就冲破了罗马的方阵。接着，凯尔特人转而攻击罗马军的右侧，这里部署的大多是缺乏经验、装备也没那么精良的士兵。凯尔特人把这些罗马人赶入了台伯河。仓促之间，苏尔比基乌斯赶紧下令撤退，整场战斗只用十分钟就结束了。

罗马一方六个军团的残部逃回了罗马城，在那里，守城部队把自己紧锁在壁垒森严的卡匹托尔山上。他们竟然忘了关上城门——虽然关不关结果也没多大区别。尾随追击的布伦努斯的军队涌入了罗马的大街小巷，想要逃走的人都惨遭杀害。然后，抢夺和劫掠开始了。布伦努斯在罗马与台伯河河谷实行了七个月的恐怖统治，书籍遭到焚毁，罗马的全部记录几乎都荡然无存。虽然布伦努斯再三进攻卡匹托尔山都没有成功，但是，遭到围困的罗马守军开始陷入了断粮的窘境。

最终，罗马人拿钱消灾，让蛮族离去了。有人猜测，凯尔特人是因为不会处理街上的死尸，导致尸体腐烂并引发了瘟疫，所以才离去的；还有一种可能是，色诺内斯人在北部的定居点面临来自其他意大利部落的攻击；又或者他们只是厌烦了罗马，想找下一个劫掠对象了。不管是出于什么原因，总之布伦努斯同意撤走，条件是一大笔黄金。

罗马史学家提图斯·李维是这样描述双方的协商的："昆图斯·苏尔比基乌斯与高卢酋长布伦努斯进行了会谈，以一千磅黄金的价格成交。这种耻辱本身已经够深重了，而高卢人还变本加厉，使用了不公平的秤砣，当罗马军需官提出抗议时，骄横的高卢人把剑也掷到了秤盘中，并发出狂吼：'被征服者都是该死的！'"[13] 那一年是人头丰收的年份。

在 1893 年法国画家保罗·雅明（Paul Jamin）绘制的关于这一场景的想象图中，他把布伦努斯描绘成一个肌肉发达的野兽般的男人，站在门前台阶上的一摊血泊中，一脸得意的神情，背后是罗马优雅的大理石建筑，一个畏畏缩缩、矮小的老人给他开了门，我们可以猜到，这个人应该是一位罗马元老。房间的地板上是五个体态丰满的女人，有些被捆着，每个人都吓坏了，她们被带到那里等待着让征服者享用。她们的肉体横陈在一箱箱精美的织物、钱币、珠宝、金色的瓮，还有失败者的头颅中间。布伦努斯长长的红发编成小辫，胡子从脸上一直长到颈间。他穿着长裤和皮质的束腰外衣，饰以青铜或黄金的扣针。他的唇边带着狞笑。

雅明的画作显然是过分渲染了，它唯一忠实于历史的地方只有布伦努斯腰间用皮带挂着、装在青铜剑鞘里的宝剑，以及布伦努斯头上戴的穹顶形的头盔，还有他手中耀武扬威的青铜长矛。画家在绘制这些东西的时候参照了他在博物馆（比如巴黎的国家考古博物馆）中看到的真实的武器。在19世纪第一个十年晚期，全欧洲和中东一些地方的考古遗址出土了数以千计的宝剑、长矛、标枪、盾牌、头盔、战车、号角、各种工具，以及全套的马具，并已向公众开放。除了这些文物，山丘堡垒、定居点的遗址和出土的墓葬也揭示了当初被凯尔特人渗透并居住的那个世界的方方面面。公元前1世纪，这个尚武民族扩张的步伐最终被罗马人所阻止。罗马当初被布伦努斯侵略的时候还是个二流军事力量，但它从凯尔特人那里学到了很多——关于工具和战争的技术。

*　　　*　　　*

我决定试试手，亲自打造一把长剑，就像布伦努斯佩带的那种。我不打算买一块已经成型的足够长的钢铁然后把它打磨锋利——那还有什么意思呢？我的想法是，用凯尔特铁匠在三千年前就开始使用的工艺，从零开始准备我的钢铁。三月一个晴朗的下午，积雪已经开始融化，而山间涌出的春水还没有涨满河流。我驱车前往村子里的消防站，申请用火的许可。消防员问我想要烧什么，我告诉他我准备烧木炭，然后用木炭来炼铁。他盯着我看了一会儿，然后写下了“修剪草坪”并把许可证给了我：“手边记得准备足够的水。”

考古学家在全欧洲和中东地区都发掘到了凯尔特人锻造炉的遗址，并且复原了我的远祖把铁矿石变成铁时所使用的基本的设备和工艺流程。在某些遗址上，人们还发现了大块大块用山楂树的木材制成的木炭。炼铁不是高技术产业，不需要现代工厂中众多复杂的高炉、熔融提纯的合金以及大量的能量消耗。在公元前 2500 年，制造铁在很大程度上就像烤面包一样。

我的第一步是寻找燃料。由于化学的原因，这种燃料只能是木炭。在不列颠与爱尔兰发现的拉坦诺与罗马的炼铁场中，除了橡木与山毛榉木，最常见的木炭的原料是山楂木。山楂木的火焰温度比橡木和山毛榉木都高，而且与松柏木和其他软木不同的是，它含有的树脂相对较少。这样，山楂木就不会很快烧尽或迸出一大堆火星了。在“黑暗英亩”没有橡树和山毛榉树生长，不过山楂树我们有很多。虽然我们的野山楂树没有一棵死的，我也绝不可能只为了满足自己的好奇心就砍倒活生生的树木（为了等待森林恢复，我自己也要等上好几个月），我发现，我可以从活的树木上采集枯死的树枝，制造出足够的木炭来炼出打造一把短剑所需要的铁。

在小树林中愉快地工作了几个下午之后，我收集了半捆疙疙瘩瘩的树枝和枯死的树干。我用沙子和干草盖住土墩，也就是所谓的“窑”，只留中间一个开放的膛以便通气烧火，在点上火之后，开口也会被盖住。“窑”里熄火需要两到三天。我的目标是在尽可能低氧的环境下慢慢烧烤山楂木材，去掉其中的水分和其他没用的成分，同时把木头转化为几乎纯净的红热的炭。木头中含有足够的可燃气体，能使火焰继续燃烧，而我可以通过观察顶上冒出的烟的颜色来监控整个过程。当灰白色的浓烟变成蓝色的烟霭时，木炭就准备好了。

在观察烟的颜色时，我开始着手准备建造炼铁炉所需的材料。这个炉子将是一种叫作木炭熟铁吹炼炉（bloomery）的凯尔特高炉的复制品：一个用黏土制作的空心圆柱体，三英尺高，底部的直径为三英尺，顶上开口的直径是底部直径的一半，而炉壁由一层层摞起来的黏土砌成，大概有八九英寸厚。高炉的内壁上敷着一层沙子，使得炉壁更为耐热，不致熔化。等到做成了，这个其貌不扬的炉子就会像怀俄明州的魔鬼塔一样了。

除了陨石中储藏的铁，自然界中很少存在纯净态的铁：它以含氧或含硫化合物的形式存在。[14] 铁元素的含量其实很丰富。只要有足够的时间，用磁铁在沙子里四处吸一圈都能收集到足够的铁。但我的余生有限，肯定耗不起那么多年来收集有磁性的砂砾。大部分铁是从铁矿石中提炼出来的。我想办法搞来了15磅赤铁矿，这是一种密度很大的岩石，呈灰色和铁锈色，其化学成分是 Fe_2O_3。我准备好熟铁吹炼炉，然后用松木搭了一堆篝火来炙烤铁矿石，以便驱走生铁中可能含有的任何水的痕迹。

最终，那重大的一天到来了。我的木炭“窑”把山楂木完全烤好了。我把大一些的木炭块打碎，弄成与我的铁矿石差不多大的煤球形。同时我把锻铁用的吹炼炉也调整好了，用松木在里边生了火，以确保它足够结实，能承担接下来的任务。我的工具排成一行，严阵以待：一个铁砧、一把长柄大铁锤、一把沉重的木工锤、一把铁钳子、一柄铲子、一根金属条，还有一个从当铺里买来的老式风箱。我身上穿戴的则是牛仔裤、工装、防火围裙、皮手套、登山鞋、护目镜，还有一顶棒球帽。

空气从我在炉子底座钻的两个小孔中鼓入，促使吹炼炉中的火喷出熊熊烈焰，同时，我开始用铲子将相同分量的木炭和铁矿砂通过顶上的竖井放入炉内。然后，我从底下的风嘴中鼓入空气，使火烧得更旺。因为是第一次尝试，所以我并没有指望自己这么容易就能制造出铁来。不过新手总有新手的运气，我今天就有幸满意地称自己为“铁匠”了。在半个小时不停地放入铁矿砂与鼓风之后，熔化的炉渣所形成的第一道溪流从炉子底下流了出来，并凝固成一个拳头大小的灼热的硬块。没等炉中的铁块冷却，我就把它从里边挖出来，放到了铁砧上，用钳子摆正位置，然后一下下地猛敲。火星四迸，灰烬和松脆的熔岩脱落了，露出了一块疏松多孔、闪着白热光芒的铁块，我用力地敲，最终把它锤扁，变成了一张小圆薄饼。

在我的炉中发生了两种简单的化学反应。一是燃烧的山楂木炭所产生的一氧化碳将氧从三氧化二铁中夺走，把氧化物还原成铁单质，同时生成二氧化碳，这些气体就直接从火炉上边排走了;二是铁的晶体与木炭中的碳结合，然后在重力的作用下向着炼铁炉的底部沉下来，熔化的岩石同样也淤积在那里。炽热、可塑的铁不断累积，渐渐合并成一种疏松的海绵状物质，其孔隙中填满了灰烬与熔融的炉渣。我的祖先们觉得这种海绵般的物质像花朵（bloom）一样，炼铁之所以被称作bloomery，就是出自此。我也不知道这是为什么，它与我见过的任何花都没有相似之处。[15]

凯尔特人通过反复锻打、折叠，再加热、淬火，然后继续敲打来增加从炼铁炉中取出的金属的强度，从而制造人们所说的熟铁（也就是加工过的铁）。（最著名的熟铁的例子就是埃菲尔铁塔。）凯尔特人的剑是用人们称之为“低碳钢”的材料制造的，比纯铁的刀刃坚硬得多。剑的长度得以增加，在弯曲时也不会轻易折断。在凯尔特人的锡矿石，也就是二氧化锡的来源枯竭之后，他们就无法再制造出足够的青铜了，别无选择，凯尔特人只好由青铜转向了铁。他们依然生活在一个残酷的世界中，性命要靠武器来保障。

与此同时，我自己的炼铁计划也迎来了收获成果的时刻。我用铁棒把炼铁炉撬翻。定睛一看，里面有一块白兰瓜大小的铁块与炉渣的混合物，冒着烟，嘶嘶作响，闪着地狱般的火光。我用钳子把它取出来，放到铁砧上，然后用长柄大铁锤一下一下地敲击。这不是什么有技巧的活儿，但是不做还不行。火星飞溅，炉渣和灰烬渐渐四散剥落，块状的金属也变成了扁平的薄片，可以折叠起来了。当它慢慢冷却，让我的铁锤感受到阻力时，我就把它重新加热，然后浸到最近的沼泽中，之后再重新加热。下一步是反复锤打与加热、加热与锤打，在我的用力锤打之下，这块丑陋的玩意儿终于开始更像一把剑的形状，而不是一个瓜了。最终，我筋疲力尽，把火熄灭了。

第二天早上，我又忙碌了起来。我回到院子里，重新加热铁块并抓起了锤子。我从三磅赤铁矿中炼出了两磅铁，不过，对于我的目的而言，这已经绰绰有余了。当我的熟铁片达到了三十英寸长、三英寸宽、半英寸厚时，我把注意力转向了别的任务：把它锤得更加扁平，并在一端打造出五英寸长的圆形的剑茎，以便在上面装上剑柄。每一锤子下去，金属都变得更加强韧，这就意味着我要越来越用力地敲打。

第三步就没有这么暴力了。我开始用砥石来削减我这把迅速成长的武器的宽度。我把剑的边缘打磨好，同时把尖缩成钝圆形。然后，我从一根相对较直的山楂树枝上切下一段直径两英寸、长五英寸的木头，并从中间钻了个孔，当作剑柄，然后，我在剑的把手上涂上胶，把剑柄安装到相应的位置。

制作刀剑的专业人士恐怕不会给我的这把剑打多高的分数，但我自己还是觉得它很漂亮。我拿着剑四处挥舞，试了试手感，然后带着它来到篱笆前，在那里，我种了一行紫叶云杉。这种生长迅速的针叶树繁茂了几年，但是在一个冬天，它们一下子都枯萎了。虽然我的妻子姬蒂认为荒谬可笑，但我还是相信，它们之所以枯死，是因为我们的山楂树开始向生长在“黑暗英亩”的每一棵非蒙大拿州土著的树送去破坏性的气息——这也是凯尔特民族对一切非凯尔特的东西的反应。要不然，该怎么解释我们娇生惯养的垂柳几年来都长得很好，为何突然之间掉光了叶子，就这么枯死了呢?

我一剑横扫过去，把第一棵紫叶云杉砍成两半，挥了十五次剑之后，所有的紫叶云杉都横尸在地上了。

成为布伦努斯的感觉真好。

在色诺内斯人洗劫罗马四百年之后，欧洲“蛮族”对抗尤利乌斯·恺撒时，山楂树再次出现在他们的武器库中。但是这一次，他们的武器不再是山楂木炭锻造的剑，而是活生生的山楂树所组成的树篱。

第四章　树篱层层

比起一座大城市中最险恶的街道，英格兰的树篱中蕴藏着更多的暴力。

——P. D. 詹姆斯

一切就好像在迷宫里玩夺旗游戏一样，只不过你的对手想要的是你的命。柯蒂斯·格拉布·库林三世（Curtis Grubb Culin Ⅲ）的眼前是一片繁盛又满是尖刺的噩梦，他的平民生涯中从没有什么能让他预料到今天的处境。他出生在新泽西州的克兰福德，是家中的独子。1935 年，他毕业于克兰福德高中。上学的时候，他是网球队和国际象棋队的成员，并且和其他的男童子军一起在野外露营，享受飞钓鳟鱼的乐趣。毕业后，他就职于舒莱产业公司（Schenley Industries）。这是一家蒸馏厂，同时也贩卖烈酒，其总部离纽约市有 20 英里，而库林的工作是摆放橱窗里的商品。不仅库林本人，他的父亲也在这家公司上班。[1] 舒莱公司最著名的产品是“奢华黑丝绒”。

1938 年的圣诞节前夕，紧随德国入侵奥地利并且吞并捷克的苏台德区之后，欧洲的上空聚集起又一次世界大战的阴云，库林就在这个时

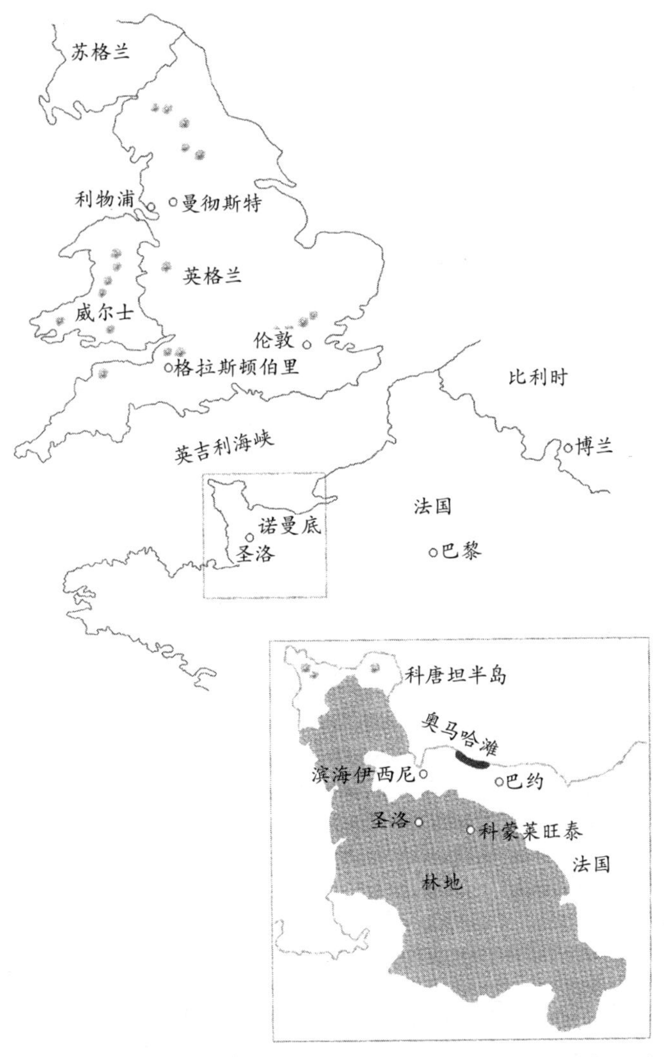

英国与法国北部，以及1944年6月在下诺曼底林地的分布情况（地图由作者提供）。

候加入了埃塞克斯部队（Essex Troop），该部队原本是纽瓦克参加节日游行的骑马俱乐部。埃塞克斯部队在被新泽西国家保卫军（New Jersey National Guard）收编后，于1916年对抗过墨西哥匪帮（Pancho Villa），并于第一次世界大战期间在法国经历过战斗。战后，埃塞克斯部队被重新编到了第102骑兵团麾下。1941年年初，这支部队被发动起来，送往南卡罗来纳州的杰克逊堡接受训练，一部画质粗糙的家庭电影展示了部队和马匹一起受训的场景。不过，这支队伍的坐骑很快就换成了装甲车辆。[2]

库林学会了如何用坦克作战。他身材矮小，骨骼紧凑，这种体型最适合在坦克那狭窄而危险的座舱之中执行任务。在一张照片中，库林身着战斗服，戴着有孔的坦克头盔，上边有御寒耳罩和耳机，他的眼神十足地凶神恶煞，仿佛在说，“哥们，要是把我给惹急了，有什么后果你自己担着。”[3] 在受过坦克兵训练之后，他跟着102团从纽约出发，于1942年10月抵达英格兰的利物浦，参加了为登陆诺曼底而准备的规模浩大的动员。

对于16万盟军战士而言，1944年6月6日标志着长久以来对未知的等待终于迎来了激动人心的终结。但是对于库林——现在是第102骑兵侦察中队F部队的坦克指挥官库林中士——来说，等待并没有结束。第一批美国将士于登陆日攻向海岸48小时之后，第102团依然待在离奥马哈海滩一千码远的船上。因为滩头阵地空间有限，根本容纳不下盟军计划在第一波进攻中用来对付德军的全部装甲车。在等待的过程中，人群吵吵闹闹，紧张不安。盟军的轰炸机在德军的碉堡上空投下了数千吨的炸弹，企图造成混乱，让德国人忽略海滩上的战况。作为回应，纳粹空军也对美军的阵地进行了猛烈的炮轰，而德国的火炮部队则向美国的飞机以及往海岸输送士兵和物资的海军部队发起攻击。[4]

最终，102 中队的一些士兵接到命令，进入登陆船并被送上奥马哈海滩。但其中并不包括库林中士。F 部队及其坦克直到第二天清晨才向海岸进发。一路上，映入眼帘的无论让谁都会觉得触目惊心——水中排列着燃烧的船只，被摧毁的车辆，苍蝇嗡嗡地围着炸得不成人形的死尸和四散的残肢断臂，鲜血染红了沙丘，曾经弥漫着海水咸腥味道的空气中混合了硝烟和死尸的臭气。

在送往奥马哈海滩的 51 辆重型谢尔曼坦克（Sherman tank）中，只有三辆在登陆日中幸存，很多都是在浮力装置失灵之后沉没在汹涌的海水中了。不过，库林所乘的是一辆相对较轻的坦克，叫作“M5A1 斯图尔特”，它是用一艘登陆艇送到岸边的。这种坦克的名字是为了纪念南北战争中的传奇人物杰布·斯图尔特（Jeb Stuart），他是联邦军的将领，在改进侦察技术和利用骑兵掩护步兵的战术上都贡献良多。斯图尔特坦克的机动性能优良，非常适合用于侦察敌军的所在位置，还能为步兵提供火力掩护。因此，102 团的格言是：“为他们指明道路。”

6 月 10 日，库林中士和另外三位战友钻进了他们的坦克，这支分遣队执行了进攻以来的第一个任务——扫清滨海伊西尼镇北面海滨地带的抵抗据点。他们初尝战斗的滋味就俘虏了 74 个敌军士兵，其中有几个应征加入纳粹国防军（也就是德国武装部队）作战的白俄士兵。翌日早晨，部队继续移动，这一次是朝着科蒙莱旺泰的东南。在村庄边缘，他们遭到德国狙击手和机枪手的伏击，丧失了第一位战友。

在 6 月 14 日以及接下来的三天里，F 部队在从巴约到圣洛的道路沿线第一次参加了武装战斗。几辆美国坦克遭到了破坏，而库林中士多年来熟识的战友也负伤或牺牲了。诺曼底西部大部分穿过圣洛的道路都是美国战略部署的关键所在，要在法国西北部做出突破并解放二百英里以东的巴黎，这些都是必经之路，而解放巴黎不仅有战略意义，而且有极其重大的象征意义：这将标志着德国对欧洲的掌控烟消云散，并加速盟军的胜利。将军们预计 6 月中旬就能把圣洛收入囊中。他们认为，美国不论是在兵力、空军力量，还是供给上都有相当可观的优势。但是，直到 6 月 18 日圣洛才被攻下，而且让美军付出了惊人的代价。据估计，美军伤亡十万人，其中有两万人是在行动中牺牲的。[5]

当第一周的战斗结束时，库林中士开始察觉到他的上级所忽视的——美军在诺曼底对抗的敌人其实有两个。一个是德国人，另一个是诺曼底的树木。

*　　　　*　　　　*

2400 年前，一支叫作高卢人的凯尔特部落从位于多瑙河上游的故土迁移到诺曼底，他们建立起用木头墙围绕的精巧的城市，砍伐森林并用土地来种植庄稼，饲养牛、羊、猪等家畜。为了避免动物糟蹋粮食，同时防备从大西洋不断吹来的风吹走肥沃的表层泥土，他们种植了树篱。多少个世纪以来，树篱成了主宰和界定这片平坦区域的独一无二的特征。有些树篱能追溯到中世纪甚至更早，不过，就像在爱尔兰和不列颠的情况一样，大部分树篱都是在范围甚广的圈地运动中栽下的。圈地运动开始于 1750 年左右，并持续了一个多世纪。最初，种植树篱主要是为了柴火，一旦人们从所剩无几的林地中获取薪柴的公有权利遭到剥夺，树篱就成了燃料的唯一来源。因此树篱也被称为"农民的森林"。[6]这可不是爱尔兰与不列颠那些和蔼可亲的园艺树篱，而是令人望而生畏的有机堡垒，是围绕一块块小田地（大约每平方英里 500 块）的坚壁，它们彼此交叉相连，形成一幅马赛克巨画。泥土与岩石阶地构成四英尺高、四英尺厚的基础，两旁有排水渠。阶地上长出的树木、灌木和藤蔓形成一堵密不透风、长满尖刺的厚墙。人的目光既不可能穿透它，也不可能越过它，所以对面发生了什么完全无从知晓。在这里，高大的树木包括白蜡树、山毛榉树、橡树和栗树等。而在树篱中生长繁茂的小型树木和灌丛里，最常见的是单子山楂。[7]这交缠的植物网的根系起到了钢筋的作用，使绿堤像混凝土一样坚不可摧。诺曼底的很多土地上都种着果树，收获的水果为本地著名的酒类提供了原料，比如卡巴度斯苹果白兰地。田地的一个或多个角落会留出入口让农民进出，而到 1944 年，历经几个世纪的使用，地面上留下了古老的拖车辙印，在相邻田地间狭窄地蜿蜒着。在有些地方，相邻的树篱枝叶会彼此勾连，把小径变成了隧道。

高卢人在公元 51 年被尤利乌斯·恺撒打败。罗马人在守卫帝国边境的同时也在征用地方资源，比如原木方。五个世纪后，法兰克人蹂躏了这个地方。一千多年前，它又成了维京海盗们反复劫掠的目标。最后，诺曼人入侵，给了它现在的名字。在这历史的风云变幻中，始终保持不变的是茂密的树篱。

另一个被恺撒征服的部落同样喜欢树篱，那就是纳尔维人。他们占据的土地位于今天的佛兰德斯。纳尔维人也许用树篱来保护农场，但无疑也用作防御工事。恺撒写道，"纳尔维人自古以来就没有骑兵，直到现在为止，他们对骑兵还是不很热心，他们所有的力量全在步兵上。为了便于阻止邻国的骑兵进入境内劫掠，他们把嫩枝剪下来，弯着插在地上，不久它就向四面八方滋生许多繁茂的小枝，快生的荆棘蒺藜密密地丛生在里面，很快就长成一道城墙似的藩篱，为他们构成一条很好的防御工事，不但人没法穿过，连窥探也不可能。”[8]

1944年，树篱在诺曼底超过1500平方英里的土地上延伸，覆盖了整个科唐坦半岛，并继续向西南蔓延了60英里。这种奇特的地形叫作“林地”(bocage)，源于法语中的“小树林”一词。横亘在奥马哈海滩和圣洛之间的正是这种地形。在库林中士和他所在的部队朝着诺曼底进发时，眼前出现的“小树林”与田园牧歌般的美好场景可没有一丝一毫的关系。德国人已经占领诺曼底四年了，他们知道如何在林地中作战。在战场四面环绕的树篱中，有三面后边可能隐藏着步兵、火炮和坦克，德军士兵正从枝叶间挖出的窥测孔向外窥视，狙击手匍匐在树上建起的平台上支援他们。一旦美国人进入战场，敌人就会像割草一样把他们消灭干净。纳粹国防军并没有争夺每一块战场，但是他们选择去坚守的地方就会变成堡垒。手握主动权，决定战斗在何时何地打响的，反倒是在人数上处于劣势的德国人，而且他们还控制着一切偶然的因素。(就在发动进攻之后，美国第一军的指挥官奥马尔·布拉德利将军[General Omar Bradley]把林地叫作“我见过的最可恨的国家”。)[9]

如果想要一睹1944年时林地的真容，《拯救大兵瑞恩》这部电影绝对不是正确的选择。尽管它是一部令人感到悲痛且值得纪念的战争片，但是，在诺曼底实地拍摄的却只有开场的墓园场景。整部影片其他部分的拍摄地点都是英格兰和爱尔兰。汤姆·汉克斯和他的战友们开进那片所谓的“林地”去找大兵瑞恩的场景中所描绘的山楂树篱充满了田园的诗情画意，与库林中士所面对的密不透风的藩篱几乎没有什么关系。（另外，电影中的树篱还开着花，这说明这段镜头拍摄的时间是五月初，这比美军开始进攻圣洛的时间早了一个月有余。）[10]

不论是对坦克还是对步兵而言，这些树篱都是致命的。德国人在车辆行驶的道路上放置了地雷和路障。这些道路非常狭窄，即便小巧的、四四方方的“斯图尔特”坦克也会被卡住，成为敌军唾手可得的目标——德国人拿着火箭炮，轻而易举就能把它炸翻。连日的霏霏淫雨使得情况更加棘手。在诺曼底，1944 年的夏天是自 1900 年以来最为潮湿的。持续的降水把小径变成了沼泽，在大雨的浇灌之下，树篱也变得愈发茂密和多刺了。一旦坦克试图在林中强行冲出一条道路，就会陷进泥土和树根结成的板块中，或是弄掉一条履带，再或者因速度太慢而被德国人察觉到，坦克一出现在战场上就被开火解决掉了。而如果坦克试图从较矮的树篱上方碾压过去的话，它装甲薄弱的腹部就会暴露在德国狙击手的火力之下。当时，美军所急需的，是能够在林地中迅速砍倒树木，开出一条道路的工具。

库林中士和其他三位军官接到命令设法解决这一问题。他们的构想非常简单：在坦克前面焊接五个巨大的铁制尖齿，这个构造模仿了鲨鱼牙。布拉德利将军受邀前来观看这个简单粗暴的装置进行演习，它被命名为“犀牛”。树篱中谢尔曼坦克迎头闯入的地方即刻化为一大团树枝、尖刺与泥土的混合物，而坦克则跨过裂缝，到了树篱另一边。布拉德利对“库林式树篱切割机”的印象非常深刻，他立刻下令尽可能多地生产并安装这种装置。将近六百辆装有切割器的“犀牛”坦克很快就能够咆哮着投入战斗。而为了寻找足够的钢材，美国的焊接工人利用了德国人在奥马哈海滩设下的数以千计用来阻挡盟军登陆的反坦克路障。德怀特·D. 艾森豪威尔将军之后写道，美军士兵一想到德国的装备竟然化作了打击纳粹的武器，就会不由得感到“愉悦”。[11]

对树篱的憎恨构成了法国军事史上反复出现的一个主题。9 世纪时法兰西的国王、人称“秃头查理”的查理二世——其统治的领土大概相当于今天的法国——就花了大量的时间和金钱来建设巨大的木头栅栏和桥头堡垒，以便巩固王室征服的领土，抵挡前来劫掠的维京人，同时提醒百姓们谁才是统治者。在 864 年颁发的一项法令中，他抱怨某些臣民未经他的许可，就私自建造城堡和要塞，并使用“haies et fertés”（就是用山楂树枝紧紧地编成的活的树篱）圈地。他命令这些僭越者马上把未经许可的建筑物拆除干净。第二次世界大战期间在太平洋战场上作战的军官也抱怨说，林地中战斗的血腥程度绝不亚于太平洋群岛丛林中的任何一场战斗。登陆日行动的策划者们详细地计划了这场历史上规模最大的进攻的其他一切细节，为什么却大大低估了在树篱中推进的困难程度？制订计划的人能拿到林地的航拍照片，不过，他们可能把眼前的东西当成了英国相对温顺的园艺山楂树篱。就算他们与自己的法国盟友谈过下诺曼底地区的地形，他们也一定把相关的信息忘在脑后了。一位高官总结了美军高级军官在进攻开始后的惊愕之情：“虽然登陆日之前在美国就有人谈到过树篱的事，但我们没有一个人真正明白其棘手之处。”[12]

设计出树篱切割机的库林中士和其他三位军官因其贡献获得了功勋勋章。不过，因艾森豪威尔将军 1961 年的演讲而名垂青史的，正是这位来自新泽西州的橱窗陈列工："有一位小中士，他的名字叫作库林，他想到了一个主意,那就是，我们可以把刀子，巨大无比的钢刀，装到坦克的前部。这样在坦克开动的时候，就能把这些堤坝从地上铲断——夷为平地——然后坦克车就这样披着伪装向前走一会儿。"[13] 虽然库林本人并没有以此居功，而是说自己的想法来自"一个叫罗伯茨的田纳西州乡下人"，但是，不管是真实的还是人为炮制的，英雄总会从"战争的迷雾"中出现。合众国需要榜样，而将军们很乐意提供这样的人。"小中士"就像"小家伙"那样富于平等主义的吸引力，是美利坚的脊梁。

虽然树篱切割机已经成了一个军事传奇,但是它的意义还是一个有待商榷的话题。[14] 有些历史学家认为，这项创新结束了僵局,恢复了美军在战场上的机动性,从而使数千人免于阵亡。至少，"犀牛"坦克提升了部队的士气，因为人们相信它。不过，另一些历史学家则表示，"犀牛"坦克并没有像传说中那样得到广泛的应用，因为它的效果并没有那么理想。美国在进攻圣洛之前就轰炸了这一区域，使得某些战场支离破碎。因此，"犀牛"坦克很难达到足够的速度，也就不可能在林子中以足够的力量一往无前地冲破藩篱。此外，切割机并不是美军用以对抗树篱的唯一武器。除了它之外还有"沙拉叉"——这是一对附着在坦克上的木头做的耙子，它能在树篱的障壁中挖出洞来，并在洞中填满炸药，然后引爆。这种武器同样起到很大作用。美军部队还调来一批装有液压铲刀的坦克,只要在树篱上吹出一个洞，就能立刻清出一条道路来。但是，仅仅在阶地上爆破军火是不行的:因为爆破力不够。

持怀疑态度的人认为，比起这些针对树篱的武器，其他方面的进展对美军在诺曼底的胜利起了更大作用。包括协调装甲与步兵的战略部署，还有那些能在树篱中炸出一个大洞的工程师——那句流行语就是因他们而来："一个小队，一辆坦克，一个战场"——以及坦克和步兵之间更优良的无线电通信技术。可是，库林中士的故事比起这种种索然无味的手段更有戏剧感，也更有吸引力。在第一军于七月下旬突破诺曼底之后，盟军以雷霆之势横扫了法国北部，把面前的德国人驱赶一空。8 月 25 日，巴黎解放后第一批进驻的美国人中也有库林中士。战斗仍在进行，这一次是在德国西部的许特根森林（这场战役是美军打得最久的战役）。在某次夜晚巡逻时，库林踩到了一颗反步兵地雷。他的左腿被炸成了碎片，不得不截肢。而在他倒下时，他碰到了另一颗地雷，使他的右腿严重受伤。但他最终恢复了，回到家乡继续在舒莱公司任职，并且结了婚。那位"小中士"在 1963 年溘然长逝，年仅 48 岁。

*　　*　　*

在欧洲，至少五千年来，树篱一直是人类贸易的一个组成部分。自从新石器时代人们发现种植谷类比赶着牧群寻找草场更加有利可图，他们就在自己田地的边缘种上一行行树篱来制约牲畜并标记自己的土地。在大不列颠海岸的某些地区，比如康沃尔郡，这些所谓的"树篱"不过是用石头围出的周界。另外，全欧洲都散布着垦荒时的树篱。这一行行树丛或灌木是那些被农田取代的森林幸存下来的孑遗。[15]

石器时代的农民可能也用树枝编织在一起建造了"干树篱"。某些时候，这些早已干枯的屏障甚至能起死回生。为了固定这些树篱，人们会用石头做的斧子或短柄小斧从树上砍下一段青绿色的树枝，插进地里，树枝就在那里生根发芽，生长壮大。接着，新的植物也会到来，利用树篱的保护和此间蕴含的湿气。(在“黑暗英亩”，我们把树干以及河上的浮木堆积起来，建了几段零零散散的树篱，因为这些地方的树根太多，要想挖坑建那种立柱护栏实在是太费功夫了。这里很快就入驻了覆盆子、野蔷薇，还有山茱萸——虽然迄今为止还没有山楂——使得邻居的马匹不敢进入。)

早期农民在欧洲各地、中东以及密西西比河沿岸建造的编条抹灰小屋(wattle-and-daub huts)的遗迹表明新石器时代已经存在编织的树篱。“编条”是用细枝条交织成的条板或柱状结构，枝条一般会被劈开，以便更加柔韧。而“抹灰”则是指用泥巴或黏土在编条的表面糊上一层，使其更加坚固(水泥预制板建筑就是直接源自这种古老的建筑手法)。这些枝条很可能是从经过矮林平茬作业的树上取得的。将枝条从靠近地面的地方截断，并压成某个特定的角度，以便雨水从上边流走，不会造成腐烂。树桩上的芽很快萌生出“根蘖条”，用不了多久就会长成细长的树枝。这些枝条特别适于编织。不过，今天在诸如诺曼底的地区，矮林平茬的主要目的是生产大量生长迅速而且可持续供应的原木和木柴，同时还不用考虑补种的麻烦。并不是所有的树种都能进行矮林平茬作业——例如，对松树和其他常绿树就不起作用，成熟的山楂树也不适合。但是，在温和湿润的气候下，比如在爱尔兰，矮林作业所得的幼小山楂树枝条十年就可以收获，接着重新开始自己的生长周期，由于衰老程序被重新设置了，这棵树的生命也得到了延续。每隔15年到50年就定期修建和编织的树篱能无限地生存下去。[16]

英国博物学家麦克斯·胡珀(Max Hooper)对英格兰的树林开展了一项研究。他利用诸如农场记录等文献记载，确定了227处树篱的年龄。他发现，这些树篱的年龄在 75 岁到 1100 岁不等。之后，他把每处树篱中的树木和灌木物种制成了表格。这样，他发现了树篱的年龄与其物种多样性之间惊人的关联。树篱所孕育的生物种类越多，它的年龄也就越大；随着树篱的生长，它逐渐成了植物免于葬身犁下或牛羊之口的避难所。这就是如今为人所知的“胡珀定律”，根据推断，在一条 30 码长的树篱中，如果有 5 个不同的物种，那就证明这段树篱的年龄大约有 500 岁。当然，胡珀定律也有特例，但在鉴定不列颠的树篱年龄时，它依然是一条应用广泛的准则。由这条定律来判断，不列颠的树篱要比之前人们以为的古老得多。胡珀研究过的古老树丛之一坐落在伦敦中心以北六十英里处的“修士林”。这个树篱叫作“朱迪丝树篱”，因征服者威廉的侄女朱迪丝女伯爵而得名。朱迪丝在丈夫密谋反叛自己的叔父时告发了他，结果她丈夫被砍了头，她自己却步步高升，独自拥有了“修士林”，并在 1075 年种下她自己的树篱；现在，她的树篱比不列颠的大多数建筑都要古老得多。[17]

毫无疑问，石器时代的农民发现活生生的树篱要比死了的更加强壮。如果修建得当，能促使枝叶长得更茂盛、更强韧，也更稠密，而死去的树篱只会越来越脆弱，越来越稀疏。当农民们从一棵先前被砍倒的树旁边经过，发现它萌生出了新芽时，他们会看到，那几行竖立起来的植株或许能做一个不错的藩篱。有时，他们很可能拓展了一下——通过把像山楂树和黑刺李树这样多刺的植物枝条织成活生生的编条，他们最终创造出了一堵绿色的墙，这个效果卓然的藩篱足以抵御野兽、牲畜和敌人。后来在英语里，这门绝活叫作“铺设树篱”(hedge laying)，在法语里叫作 *plessage*。

从理论上来说，铺设树篱是件很简单的工作。第一步是种植一排山楂树。树苗——行内叫作“鞭条”(whips)或“快条”(quicks)——可以采用商业化的模式培育，一般是两三年的苗木，18 到 24 英尺高（当然，用种子种植各种山楂也是可以的，但那需要时间和耐心，因为大多数山楂属物种的胚芽都不易从休眠状态中苏醒，这一点简直恶名昭彰。一般来说，不等上 18 个月，它是不会萌芽的。虽然这个过程也能用人工的手段来加速，比如用机械锉薄内果皮，也就是保护胚芽的木质硬壳，商业种植者还会用硫酸来去除这层硬壳，不过完成这项工作以后要保证把种子清洗干净)。“鞭条”要在春天种下，土壤要精细地打理，每两株之间要间隔 9 英寸。如果想要得到更为密集的树篱，就种两行甚至三行。另外要确保每行之间相隔数英尺。在接下来的几年中，唯一要做的就是让树木自己生长，不要打扰它。

在年均降水量可达 40 英寸的沃特福德郡，单子山楂的树苗 6 年间就可以长到 8 英尺高。而在年均降水量只有 14 英寸的蒙大拿州，像我的地产“黑暗英亩”的边界栽种的道格拉斯山楂（*C.douglasii*）这样的本土物种，说不定要 12 年才能达到相似的高度（虽然亲手栽下一行树篱是件很有乐趣的事，我却没有那个时间)。树篱中也可以穿插一些其他的树种，出于保护物种多样性的目的，这么做反而值得鼓励。在不列颠与爱尔兰，用作树篱的植物包括海棠树、榛树、野樱桃、接骨木，还有山楂树的一种蔷薇科近亲——黑刺李（它长着某种特别恶心的尖刺，同时也是一种叫作野李 [sloe]、可以用来给杜松子酒调味的硕大的蓝色浆果的来源)。在诺曼底，树篱中还加入了橡树、山毛榉以及白蜡树，使得树篱的用途更多地在于防风和提供薪柴，而不只是阻挡牲畜四处乱走的围栏而已。

一旦树木达到合适的高度，就需要把它们转变成一堵有生命的墙。对于真正的树篱来说，作用并不单纯是遮掩私产、击退入侵者，或在花园里被修剪成诸如七个小矮人之类的各种形状来供人观赏。树篱是农场里非常关键的组成部分，它的重要性不亚于任何其他的工具。要想把树篱修建成形，你需要一把短柄小斧、一个沉重的棒槌、一把园艺大剪刀和一种叫作“钩镰”（在英文里的发音是“比尔路克”）的修枝砍刀，这种刀的刀柄很长，在刀刃上靠近刀尖的位置有一个突出的钩子。几个世纪以来，钩镰除了用来收集柴火之外，还常常是英国底层劳动者们手中的武器，它与农民的身份密不可分，就好像当初弹簧折叠刀与美国的街头流氓密不可分一样。另外，你还需要厚重的工作手套、长袖工作服、护目镜与合适的鞋。手边预备一个急救药箱也是明智的做法。

第一步是用钩镰砍掉每棵树地面以上大概三英尺以内的枝条和树叶。然后，在第一棵树的树干上几英寸的位置砍出一个缺口，差不多把整棵树砍断，并由浅到深小心调整砍切的角度——目的是让切口的深浅恰到好处，如果太浅树干就不能弯折，而如果太深则整棵树都会枯死。（要是山楂树比较大、树干较粗的话，在砍第一下的时候，你可能要用到短柄小斧或是链锯。）在爱尔兰，一棵六年的单子山楂树干底部直径大约三四英寸，所以这里出不得任何差错，同时，这也是为什么说铺树篱是一门手艺，需要大量的练习。这种砍削的过程看上去很残忍，但能促进生长：下一步就是用钩镰或短柄小斧把木块清理干净，这能帮助植物生长并预防病虫害。

现在，我们该把第一棵山楂树压弯，几乎与地面平行，这样，整棵

图一：首先，在深秋季节找一行 8 到 12 英尺高的茂密的小山楂树。

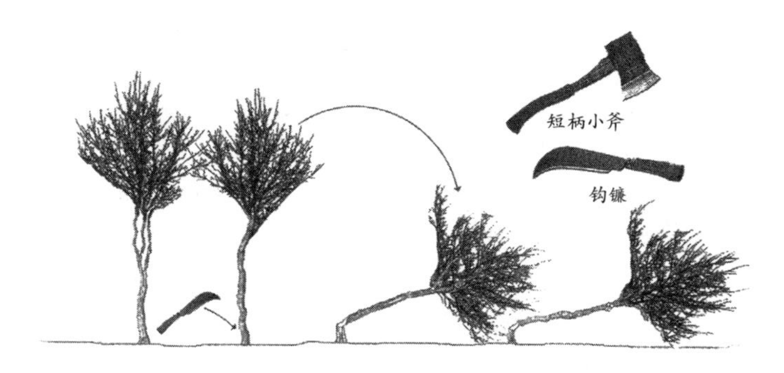

图二：把下层的枝叶修剪掉。然后用钩镰或短柄小斧在靠近树干底部的位置砍出一个深深的切口。现在，这棵树可以被称为“编结物”了，把它弯折到 30 到 60 度，每个“编结物”都架在旁边的“编结物”上。

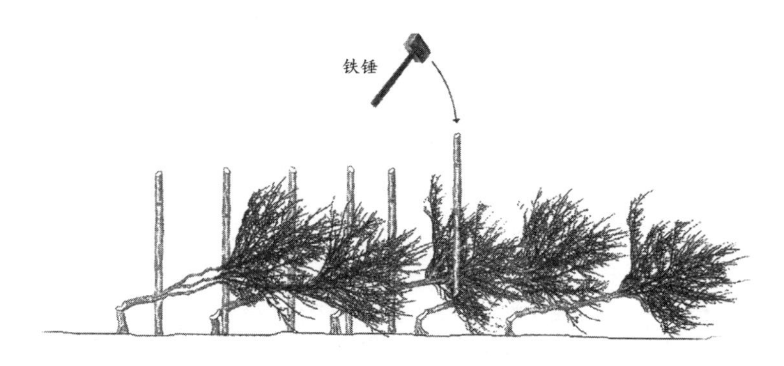

图三：为了给树增加垂直方向上的支撑，用铁锤把削尖了的棍子敲进地下，形成一排，每两根棍子之间相隔一肘尺——大约 18 英寸。

图四：用钩镰、短柄小斧或小型链锯在树干底部沿一定的角度砍开一个切口，切掉 90% 的树干，但要留一层边材，让根部吸收的营养物质得以继续输送到这棵树的其他部分。再切一刀把这块木头砍下来，切口表面倾斜，以便水分充分蒸发，避免腐烂。“编结物”以一定的角度竖立起来，促使树的汁液往上走。

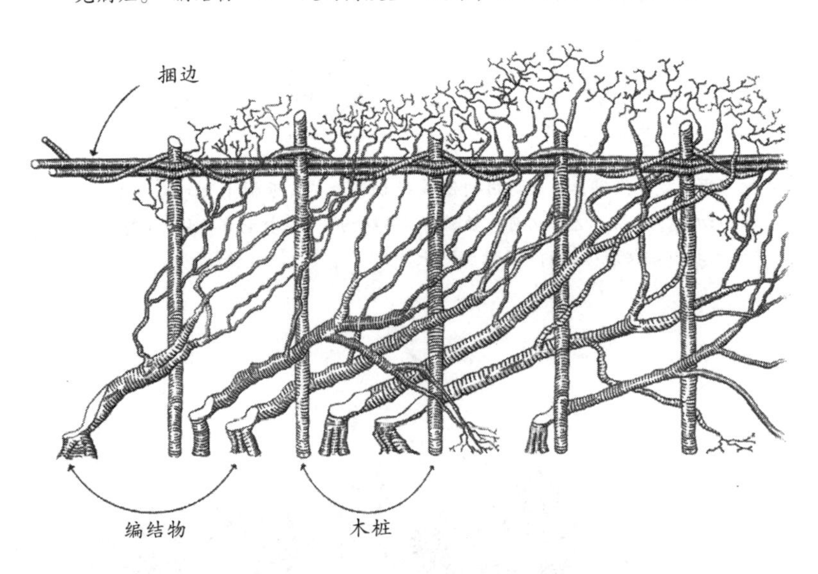

图五：在把木桩与树篱一道竖立起来之后，在木桩顶部用尚未干枯的细长“鞭条”捆绑起来，给树篱水平方向上的支撑。然后，把“编结物”的枝条依次编织和缠绕到木桩上。

树篱铺设技术（作者绘）

树就会以30度到60度的角度倚在其上部的树枝上（这棵压弯了的树叫作“编结物”）。一部分树皮和边材在砍伐过程中完好无损地保留下来，因此，“编结物”不仅会继续生长，而且会萌发出更多的枝条来获取更多的阳光。萌发得越多，树篱就越厚。另外，精心编织的树篱中茂密的枝叶会促进融合，这种现象是指，当树枝在风中不停摇摆的时候，有时会彼此摩擦，把树皮磨掉，然后就这样长到了一起，形成天然的嫁接，使得树篱更加强劲。当这些新长出来的树枝高度达到四五英尺的时候，在秋冬季节修剪掉上部的树梢。这会刺激树篱横向生长，令“编结物”填满树篱的缝隙。这是山楂树的解剖学与化学共同作用产生的结果。[18]

山楂种子萌发时只会在一个点上生长，这就是尖端的顶芽。随着顶芽越来越长，就会形成节点（nodes），节点两边会生出成对的侧芽（道格拉斯山楂有时会生出三个侧芽），一个芽会变成棘刺，而另一个则会变成将来长叶开花的枝条。就像其他的木本植物一样，山楂的顶芽中含有一种名叫生长素的激素。这种激素会抑制植物长出更多的新芽，这样，树就能更快地长高。生长素不仅能决定植物萌发的新芽的数量，还能控制它们从主干的哪个部分生长出来。如果顶芽被摘除了，树木就会生出过多的新芽。剪枝同样会刺激植物分杈——主干分成枝条和更小的嫩枝。只要去除上层的枝叶，就会让整棵树接收到更多的阳光。这就是为什么没有定期剪枝的树篱会陷入年久失修的状态——它长得更高而不是更厚实，里边充满缝隙。[19]

回到我们的树篱，在编结树木之后（另一个描述这一过程的词是“plashing”，指编篱技艺），找一些木桩，用钩镰削尖。这些木桩会在树篱仍然处于生长阶段的时候为其提供支撑，木桩必须足够结实，因为你得用大锤把它们砸到编条下方的地里。每两根木棍之间要间隔一肘尺。（肘尺就是指人的胳膊肘到中指指尖的长度。这是古埃及人使用的度量单位，在《创世记》中，神在命令诺亚建造方舟时所用的单位也是肘尺。如今，树篱铺设是唯一仍然使用肘尺作为长度单位的行业。）下一步是用最柔软的山楂枝条插在木桩和树干之间编织起来，形成一张厚实的帘幕。最后，用几股细长的柳条或是砍下的榛树枝缠在木桩的顶部，从一根木桩拉到另一根木桩，一直到整排树。这就和编篮子一样，只是所用的是细长的树枝，我们称之为"捆边"（binding）。最终，木桩和"捆边"都会腐烂，但是到那个时候，它们固定树篱的使命早就完成了。当树篱老化而且长得太密实时，剪枝就很必要了，这样才能刺激树篱底部生长得更加浓密，这一部分才能真正起到作用，不让牛羊闯进农场。树篱的理想形状是陡峭的金字塔形，底部较宽而顶部较尖，这样整株植物都能接受到阳光。

在英格兰，不同的地区发展出了不同的树篱铺设方式，共计竟有三十余种不同的样式。在以养牛为主的乡村，比如牛津郡，树篱要对付的牲畜是牛，所以木桩上会编好几层"捆边"来增加强度。而在德比郡附近以养羊为主或耕牧混合的乡村，树篱上就没有"捆边"。虽然铺设树篱的行为曾经遍及爱尔兰全境，现在这门手艺却已经消亡了。不过，最近几年编条技艺的复兴促使树篱铺设专家们探讨起了所谓的"爱尔兰自由式"，这种样式使用木桩作为基本的蓝图，"捆边"则可有可无。虽然目前欧洲仍在种植新的农业树篱，但是，如今编结主要针对那些被人忽视无人修剪的树篱。对于像山楂树这样的树木而言，如果树枝没有得到定期的整理，枯枝没有被及时移走，下层的枝叶就得不到阳光，无法生长。它们会变得稀疏，底部形成缝隙。这种细瘦伶仃的树篱对农场是没有什么用处的。编结平均每隔 20 年到 25 年就要重新来一遍，以保证树篱依然具有防止动物（以及人类）入侵农场的功能。铺设树篱在诺曼底曾经广为流传，而今却难得一见，导致林地的树篱活力衰退。现在，树篱基本被当成廉价的燃料来源，而树木会定期矮林平茬以生产出更多的木柴。[20]

如果你生活在英格兰或爱尔兰，又觉得养护自己的树篱似乎太麻烦，你也可以找专业人士代劳。爱尔兰树篱铺设协会和英格兰国家树篱铺设会能为你提供各种服务，工人们的技艺都是经过考核，由国家认证的。他们收取的费用要视树篱的状况而定，不过一般来讲是每码 10 英镑（约合 17 美元）。依照不同的情况，一位专业的树篱铺设工每天能编完 15 到 20 码的树篱。

在我写这本书的时候，尼尔·福克斯（Neil Foulkes）正好五十出头，他于 20 世纪 80 年代就在英格兰开始了铺设树篱的职业生涯，当时他本打算学砌墙。“我当时希望学的是砌石墙的手艺，从来没听说过铺树篱这回事。”那是在十一月，正是修剪树木的季节，人家告诉他说，现在开设的课程没有关于砌石头墙的，只有关于树篱的。结果他说，“从第一天开始我就特别喜欢这个活儿”。课程结束之后，他继续学习，并在一位专业的师傅指点下亲手铺设树篱。1992 年，福克斯移居到爱尔兰，然后在自家小农场周围种下山楂树，并铺成了树篱。他也曾接受委托，在“饥荒”公墓的周围铺下规模颇大的山楂树篱。那里埋葬的都是在 19 世纪的土豆饥荒中饿死的人。如今，福克斯已经在爱尔兰全岛32个郡中的26个郡工作过。他最近的一份工作是在罗斯哥蒙郡库特希尔附近为一对英国夫妇修复他们假日农场里100码长的树篱。这个树篱由疯长的单子山楂、黑刺李、榛树、柳树、冬青树、欧卫矛组成，二三十年都没有修剪过。它生长在一个陡峭的斜坡上，在爱尔兰常年阴雨的侵蚀下，显得越来越单薄。福克斯和他的同事们花了八天时间才完成这项任务，而在威克洛郡，他们用黑刺李和平原枫树的树苗铺设同样长度的新树篱只需要两天。[21]

福克斯告诉我，"我刚搬到爱尔兰的时候，根本没有几个人知道铺设树篱是怎么一回事，哪怕是农村社区的人。"这种古老的乡村手艺曾经是全欧洲的地主们定期要实施的必要之举，但是，第二次世界大战后的头几年，人们对战时经历的食物短缺和定量配给心有余悸，迫不及待地想要实现食物自给。于是，大家纷纷毁掉树篱，建设更大的农场。以20世纪50年代为例，英格兰种植大麦的土地面积几乎翻了一番，人们急不可耐地开起了大型拖拉机，而这需要一马平川、没有树木或藩篱的大片空旷田野。另外，新的灌溉设备也需要在没有树木根系的土地上建设排水系统。1962年之后，农民们开始用推土机清除树篱，政府依照共同农业政策（Common Agriculture Policy，简称CAP）给予资助。这一切发生在平易近人的乡村景致身上，促使"保护英格兰乡村运动"（Campaign to Protect Rural England）的领导者、美国作家比尔·布赖森（Bill Bryson）写道："在不列颠，至少一半的树篱能追溯到圈地运动之前；此外，还有1/5的树篱能追溯到盎格鲁-撒克逊时代……拯救它们的理由并不是它们从来就是如此，而是因为它们的存在如此清晰明了地勾画出了乡村的景致。英格兰之所以能成为英格兰，正是因为它们的功劳。而一旦它们消失了，英格兰又将何异于建着几座尖塔的印第安纳州？”在1946年，有大约30万到50万英里的树篱在英格兰的土地上纵横交错。而在爱尔兰共和国，政府批准砍伐的原生林比欧洲其他各国政府所批准的都要多。道路和住房的发展，还有农田的重整，在过去仅20年间就导致了几千公里树篱的消失。另外，忽视和管理不善也令情况雪上加霜。据估计，在2013年，爱尔兰共有约25万英里的树篱，其中最主要的物种是单子山楂，在人们开掘沟渠的时候，路堤上一般都种有这种山楂。而有些树篱甚至在青铜时代就扎根于此了。[22]

在诺曼底，树篱在圣洛战役中损失惨重，不过，甚至早在德国人占领此地的四年之前，树篱就陷入了无人修剪的状态。它们越长越高，却因无人剪枝而越来越稀疏。[23]然而，使林地产生最大改变的，却是人口结构的变化与技术的进步，相比之下，炸弹和园艺剪刀都相形见绌。人们为了获得更高的收入而一窝蜂地涌入百废俱兴的城市，与此同时，传统的家庭农场也被采取科学化管理的商业机构取代了，这是法国国家农业研究院大力宣传的结果。先进的农业机械使得法国仅占人口3%的农民不仅养活了法国的全部人口，甚至还有富余。在农业劳动力大幅减少的同时，有精力打理树篱的人也越来越少。就像在英国一样，CAP也为法国农场的现代化提供资金，并为农民提供收入补助和谷物津贴。玉米种植现在已经广为流传，取代了当地的果园和乳用牲畜的放牧。诺曼底就是一例，当地久负盛名的乳酪，比如卡门培尔乳酪，就要用这里出产的富含脂肪的牛奶作为原材料。美丽新农业的核心就是土地合并，这就产生了越来越大的农场，这种地理上的粗暴的力量（geographic blunt force）叫作“兼并”。在新政策出台之前，如果一位土地所有者把自己的财产赠予几个继承人的话，那么每一个人都会得到几块由树篱包围着的小片土地；然而现在，一个城镇的政府长官就有权力重新安排继承人的财产，使一块块小包裹般的田地连续起来。另外，为了在获取更大土地的潮流中获得实实在在的好处，农民们也开始彼此交换土地。人们破坏了树篱，令相邻的土地连在一起，从而也破坏了诺曼底的面貌。结果，这场始于 20 世纪 60 年代的土地合并浪潮使得诺曼底存留的树篱从一开始的 125,000 英里缩减到了 2010 年的 93,000 英里。[24]

保护树篱并不仅仅是"抱树狂"* 的事情——毕竟，能有几个人愿意去拥抱浑身是刺的大树呢？没有了树篱，不列颠、爱尔兰和诺曼底的许多地方就会像美国西部的大平原一样空空荡荡，只剩一些像罗宾汉的舍伍德森林这样的星星点点的林地依然完好无损。树篱的消失会造成河边洪水泛滥、土壤侵蚀。另外，没有了这些带状森林，各种各样的动物和植物聊以替代的栖息地也会因此减少——它们都把这多刺的走廊当成自己的庇护所。在英格兰，树篱已经成了 600 种植物、1500 种昆虫、65 种鸟类以及 20 种小型哺乳动物最后的家园。因为现代的犁太大了，无法翻耕树篱旁边的土壤，因此，树篱边缘就是无人侵扰过的狭窄地带了。繁芜的花草在这里生息，同时植物也滋养了各种昆虫与走兽。如果没有这些多样的生命，那么农民在这半个世纪所耕耘栽种的庄稼与果木也都得不到授粉的机会了。

即便刚刚编结好的树篱也强韧得足以让最调皮捣蛋的绵羊、马匹

* tree-hugger，来源于美国西北部抱住大树、用自己的身躯阻止木材公司砍伐树木的人，现在指代各种激进的环保人士。

和奶牛望而却步。当然，铁丝栅栏的效果也一样，而且安装起来方便快捷多了。因此，大多数美国人和不少欧洲人都会问这样的问题："为什么还要费那么大功夫去弄树篱呢？"这是因为，铺设好的树篱的功能远不止把牲畜关起来这么简单。只需一个夏天，树篱就能长成防风林，它还能抵挡雪灾，为牧场的动物提供庇护所，这一切都是铁丝栅栏远不能及的。树篱还可以对抗土壤侵蚀，调节地表水的流动。它还通过挡风而节省了附近农田所需的灌溉用水量。因此，树篱的存在能让一块田地的价值升高 5% 到 20%。在诺曼底，树篱依然是薪柴的唯一来源，这是最为廉价而且可持续的能源。再者，它们还是控制洪涝的关键因素。最后，如果你也相信气候专家的说法，认为全球变暖要归咎于人类活动的话，那么，你欣赏树篱的原因就又多了一条：制造铁丝栅栏、用以支撑的杆子以及用于固定的铁钉的整个过程要向大气中排放碳，但与之相反，山楂树却能从空气中固定碳。由于化学物质的作用，并不是所有种类的树都有净化空气的功能。

由煤和石油燃烧释放的碳氢化合物以及其他物质形成的挥发性有机化合物（VOC），在阳光的紫外线作用下，会与大气中的水和氧气发生反应，其结果就是在雾霾中可以见到的臭氧。2010 年，在由美国国家大气研究中心资助的一项研究中，科学家们惊讶地发现，全球落叶植物所吸收的 VOC 比之前估计的要高出 36%。研究的第一作者、物理学家托马斯·卡尔（Thomas Karl）说："植物在清洁空气方面发挥的作用比我们之前所意识到的要大得多。它们非常活跃地吸收特定种类的空气污染物。"在这项研究中，卡尔的团队测量了毛果杨（*Populus trichocarpe*）所吸收的 VOC，他们之所以选择这种植物是因为在 2006

年就对它的基因组进行了完全测序。（虽然蔷薇科的一些果树，比如桃子和樱桃的基因组也得到了测序，但是，山楂属的基因密码尚未完全破译。）在叶片实验中，科学家们发现，当毛果杨感受到物理或化学压力时——在自然环境中这意味着它受到了来自污染、昆虫、疾病或其他物理上的伤害——它会产生含量水平更高的化学物质来抑制这种伤害，这就像人体一旦受伤就会把白细胞派遣过去对抗感染源一样。不过，如果剂量太大的话，这些化学物质对植物也是有毒的，于是，植物会产生更多的酶来将其转化为无害的化合物，在这个促进新陈代谢的过程中，植物会吸收更多的 VOC。[25]

VOC 与二氧化碳一样，是大气中主要的温室气体。植物叶片的表面有一种叫作“气孔”的结构，光合作用中产生的氧气就从这些小孔中排出，而这一结构同时也能吸收 VOC。有些树木本身会产生大量的 VOC，包括异戊二烯和单萜烯，也就是树脂以及从树脂中提取的松节油里所含的易于挥发的芳香类成分。在田纳西州与北卡罗来纳州交界处的大烟山之所以得名，就是因为其四周环绕着淡蓝的雾霭，而山顶上雾霭的来源正是底下的云杉和冷杉林在天气炎热的时候排放的 VOC——这些飘浮在空气中的烟雾能反射紫外线，而且是相对无害的，但是，一旦与化石燃料的气体相混合，就会成为臭氧的来源。随着地球不断变暖，树木也进化出了通过释放 VOC 烟雾来保持自身凉爽的能力。卡尔告诉我，这些 VOC“在有氮氧化物的情况下，就会变成导致空气质量恶化的因素”。要对抗空气污染，“我们需要种更多的树，不过必须要种正确的树，”他建议说，“它们能减少空气中有毒物质的含量。”正确的树包括白蜡树、桦树和蔷薇科树木，比如山楂树、梨树与桃树。而桉树、橡树还有毛果杨则是错误的选择——它们释放的VOC比吸收的还多。如果把山楂树和桉树做一个对比的话，在炎热的日子，桉树在一个小时里以每克干燥叶片70毫克碳元素的速率释放异戊二烯，并以每克叶片30毫克碳元素的速率释放单萜烯，而山楂树根本不会释放这些化学物质，相反还会代谢掉其他植物和人类活动所产生的VOC。[26]

不过，只有经人维护的树篱才能完成这些有用的工作。树梢需要定期修剪以促进下层枝叶的生长，整排树篱偶尔也要重新铺设，防止它们重新变成一列普通的树木。在第二次世界大战后，就发生了这种逆转，当时大多数饲养牲畜的人抛弃了像铺设树篱这种古老的农村手艺，也把树篱这欧洲特有的“铁丝栅栏”换成了字面意义上的铁丝栅栏。

2000年左右，欧洲有树篱的国家才开始犹犹豫豫地认可他们正在失去的东西所具有的价值。环境学家、旅游业者以及思想超前的农民联合起来，呼吁人们保护和修复树篱。今天，英格兰将近一半的树篱得到了管理和保护，而且，这种保护措施是有法律作为后盾的。1997年通过的《树木篱墙管理条例》禁止农民或政府在没有得到当地规划部门许可的情况下移除大部分的乡村树篱。这些限制尤其保护了那些因历史、审美以及保育野生动植物方面的价值而格外“重要”的树篱（在认定哪些树篱属于“重要的”时，胡珀定律派上了用场，可以用来检验树篱的年龄）。到2010年为止，英格兰大约13,000英里的树篱都得到了精心的编结，从而重新获得了生机。现在，如果农民签署一份保证书，承诺不滥用除草剂等化学制剂，并承诺会维护自己土地上的树篱以及藏身其中的野生动植物，欧盟就会提供相应的奖金。政府要求农民参加教育课程，学习有关树篱的知识。

2013年深冬，英格兰的这项事业得到了查尔斯王子的帮助，他在BBC描述农村生活的电视节目《乡村生活》的某一集中出场，亲自为格洛斯特郡海格罗夫的皇家领地铺下了一段树篱。王子身穿一件毛边的、打着补丁的园艺外套，手中挥舞着钩镰，样子和专业人士一般无二。他说："在你一开始铺下树篱的时候，只要干得好，它看上去就会不可思议。之后的乐趣在于，再过三四年，树篱看起来就好像是从来就有的一样。我热爱树篱。这是一项很棒的锻炼，同时也可以作为一种兴趣，看你自己的技巧有没有逐渐提升。"[27]

在一个叫作"克兰"（Grann，就是盖尔语中"树"的意思）的保护组织的敦促之下，爱尔兰的多个郡委派了专员来调查树篱的情况，目的是确定树篱的总量、状态和管理情况。这些编目利用有代表性的样本，制定了一个标准，以此判定这一自然资源未来的健康状况，在2000年通过《爱尔兰野生动植物法案》时，立法者承认了树篱在环境保护方面的价值。因为爱尔兰2/3的鸟类要依赖树篱来筑巢。所以，"在鸟类繁育期内，即从每年的3月1日到8月31日，砍伐、挖掘、焚烧或任何其他破坏树篱植被的行为"皆属违法。虽然这项法律对鸟类和爱鸟人士来说极为重要，但是，对于树篱本身而言，一年中却有七个月是法律保护不到的。爱尔兰的许多山楂树都是250年前在乡村圈地运动进行得如火如荼时种下的，有一部分已经接近生命的尾声，也该换掉了。

自从1996年开始，诺曼底已经种下了大约50英里的树篱。种下它们的是一个叫作"5万棵橡树"（Association de 50000 chênes）的保护组织。这个名字出自这一历史典故："征服者威廉"在1066年入侵英格兰时，曾经砍伐了诺曼底的橡树来制造舰船。不过，这些新的树篱与那些因为砍伐和人为疏忽而毁的树篱相比，不过是杯水车薪。虽然新的树篱中有 30 多个本土物种，包括灌木和乔木，但是却很少有人种植单子山楂，因为人们认为欧洲本土的山楂和其他蔷薇科树种太容易感染火疫病。这种病害起源于北美洲，1972 年首次在法国观察到，到了 1985 年，它从山楂树开始，一跃而开始攻击诺曼底果园里的苹果和梨。[28] 如今法律规定，种植山楂树必须嫁接在对这种病有抗性的砧木上，否则就属违法。农民必须大费周章才能申请成功。因此，曾经在诺曼底的历史上处于中心地位，而且千百年来一直施惠于人类的山楂树，如今已经沦落到基本上全靠鸟兽来繁衍的地步了。

* * *

当初，英国人在陌生的世界建立殖民地时，不仅带来了他们对杜松子酒的喜爱，对原住民的轻蔑，也带来了英国特有的疾病。他们还把土地私有的概念介绍给了土著居民。为了宣告这种划分，他们种下树篱来标志私人地产和公有土地的界限，不过，对于土地上的原住民来说，现在这两类地方都不能进入了。

1804 年，英国人在塔斯马尼亚建立了第一个永久定居点，这里后来成了该州的首府。早期的开拓者大多是囚犯以及警卫，再加上少数自由之身的定居者。这些人很快吃光了带来的食物，不得不猎捕袋鼠来充饥。在袋鼠也打不到之后，他们开始种庄稼，并在自己的土地周围设置了“柳条篱笆”，或是用从母国运来的单子山楂幼苗育成的速成树篱。随着树苗不断成长，再将枝叶编成“杖”(wands)。

到 1830 年，澳洲中部地区所有肥沃的土地都成了由山楂树篱环绕的麦田或绵羊牧场。而到1840年，贵妇们总喜欢说，这部分殖民地看起来比英格兰还英格兰。英国作家兼插画家露易莎·安妮·梅雷迪思（Louisa Anne Meredith）在塔斯马尼亚住了11年，她在1825年写道，她在那段时间里见过的最美的事物，是有故乡风情的山楂树篱，这些树篱与她之前在新南威尔士州所看见的“奇丑无比”的枯木篱笆截然不同。[29]

在19世纪80年代，养殖牛羊的农场主们纷纷放弃了树篱，因为他们发现，要管住自己的牲畜，美国的新发明用起来更加简便。那就是铁丝栅栏，它的铺设和维护都更省劳力，给人感觉也更“摩登”。于是，塔斯马尼亚大片的山楂树篱就长野、长疯了。在无人修整和管理的情况下，它们变成了单薄的一行树，下方充满了空隙，动物们可以随意地进进出出。不过，历史上残留下来的这些树篱很大一部分依然活着。根据塔斯马尼亚州的记录，路旁种植的树篱有1800英里，而农场内部的树篱更是前者的数倍，尽管存在不同程度的失修的情况。塔斯马尼亚许多大型的土地园区依然有6英里甚至更长的树篱围绕着。

之前，没有人太关心这些被遗忘的山楂林。然而在20世纪60年代，主要道路部门（Department of Main Roads）一位名叫杰克·卡申（Jack Cashion）的巡警把自己的园艺剪刀对准了奥特兰镇附近的中部公路（Midland Highway）两旁被人抛弃的树。他的兴趣并不在于修复农场的树篱，而是用自己的创意把树篱修剪成各种形状。于是，树篱变成了道路两旁的绿色动物园，有鳄鱼、驯鹿，还有恐龙。在卡申逝世之后，这些修剪成形的树木又无人管理了。不过，这次一个名叫布拉德利·史蒂文森（Bradley Stevenson）的园林工作者接过了他的爱好，开始修复并扩充这一景观。他向记者解释了修剪的过程："山楂树的特征就是这样，它们长着巨大的刺，而且彼此勾连在一起，肩并肩咬定脚下的土地毫不放松……一旦形成这样的情形，你就要把很多水平树枝剪掉，这样它们就会萌生出新的枝条并且变得厚一些。" 20 世纪 80 年代，中部公路在重建时绕开了奥特兰的中心，这个镇子也失去了活力。作为吸引游客的市政项目，当地社区推出了一系列树篱创作——包括鸸鹋、长颈鹿、天鹅，还有一名高尔夫球手——这些造型的设计者是一位名叫斯蒂芬·沃克（Stephen Walker）的塔斯马尼亚雕塑家，而修剪者则是当地的居民。[30]

虽然在塔斯马尼亚岛上，对活树篱的兴趣并没有明显复兴的迹象——不像欧洲树篱铺设的手艺又复苏了——不过，一些土地拥有者也开始聘请专业人士来修护他们的树篱。选择谁来承包这个活儿完全不需要过多的考虑，因为整个塔斯马尼亚的树篱铺设工一共就那么几位。其中之一是詹姆斯·鲍克斯霍尔（James Boxhall），他是一位塔斯马尼亚农民"空运"过来帮助让其地产旁边 1842 年种下的树篱恢复生机的。鲍克斯霍尔当初找到了一位早已去世的树篱匠留下来的一批老物件，从此迷上这门手艺。他对这个过程和它所创造出来的结果极其感兴趣，于是，2007 年他参加了"国家树篱铺设学会"资助的锦标赛。他最近的作品是在塔斯马尼亚北部的"乳牛平原"（Dairy Plain）上的"西园"（West Park）里铺设的一条长达一百码的单子山楂树篱。"之前这段树篱已经到处都是缝隙而且满是枯枝朽木了，所以 6 年前刚刚修剪过，"他告诉我说，"因为它修剪过，所以非常好铺。大部分树干都是 3 英寸粗，15 英尺高。"与他一样，手艺日益精进的还有澳大利亚大陆上的凯特·埃利斯（Kate Ellis），她可能是南半球唯一的女性全职树篱铺设工。埃利斯持有苏格兰圣安德鲁斯大学的生态学博士学位，她受到委托，在墨尔本北部的凯恩顿植物园把一段八百码长的、生长过度的山楂树铺成树篱。[31]

澳大利亚的树篱匠工作机会越来越多，然而，在那里工作却需要面对一个在爱尔兰或英格兰都不存在的问题。虽然树篱中最常见的植物就是单子山楂，在某些地方还有黑刺李，然而在澳大利亚，它们却是入侵物种，会对当地的植物群落造成危害。山楂具有长成茂密的灌木丛的趋势，不仅会遮蔽下层的植物，还会阻碍路径，以及庇护那些在澳洲恶名昭彰的动物，比如兔子。为了保障生物的安全，维多利亚州与南澳大利亚州已经宣布单子山楂是一种有害植物：农民不仅在种植的时候要受到严格的限制，而且如果自己的土地上有这种植物，也必须自行清除——要么把幼苗连根挖起，要么用除草剂杀死它（澳大利亚人痛恨入侵物种是有原因的。各种入侵物种中最奇特，同时也最具破坏性的例子是海蟾蜍，学名叫作 *Rhinella marina*。它喜欢吃甘蔗甲虫 [Cane beetle]，也叫作甘蔗蟾蜍。由于这一特性，澳大利亚人把它从夏威夷引进到了昆士兰，利用它来控制大肆为害的甘蔗虫。然而，海蟾蜍眼睛后边有很大的腮腺，会分泌毒素，澳大利亚当地的物种没有一种能对这种毒素免疫，因此，这种生物根本没有天敌。如今，这些蟾蜍数量剧增，数百万 4 磅重的蟾蜍聚集在路上和人们的后院里，一边毒害着野生动物和家畜，一边把本土食虫动物的食物来源消耗一空。而且，根本没有证据显示，甘蔗蟾蜍对控制澳大利亚甘蔗甲虫的肆虐有任何效果）。[32]

除了塔斯马尼亚，英国移民还把本土对树篱的满腔爱意带到了世界的其他角落。新西兰在1841年成为隶属于英国的殖民地，在那之前，单子山楂作为农场上用来限制和保护羊群的篱墙，早已得到广泛的种植。不过，新西兰海岸一带的气候比英格兰或爱尔兰要温暖得多，而山楂对此处滋生的病虫害全无抵抗力，所以，树篱很快就变得又高又细瘦，羊也可以在其中自由来去。因为这些缺点，作为树篱的山楂很快就被其他的树种取代了。但是即便如此，此前种下的数量也足够为害，为它在新西兰版的《有害植物法案》(*Noxious Weed Act*)上赢得了一席之地。比如说，在新西兰南部的坎特伯雷平原上，就有18万英里的树篱和从美国加利福尼亚引进的辐射松(Monterey pine)以及大果柏木(Monterey cypress)组成的防风林，这些常绿树的壁垒把原本一望无际、不长树木的平原割裂成了一块一块的网格。虽然这些树木组成的可怕壁垒确实阻挡了从太平洋呼啸而至的狂风，但是，这些整齐划一、一成不变的城堡也把坎特伯雷大平原变成了古板的英国农村。[33]

企图用篱墙来控制人的英国式做法，在19世纪头十年的印度达到了怪异的顶峰。从1804年开始，东印度公司就在河流与商路沿线建起众多的海关大楼，来检查把盐运进英国管辖的这片次大陆的走私行为。印度人的食谱几乎是纯素的，他们很难从饮食中获得天然的食盐，因此必须依赖额外的添加。对食盐所征收的税款乃是东印度公司重要的财源。到1869年，东印度公司已经把让人有机可乘的检查站系统扩展和巩固成了他们所谓的“海关线”。这条海关线长达2500英里，横贯印度和今天的巴基斯坦，并且有14,000名警察和征募来的专员巡逻。

对于大多数印度人来说，盐税实在是太过沉重的经济负担，因此，那些头顶盐袋的走私贩子依然在海关线上穿梭。而东印度公司的官员也决定建立更坚固有力的屏障。这道篱墙一开始是在印度潮湿闷热的气候中生长起来的各种带刺植物的枝条堆砌起来的干树篱。1858 年，英国王室取代东印度公司，成了英属印度的直接统治者。然而，不得人心的盐税却还是照旧（这项赋税的废除还要等到 1946 年）。而政府也继续以疯狂的步调建设着树篱。之前，建造干树篱需要收集数量巨大的有机质，这一过程以及后续维护都需要相当可观的成本和劳力，于是，规划者认为，还是种植活生生的树篱更划算、更一劳永逸——栽下去，长起来，偶尔修剪一下就好了。绿篱的想法也许来自他们在英格兰的童年时代充满田园牧歌的白日梦吧。又或许是从干树篱中剪下的枝条被无心地插在地面上，结果却生根发芽了。不过，铺设树篱的真正驱动力，最有可能是 1845 年到 1882 年所通过的一系列圈地法案，这些法案为不列颠各地的树篱种植开了绿灯，使得地主们可以用这种方式把农民拒之于一度属于公众的土地之外。

截至 1876 年，印度拥有“大篱墙”的海关线超过了 1500 英里。其中 400 英里是绿篱，300 英里是绿篱与干树篱的混合体，另外 500 英里是完全的干树篱，还有 6 截石墙。根据内陆海关理事 1869 年到 1870 年的年度报告，在某些地区，这些有生命的藩篱可达 10 到 14 英尺高，6 到 12 英尺厚。它们是用多刺的植物，比如阿拉伯金合欢、儿茶树（*Acacia catechu*）、滇刺枣（*Indian plum*）、枣树、假虎刺属的 *Carissa curonda*，还有三种仙人掌属植物。[34]

1995 年，不论是在不列颠还是在南亚次大陆，这种用来压迫和制造人类悲剧的丑恶帮凶都已经被人遗忘了，而就在此时，一位名叫罗伊·莫克塞姆（Roy Moxham）的图书管理员在伦敦的一家书店买到了由一位驻扎在印度的英国公务员撰写的回忆录。在这本回忆录中，有一条脚注提到了当初横贯印度的“海关线”。虽然莫克塞姆内心对这条线是否存在抱有疑惑，他还是踏上了旅程，考证这个故事所讲述的内容。在三年的旅行和研究之后，他最终发现了一丛长在路堤上的金合欢与刺篱木——这就是当初印度“大篱墙”的最后遗迹。[35]

莫克塞姆在书里谈到他“可笑的执着”，在我读到这一段时，我不禁思索，英国人和爱尔兰人会不会把他们的活篱笆也带到美国来了呢？在翻阅过 19 世纪的农场杂志之后，我惊讶地发现，这是真的。在美国建立的最初十年间，灌木篱墙是随处可见的景观。如今的美国是铁栅栏、铁丝网还有砖墙的天下，所以人们很难相信，当初树篱才是农庄的必需品，就像犁和骡子一样不可或缺。树篱鼓励了人们西进的积极性，因为只有靠树篱才能在草原上肥沃深厚的泥土上耕种。不过，就像欧洲的大多数想法到了新大陆都多少变了味一样，美国人对树篱也有自己独特的观念。在编结树篱的同时，他们也编进了自己的故事。

第五章　美国的棘刺

在俄亥俄州西边，树篱的问题是如此严重，而在土地中栽种适当的树篱是可行之举的想法如此深入人心，使得 20 世纪 50 年代中期发生的种种堪称“树篱热”。

——克拉伦斯·H. 丹霍夫（Clarence H. Danhof）

乔治·华盛顿真正倾心的事业并不是革命或政治，而是务农。他于 1762 年成为芒特弗农唯一的主人之后，就在自己位于弗吉尼亚州的 8000 英亩种植园里种满了小麦、烟草和玉米，并且实验性地种了麻、亚麻、棉花还有其他 60 种作物。考虑到他戎马倥偬、政务缠身，这份努力实在令人叹为观止。他甚至还种植桑树来养蚕。华盛顿在农业方面深受所谓“科学”方法的影响，对英国农学家杰思罗·图尔（Jethro Tull）所提倡的耕作方式深信不疑。图尔认为，尘埃与泥土微粒会进入植物的根部，从而提供滋养，所以，土壤需要反复地深耕，而作物要种植成行。在热衷农业这方面，华盛顿比他在独立战争中的对手、英国国王乔治三世有过之而无不及。乔治三世的绰号就叫“农夫”乔治，他在温莎种植了实验性的作物，并在伦敦的皇家植物园里养了一群美丽诺绵羊，令他的批评者大为齿冷。[1]

华盛顿认为，在经济上依赖单一的作物，比如烟草，实在是作茧自缚的行为，他的目的就是要摆脱这种奴役。在他醉心于芒特弗农的岁月里，他为自己的园艺冒险做了详细的记录。在1795年写给他的农场经理人威廉·皮尔斯（William Pearce）的一封信中，他恰如其分地表达了相关的困扰："在我的农场中，什么东西都是一片散沙，即便庄稼和谷物也是如此。我热切地盼望着我的田地能用绿篱围起来。我总要语重心长、不厌其烦地把这条金科玉律讲给你听。"由于芒特弗农的树木已经因为铁路栅栏的建设而消耗殆尽了，所以，华盛顿对用树篱把牲畜关在农田之外的想法念念不忘。他与皮尔斯每周一次的通信中满是栽种树篱的指示。他甚至给这位经理人发去了一份树篱种植手册。这两人尝试了刺槐树、柳树、伦巴第箭杆杨、雪松，还有各种带刺的树，包括单子山楂、白花荆棘。华盛顿的计划是，先用速生的柳树和箭杆杨使整个树篱成形，再逐渐代之以生长较慢的刺槐、雪松和其他比较成熟的树木，这样，树篱就会渐渐加厚。至少，华盛顿的如意算盘是这么打的。[2]

在华盛顿通知皮尔斯留意树篱不到一年之后，他种的刺槐就都枯死了。在给皮尔斯的信中，他写道："我觉得好像我从一开始就不应该种植树篱。"[3]他用山楂做的实验也不如人意。在1794年，华盛顿从英国订购了5000株山楂幼苗，结果它们直到春天才运到，而且在地上成活的没有几棵。即便活下来的也弱不禁风，难堪大用。虽然单子山楂遍布欧洲所有气候温润的地方，但是，美国的夏天对于它们来说太过炎热和干燥，而冬天，至少从历史上看，又太过寒冷了。这并不是说单子山楂在美国就无法生长。恰恰相反，在加利福尼亚州、俄勒冈州以及华盛顿州，就像在澳大利亚一样，山楂被认为是一种入侵物种。它四处蔓延，支配着自己扎根的每一寸土地，驱赶当地的植物并造成作物单一化，它还会阻挡当地野生动物的行动，并威胁到本地的山楂物种，比如道格拉斯山楂，这种本土物种的果实更小，样子也没有那么诱人，很难吸引鸟儿的注意，因此无法与单子山楂竞争。[4]

虽然华盛顿未能种植可持续存活的冬青和山楂树篱，但是他保住了两种刺槐树。为了给他称为“水果花园”的葡萄园筑起屏障，他把这些种类的树木种得很密，并伴之以一系列的沟渠和堤岸，至今仍可见其残迹。一开始，“水果花园”是用来种葡萄的，但葡萄的长势并不好，于是他改种了其他的果树和花草，并创建了一个苗圃，用来培育那些可以用于种植树篱的植物。

华盛顿是英式耕作法的忠实信徒——在 18 世纪 90 年代初期，他曾努力寻找技术熟练的英国农民来承租他的四块农场——因此，他一定了解编结树篱的技术。然而，没有任何证据显示他曾经亲手尝试过，也许是因为最适合编条的荆棘类的树木在他手里都没有成活吧。所以，虽然他用来环绕自己果园的篱墙把大多数的牲口都阻挡在外了，但是，在没有编条的情况下，这些树篱对百折不挠的猪却起不了作用。华盛顿允许自己的猪随处乱跑，这样它们就能自行找饲料催肥了。可是，猪却给他出了一道难题——它们大摇大摆地穿过篱墙，在他的田地里乱拱乱翻（因为猪的行动不受限制，所以其数目也无法清点。华盛顿在牲畜的详细目录中写道，“猪有很多，不过它们在树林里四处乱跑……数目不能确定。”）[5]。如今弗吉尼亚州广泛存在着野化的家猪引起的问题，它们杀死野生动物、糟蹋庄稼，还传播疾病，想想这一切可能源自乔治·华盛顿，还真是有趣。不过在那个年代，大多数的种植者都让自己的猪随意游逛，这部分是由于猪喜欢吃蛇以及蛇蛋，而且哪怕吃了剧毒的蛇也不会有不良反应。

1834 年，一位农场主在写给《农民记录》(*Farmer's Register*) 的一封信中描述了自己骑马横跨芒特弗农农场的体验，那是在华盛顿逝世 35 年后了。"即使穷极想象，也无法构想出更广阔、更完美的农业遗迹;而那曾经统治国家的伟大灵魂所留下的纪念碑，却比比皆是。那宽敞的谷仓，还有绵延的树篱的残迹，都仿佛在骄傲地显示着它们主人的高瞻远瞩。"在 1914 年之后的某个时间，在影响甚巨的自然主义者，同时也是树木的捍卫者查尔斯·斯普拉格·萨金特（Charles Sprague Sargent）的敦促之下，芒特弗农种下了 250 棵"白花荆棘"，向原址树影婆娑的历史致敬。[6] 华盛顿在日记中提到，他在那里也种下了另一种山楂"小果荆棘"，也就是美国本土的山楂品种华盛顿山楂(*C. phaenopyrum*)。其学名在 1883 年才确定，而俗称也并非来自那位总统，而是因为它是作为树篱植物从首都华盛顿引进到宾夕法尼亚州的。华盛顿山楂是园丁的最爱，因为它直到暮春甚至初夏才开花，这个时候几乎所有植物的花期都已经结束了。它的刺有两到三英寸长，而且极其尖锐。不过，在如今的芒特弗农，这种山楂已经一棵也不剩了，而萨金特为什么没有建议种植这个种类，也是个不解之谜。如果当初华盛顿能够坚持不懈地栽种这种在潮湿的东南地区土生土长的品种的话，那么，他心目中憧憬的那真正牢不可破的树篱说不定已经变成现实了。白花荆棘在气温高的环境下，叶子会脱落，枝条也会枯死。华盛顿山楂则与之不同，它能耐高温。[7]

另一个伟大的弗吉尼亚人同样进行了山楂树篱的试验。托马斯·杰斐逊曾经询问乔治城的一位苗圃工人托马斯·梅因（Thomas Main），是否知道有哪种耐寒的植物能够培育成一道有生命的壁垒，并在他的蒙蒂塞洛种植园——弗吉尼亚中部占地5000英亩、绵延850英尺的隆起的土地上——茁壮生长。1805年，梅因说服总统，“美国的荆棘树篱”符合他的要求。它在联邦城附近的乡村茂密地生长，梅因相信，它在“小山”上也同样会生长壮大。杰斐逊在华盛顿的代理人约瑟夫·多尔蒂（Joseph Dougherty）在1805年写信告诉总统，他已从梅因处订购了四千株幼苗。这些幼苗在开春的第二天就寄到了蒙蒂塞洛。这些植物就是华盛顿山楂。它们的用途，用杰斐逊的话来说，就是以那个年代特有的浮夸的大写字母拼成的“南苑藩篱”（South Thorn Hedge）。这道树篱环绕着部分“南圃”（South Orchard）和整个“北圃”（North Orchard），包括他用来供应自家餐桌并进行诸多园艺试验的蔬菜园。[8]

一开始，杰斐逊热情满满，“对于用作树篱的荆棘而言，它实在是史无前例、无与伦比的；我在英国所见的各种荆棘完全不能与它相提并论，就像小木屋不能与石墙相提并论。”1806年到1807年之间，他又从梅因那里买了16,000株六英寸的幼苗，并把它们以六英寸的间隔种植成树篱。不过，杰斐逊的美梦和华盛顿的美梦一样没有实现。1809年到1811年的文件显示，他的大部分树篱都被遗弃了。这次的问题出在杂草身上。1807年，杰斐逊在给一位希望在美国建立模范农场的法国人J.菲利普·雷贝尔特（J. Phillippe Reibelt）的信中写道：“这里的土壤肥沃，杂草一刻不停地生长，又高又密。要让地面一直像英格兰花园要求的那样干净，是行不通的。”[9]

杰斐逊放弃山楂树，在他的“蔬菜园”和“南圃”周围种植了一排女贞树篱。虽然女贞树生长迅速，而且不会受到杂草侵害，但是，杰斐逊显然也放弃了它。有可能是因为鹿会啃食女贞树或从上边跃过。又或许是因为它不够稠密，无力阻挡像老鼠之类体形较小的入侵者。不论出于什么原因，杰斐逊在1808年又开始了规划，这次他打算栽种一道里程碑式的树篱。随着时间的推移，它将长到十英尺高、四分之三英里长，两面都要有木质的尖刺。这样的高度，鹿是绝对跳不过去的，而且尖刺要够密，“好让哪怕是小兔羔都钻不过去。”唯一能入侵这道铜墙铁壁的就是顽皮的小学生，他们会搞垮木栅，钻进果园，拿果子互相扔着玩。[10]

总统们在树篱上遭受的挫败并没有使他们那些打算自己种植树篱的同胞们气馁。日后成为哈佛大学校长的约西亚·昆西三世（Josiah Quincy III）在他位于马萨诸塞州海岸的规模可观的昆西农场上，拆除了长达7英里的内部立柱栏杆。这个农场是昆西1784年从他的祖父那里继承来的。他最终把整块地产都用华盛顿山楂长成的树篱环绕了起来。据他说，这帮他省下了无休无止地维修木栅栏的支出。昆西当时身为市法院法官，农场只不过是用来度夏的，他其实并不需要种植内部篱墙来阻止他的牲畜进入田地，因为他从来不允许它们走出畜栏之外——这是有些不人道的现代工业化养殖的一项早期实验，后来启发了所谓的“放养”。[11]

因为新英格兰土壤中的岩石太多，因此，在种庄稼之前必须先清理田野。农民们并没有把好几吨重的石块拖走，而是做了明摆着的事：用石头砌成围墙，环绕着自己的土地。不过，在昆西的地产上，还有沿充满淤泥的河谷，比如康涅狄格河河谷一带，石头非常少见。因此，在19世纪的第一个十年期间，这里的农民建造了立柱栏杆围栏来保护自己的田地，之后又把目光转向了树篱。昆西热情洋溢地推广着他的华盛顿山楂篱墙，与此同时，某些农业杂志所提倡的却是鸡距山楂（*C. crus-galli*），也叫纽卡斯尔山楂。单子山楂甚至也在推荐之列，很明显，作者要么是对华盛顿遭遇的失败一无所知，要么就是拒绝相信这个消息。华盛顿山楂受到的批评是，它在竖直方向上长得太快，横向上生出的枝条却远远不足。（鉴于当时美国的英格兰移民人口众多，至少有一部分的农场主是熟谙树篱铺设技术的，然而，旧大陆的这门手艺在新大陆的书面记录却寥寥无几。）1822年，《新英格兰农民》杂志赞美了昆西引进活篱墙的创举，不过，这份杂志得出的结论却是，这些篱墙还要再过许多年才能得到广泛的使用。1813年，昆西收到费城法官理查德·彼得斯（Richard Peters）的一封来信，信中转达了一位到访过农场的友人的溢美之词："石头墙真令我这宾夕法尼亚人作呕，而您竟能用其他的东西来环绕您的土地，为了这项大胆举措，应该给您颁发的不是一顶荆棘冠，而是一个山楂花环！"[12]

虽然昆西凭着在自己地产上所做的工作而获得了大量的乐趣和称颂，但实际上，昆西却并不能算是有能力的农民。他的事业中唯一挣钱的是他经营的制盐业。虽然他作为波士顿市长以及1829年到1845年之间的哈佛大学校长受到了高度评价，不过，他在国家级的政治舞台上却遭到了失败。1809年，他弹劾即将卸任的托马斯·杰斐逊总统，称之为"藏在草丛中的蛇"。他的动议在美国众议院以117比1的结果遭到了否决。[13]

1823 年，昆西担任市长的任期开始时，他把农场出租给一名租户，而租户把牲畜放回了牧场。根据昆西的传记作者，同时也是他儿子爱德蒙所言，这些获得了自由的动物开始啃食树篱，所以必须立上栏杆来保护。“要阻挡英格兰驯顺的牛群，一道树篱兴许就够了，”爱德蒙·昆西写道，“但这些美国的牛群是生长在新罕布什尔与佛蒙特的深山密林中的品种，对它们来说，棘刺只不过是‘一种辣酱’——为眼前的美味增添了风味罢了。”[14] 其实，昆西的牛群不太可能大嚼那几英寸长，而且感染着细菌的山楂刺。（唯一能咀嚼山楂刺的反刍动物是骆驼，它的嘴很皮实，食谱包括它在埃及可能遇到的西奈山楂 [*C. sinaica*]。）不过，如果昆西的羊群吃光了牧场上的草，它们就会像所有的牛群一样，跑到树篱那里去觅食，然后小心地撕下叶子和嫩枝。这其实也是一种剪枝的过程，会使得树木在横向上疯狂地蘖生出一大堆新枝，长此以往，这能令树篱更加茂盛，而不是稀疏伶仃。不过，老昆西显然是被自己的试验说服了，认为树篱在新英格兰行不通。

不过，这个年轻的共和国里其他地方传来的声音却依然在敦促着美国的农民把自家的栅栏换成篱墙。其中影响力最大的是英国一位流行的时评作家威廉·科贝特（William Cobbett）。科贝特担心他对时事富有争议的立场会使他再次因煽动罪入狱（他在 1810 年到 1812 年间被关押在伦敦恐怖的纽盖特监狱），因此，他在 1817 年与儿子们一起逃到美国，在长岛的一座农场开始了为期两年的放逐生涯，并根据自己的经历出版了《美国园丁》。这是美国最早的园艺著作之一，现在已被列为经典。科贝特在书中描述了英国所谓的“quickset”树篱——在这里，

quick 是鲜活的意思，就像在“活人与死人”(the quick and the dead)这个俗语中一样。

科贝特建议，在十月的最初两个星期，把一两岁，最好是三岁的幼苗从苗圃中移出，把根剪到 4 英寸长，然后在打理好的土壤中以 12 英寸的间隔把幼苗种成一行。接下来，在离这一行约 6 英寸的地方种植下一行山楂，每株幼苗对着前一行两株幼苗的中间。第二年春天，在离地面半英寸的地方给幼苗砍开一道口子。科贝特保证说，这种矮林平茬的做法能令山楂树蘖生出更多的枝条，只需过一个夏天，就能长到三四英尺高了。与杰斐逊不同，科贝特意识到了，成行的树木需要经常不断地除草才行。他建议，“让这些植物待上两个夏天和三个冬天，然后在来年春天，尽可能贴近地面全部砍掉，之后就会生长出茂密又茁壮的枝条，从此，你就再也不需要砍伐它了。”[15]

不过，山楂树依然需要时常剪枝。科贝特推荐的树篱应该有“10 英尺高，底部 5 英尺厚，这样就同时拥有了栅栏、遮蔽和阴凉”。山楂树篱在 6 年后就可以达到 5 英尺的厚度，足以凭借其密密层层的尖刺来防止胆子最大的顽童溜进他守护的田野去偷窃桃子和西瓜。科贝特相信树篱比栅栏优越的另一个原因是，树篱可以防止家禽。他认为，禽鸟很少会从栅栏顶上飞过，但是，它们会栖在栅栏顶上，然后再从另一侧飞下来，进入园子糟蹋作物。不过，没有一只鸡胆敢在多刺的树篱上落脚。[16]

根据科贝特的计算，1 英亩果园需要 900 英尺的树篱，在 6 年期间的花销是 35 美元，大致相当于今天的 1000 美元。对于农场中堪称最不可或缺的组成部分而言，这也算不得很大的开支，而且树篱一旦长成，理论上就是可以一直使用下去的。他评论说，美国既然有了“英国的便宜玩意儿、英国的戏剧演员、英国的纸牌、英国的骰子和英国的台球，还有英国的蠢人和英国的恶行”，相比美国人建在自己园圃和牧场周围的这些了无生趣、死气沉沉的东西，为什么不能有英国的树篱呢？[17]

然而，科贝特的文章中却有几处令人吃惊的疏忽。首先，他直到快结尾的时候才想起来告诉读者，他们至少在六年内都需要在树篱旁边建一道木栅栏来防止被牲畜，比如乱拱的猪破坏。而这笔开销自然没有包括在他估算的35美元之内。另外，由于他从来没有亲手种过树篱，所以他并不清楚树篱到底能不能在美国生长。不过这些过失与科贝特多姿多彩的性格是分不开的。正是此人使“红鲱鱼”* 一词大为流行。在1807年的一篇文章中，他杜撰了一个关于自己童年时代的故事：他拖着一条红鲱鱼引开了正在追兔子的猎狗的注意力（鲱鱼在用盐腌或是用烟熏过后会变成红色）。另外，科贝特还做过一件臭名昭著的事：1819年他挖出托马斯·佩恩（Thomas Paine）的遗骨，装在行李箱里用轮船运回了英国。科贝特宣称，他的这位英国老乡兼作家同行应该以体面的方式葬在自己的故乡。二十年后科贝特去世的时候，这个箱子和里边装的东西还保存在他的阁楼上呢。[18]

不过，中大西洋地区各州的农民显然响应了科贝特的号召，因为在接下来的一年里，这里种下了长达数英里的树篱。其中大部分都不是单子山楂，而是美国本土的荆棘植物。安德鲁·杰克逊·唐宁（Andrew Jackson Downing）是本土树篱的著名倡导者之一，他是一位记者兼园艺家，推广了纽约城中央公园的概念。唐宁被尊为美国风景艺术家之

* red herring，比喻用来转移注意力的话题。

父，他认同单子山楂将会适合打造成美国的活树篱——他自己就拥有用这个品种植成的长达一千英尺的优秀树篱。另外，他还报告说，他在纽约州日内瓦的一座农场见过长达一英里的这种“长势喜人的年轻树篱”。不过，他依然坚持，总体而言，单子山楂在美国不会茁壮生长。他认为美国人需要美国的树篱。很多年来，他一直坚称，最能担此重任的是鸡距山楂与华盛顿山楂。

唐宁在 1847 年写道，“十五年前，如果一个人骑行穿过新泽西州下部和特拉华州的话，他会为眼前美丽且数量众多的纽卡斯尔与华盛顿山楂树而感到震撼。整片地区在某些地方都有山楂树围绕，而园丁们简直应付不来人们对幼苗的需求。”就像大多数山楂属的成员一样，纽卡斯尔山楂有着朱红色的果实，以及小巧而气味浓重的白色花朵。这种山楂因特拉华州最北边的郡而得名。19 世纪上半叶，纽卡斯尔地区用这种山楂栽培了不知多少英里的树篱来保卫农场，也因此堪称全美国树篱最多的郡。[19]

但是，当这些山楂开始枯死时，唐宁也不得不改变自己的想法了。在不到三年的时间里，哈德逊河旁边生长的“一道非常美丽的纽卡斯尔山楂树篱”几乎就彻底毁掉了。罪魁祸首是好几种钻食苹果的甲虫，它们也以其他蔷薇科树木如梨、榅桲和唐棣的边材为食。不过，唐宁正好赶上当时报刊上所谓的“树篱热”，这种近乎歇斯底里的热情是由于在大平原上发现了不可思议的肥沃良田，同时人们意识到，因为原木与石材的缺乏，想在这些平原上靠种庄稼来发财致富几乎是不可能的。唐宁吸取了教训，不再墨守欧洲树篱必须使用山楂树的成规，转而推荐两种同样装备着尖刺，但是不怕虫害和日光的树木。其中之一是药鼠李

（*Rhamus cathartica*），这是一种在19世纪最初几年就从欧洲引进到美国的植物。作为树篱，它的优势在于尖刺异常险恶，而且从来不需要编条，因为它的枝叶天生就是彼此勾连的。[20]1853年，唐宁在哈德逊河上因蒸汽船起火而遇难，年仅36岁。他没能看到药鼠李的巨大缺陷，那就是，它的长势太猛，无法无天，很快就形成密不透光的尖刺墙壁，使得下层林地的本土植物无法生长。美国至少6个州已经宣布药鼠李是有害植物，这种分类具有法律上的意义，表示政府有权封杀并烧死它。

唐宁为美国农场篱墙推荐的第二个候选物种是桑橙（*Maclura pomifera*）。这确实是一种非常奇特的树。它原产于得克萨斯州与俄克拉荷马州的红河谷，恙螨肆虐的棉花之乡，也是我的父亲在大萧条时期成长的地方。它的木质简直值得自矜——这种木材不怕白蚁，不易腐烂，特别坚硬，甚至很难用胶水黏合或用机器加工。桑橙的植株有雌雄之分，雌树会结出直径3到6英寸、重达1到2磅的果实。果实的表面凹凸不平，皱皱巴巴的，就像微小的橙色的大脑。当地的小型哺乳动物也许吃它，也许不吃——这取决于你相信哪位博物学家——但人类认为它是不能吃的。不过，有些人会把它们带回家去放在床下，因为他们相信桑橙中含有防霉的成分，而且有驱虫的功效。而桑橙树作为农场树篱的资格，自然是由于它的尖刺和它的抗旱性能——其他树木在这种条件下早就支撑不住了——还有它在编条之后呈现出的疯长的状态。[21]（唐宁也没能活着看到他的另一个梦想实现，那就是纽约中央公园的落成。现在，中央公园里有5种山楂，包括单子山楂、鸡距山楂以及华盛顿山楂，但讽刺的是，那里并没有桑橙树，而药鼠李显然从来都不受欢迎。）唐宁对桑橙树的热情是受了另一个人的影响，这个人和其他很多先驱一样，使美国人得以走出东部，向西部探索，在无树的大草原上尝试农业。

*　　　　*　　　　*

乔纳森·鲍德温·特纳（Jonathan Baldwin Turner）在马萨诸塞州长大，并于1833年在耶鲁大学获得古典文学学位，随即在伊利诺伊州荒野上一所由教会开办的规模很小的大学任教。两个月之后，霍乱疫情暴发了，密西西比河谷上上下下的村庄都有很多人病死。之后，在那年夏天，为了暂时缓解这场灾难带来的紧张与压力，特纳与其他两位教授决定骑马去200英里以外的芝加哥，以便探索当地的乡村。他们没能找到向导，不过获准与一批被打败了的波特瓦米族印第安人一起旅行。那些印第安人在被迫把密歇根湖附近祖祖辈辈传下来的土地出售给白人之后，也要去芝加哥。（从这些被征服者手中购买一英亩土地只需要3美分，然后，同样的土地立刻就能以几百美元的价格转手卖给胜利的白人。）当时几乎没有道路或桥梁。在大平原上某些地方，草长得能高过骑手的头顶。[22]

令特纳大为惊奇的是，平原上的定居者们彼此之间的距离是那样遥远，而他们的农场又是那样破烂。因此，他认定，学校及其“教化”之功，是不可能在这样一个人口分散的地方建立起来的。而假如没有学校，这个广袤、空旷的地区又怎么可能达到像新英格兰那样的文明程度呢？这里需要的是更多的人。但是，怎样才能聚集更多人气？特纳给出的解决方案实在是想象力的一次飞跃。根据他的理论，优良的树篱最终能带来优良的教育。大平原上稀缺的既不是土地，也不是肥沃的土壤，而是把农田和牲畜隔离开来的方法。极少一些农民住在罕见的小块林地边上，因此有时间和材料去建造“虫篱笆”，这是一种弗吉尼亚纵横交错式的栅栏，原木彼此交错地压在一起。还有一些人有充足的资金去购买从遥远的森林中运来的木材。这些粗糙的“虫篱笆”使用寿命只有八到十年，而且很容易毁于地表火。[23] 据估计，草原上每个农民平均每年耗在栅栏上的劳动时间有一个月，这份辛勤所得的成果比地产本身的价值还要高。因为伊利诺伊的大多数开拓者缺乏把农田和园圃圈起来的办法，所以他们以放牧为业，并让自己的牲畜随意漫游。其结果，不论是公共的还是私人的土地，都充满了无人管理的混乱的牧群，除了牛，还有美国不断增加的野化家猪。任何没有被圈起来的土地，无论是属于谁的，都会被当成公有地。1830 年的一份农民手册指出了这一问题：“这里的现状就是如此，必须找到围地的方法。这里对最牢固的藩篱存在着急迫的需求，因为各种牲畜随处撒野，使农民陷入贫穷、卑贱与无知之中而不能自拔，同时也正是导致农村人产生纠纷的罪魁祸首，威士忌都还在其次。”[24]

特纳对这个难题进行了思考：极少有农民愿意搬到一个庄稼时刻受到威胁的地方，而大平原上的各个州绝对没有足够的木材来保护庄稼地。最终，他突然想到，解决伊利诺伊州农业问题的办法就深深地扎根在他的英国祖先的历史中：隔绝牲畜的树篱。在大平原上，肥沃的土壤到处都是，有些地方甚至有一百英尺厚的土壤层。因此，不论什么树都能生长。而特纳考虑的是，哪种树才能长得最茂密？他的任务就是创造一道树篱，就像人们经常戏称的那样，要有“马的高大，牛的强壮，猪的难缠”。特纳可能并不知道华盛顿与杰斐逊在树篱上铩羽而归的经历，要么就是他觉得自己技高一筹，不会落得如此结局。还有可能是他恰好见过东海岸为数不多的一段或几段成功的英式树篱。总之，他决定以不菲的价格——尤其是相对他的教师工资而言——从英格兰订购了一批单子山楂。但他很快发现，在大平原的夏季这些山楂树会落叶，正如在弗吉尼亚一样。于是，他又用其他的多刺植物进行了试验，比如小檗、黄杨和刺槐，不过，最终他觉得这些都不合适。他还尝试过农业杂志里风行一时的各种美国荆棘植物，却发现它们同样有不足之处，很可能是生长的速度不够快。[25]

19 世纪 30 年代到 40 年代间，特纳一直在种植和研究树木。对于北美腹地的围栏问题，他最终选择的答案是桑橙树。1847 年他发布了第一份出售桑橙树苗的广告传单。"一道树篱环绕农场，让您的花圃、果园、马厩、羊圈与牧场免受一切盗贼、流氓、恶犬，还有狼等的侵扰。"他滔滔不绝地写道。起初，平原上的人把桑橙树叫作"特纳的闹剧"，然而几年之后，桑橙树就证明了自己作为真正的美国树篱的价值。它强韧、廉价而且生长迅速。农民们争先恐后地栽种它，尤其是当他们看到桑橙树篱作为防风林的好处之后：在桑橙树的保护之下，庄稼不会受到干燥灼热的强风伤害，因此更加茁壮了。依照法律，铁路也需要把闲逛的牲畜阻拦在轨道之外，所以它也需要栽种树篱。用桑橙树作为绿篱的做法遍及了美国的很多地方。截至 1895 年，光是堪萨斯州就种下了 72,000 英里的树篱围栏。东海岸的人在木材变得太过昂贵之后甚至也开始种起了桑橙树。桑橙树不仅为树篱旁边的其他植物提供了容身之地，而且借着这股浪潮自行绵延了几千公里，重新界定了从新英格兰到得克萨斯州的乡村风貌。

1874 年之后，树篱热渐渐消退，原因在于带刺铁丝网得到了大量的生产，这种东西的设计灵感显然是来自山楂树和桑橙树用来抵御动物的效果显著的尖刺。但因为金属会生锈，一些农民依然会选择绿篱而不是铁丝网。他们种植与培养的树篱中既有山楂树也有桑橙树。在大平原上，要想系好铁丝网就要先在地里插上立柱。这时，农民会利用他们熟悉的东西，用桑橙木来当立柱，因为在那个还不懂得用化学药品来处理木材的年代，桑橙木具有天然的防腐功能。直到现在，人们依然能在地里找到半个世纪前埋下的桑橙木立柱，一点腐坏的迹象也没有。而当带刺铁丝网在全国蔓延的时候，农民和牧场主就再也懒得去打理树篱，任由其倒在地上了。没有定期的修整来促进底部枝叶的生长，大平原上的树篱很快就退化了，变成一行行参差不齐的树，顶着硕大的、彼此长到一起的树冠，把曾经夹在树篱中间的道路变成了绿色的隧道。之后，人们开始用推土机对付那些疯长的桑橙树林。不过，直到今天，大平原上这如诗如画的景色也没有完全消失，我们依然能看到好几英尺长的树篱。其中最著名的一段树篱是 1862 年“宅地法”刚通过时由一位农民所栽种，目的是宣示对内布拉斯加州一片 160 英亩的茂盛草场的所有权。如今的“家园国家纪念碑”(Homestead National Monument)，在当时南边的边界是一段长达半英里的桑橙树篱，由它原先的主人编结而成。在东部，树篱热时代也留下了零散的几棵树。宾夕法尼亚州蒙哥马利县的一位技术指导员曾告诉我，经常有人拿着桑橙树的果实来找她，好奇这究竟是什么东西。

罗伊·莫克塞姆寻找印度大篱墙的故事激励了我。于是，我在八月的一天从蒙大拿飞到了费城，想试试自己能不能找到当初唐宁推荐的那两种山楂树或是特纳钟爱的桑橙树生长形成的树篱的遗迹。当我在飞机上俯瞰宾夕法尼亚州的农村时，我被眼前的景象惊呆了：这片青翠的土地与我见过的爱尔兰是那么相似，在我刚刚飞过的美国两千英里的其他地方都找不到这样的景色。爱尔兰和宾夕法尼亚不仅年均降水量都在40英寸左右，因而草木葱茏，而且宾夕法尼亚农村的风光与爱尔兰农村一样，似乎是由一道道的树篱来界定的。然而，凑近了仔细一看，我却发现，这些几乎都是“垦荒树篱”，也就是森林遭到扩张的农田、牧场侵蚀之后残存的部分，它们由幸免于难的野生枫树、桦树与樱桃树组成，并非爱尔兰那种由人们预先规划种植的树篱。其中肯定能看到零星的几株或几丛山楂树——宾夕法尼亚州本土的山楂树有三种：鸡距山楂、华盛顿山楂与柔毛山楂（*C. mollis*）——它们在这里很常见。

不过，我已经不指望自己能找到任何留存下来的树篱了。虽然山楂树寿命很长，有尖刺的保护，木质也极其坚硬，但是，当农民存心用锯条、烈火、毒药或成队的骡子来根除它们的时候，它们是完全没有抵御之力的。不过我想，说不定我能找到一些一开始种来当作藩篱的成熟的山楂树。因为，在19世纪50年代树篱热正如火如荼的时期，这个区域曾是全世界粮食产量最高的农地之一。于是，我决定先去宾夕法尼亚州的西郊，特别是“主线路”（指1831年完工的宾夕法尼亚铁路最初的轨道）附近。很显然，在梅里昂板球俱乐部（Merion Cricket Club）宽广的草地上，或是在维拉诺瓦大学与布莱玛学院优美的校园里，是不会有什么农场树篱的了。可是，鉴于“主线路”附近是当初费城的富贵人家建造乡村宅邸的地方，我猜这些老宅中有几栋依然栖居着当年山楂树篱中的幽灵。这些山楂树主要是华盛顿山楂与鸡距山楂，出自这个偏远地方的一位作家曾在1852年的《宾夕法尼亚州农场杂志》上推荐这两种树木。无论如何，在以前不那么久远的时期，也就是19世纪80年代晚期，光是梅里昂镇区就有1500多头牛在悠闲地吃草。而现在，这里已经成为了“主线路”许多殷实人家的住宅区。[26]

位于拉德诺镇的阿德罗桑庄园是在19世纪第一个十年末期由好几个农场拼凑而成的，当时的主人是罗伯特·利明·蒙哥马利（Robert Leaming Montgomery），他任职于一家投资银行，业余爱好是猎狐。蒙哥马利希望在乡下生活，这样他就能沉醉于对农业的痴迷。这座宅邸以及里边的住户是《费城故事》的灵感来源，这部妙趣横生的舞台剧是菲利普·巴里（Philip Barry）1939年的作品，主演是凯瑟琳·赫本（Katherine Hepburn）。当年坐拥1000英亩土地，种植着谷物、苜蓿、玉米和其他作物的阿德罗桑庄园，如今已经被分割成几块，而庄园里纯种的俄尔郡乳牛也被变卖一空了。但是，350英亩慵懒的碧绿山丘，还有古老的石头农舍，以及一栋拥有50个房间的乔治时代的豪宅，却依然完好无损。宅邸的物业经理艾德·普劳德曼（Ed Proundman）告诉我，他不觉得这里会有我所描述的那种树篱，不过，他允许我进来自行寻找。

于是，在一个阴云密布但光线强烈的下午，我开始在庄园里徜徉。映入眼帘的是亲切的景色，这里没有汽车，也没有电线，仿佛田园牧歌一般。当我从一群黑安格斯牛和牧场上排成一行的圆圆的大干草垛中穿过时，很容易把这个地方想象成两个世纪以前鲜活的农场，而不是“小农”与领主住在同一片土地上的蒙哥马利封建领地。我遇到过几丛类似树篱的构造，但那不过是在铁丝网和立柱栏杆的庇护之下生长起来的枝繁叶茂的灌木罢了。我找到的唯一的山楂树是一株弱不禁风的鸡距山楂，它是新近才种在一栋外屋的窗子底下的。

我往西北进发，几分钟之后，就进入了香缇克利尔（Chanticleer）。这是一座美得令人晕眩的正规的花园，自1993年起向公众开放。与阿德罗桑一样，这里也曾经是讲威尔士语的贵格教徒的农场，其历史能追溯到17世纪最初的几年。1912年，阿道夫·罗森加滕（Adolph Rosengarten）把这里买了下来。他是一位企业家，其创立的公司在1927年与当时全世界规模最大的制药公司默克公司合并了。接待员对我说，不，这里并没有任何老山楂树，不过，香缇克利尔倒确实有三棵山楂树。这些树其实是成熟的绿山楂（*C. viridis*），就长在当初罗森加滕住过的屋子精心护理的场地里面一个平台上。一位园艺师告诉我，这里最初种的是一棵鸡距山楂，罗森加滕住在那里时换成了现在的品种。

在阿德罗桑以南20英里处，温特图尔（Winterthur）坐落在特拉华州的纽卡斯尔郡。这块占地1000英亩的地产曾经是化工巨头厄留提尔·伊雷内·杜邦·德·内穆尔斯（Eleuthère Irénée Du Pont de Nemours）的乡间住所。（1802年杜邦最初开办的是一家火药制造厂，工厂作坊仍然留在那里。）在19世纪早期，这里的农田曾绵延2500英亩，种植谷物与果树，并蓄养牛和美利奴羊。杜邦的曾孙亨利·F.杜邦（Henry F. du Pont）是位园艺家，他在庄园里设计了一处世界级的规则式园林，占地200英亩。就像在香缇克利尔一样，这座花园里的每一棵树都被登记在册并能够追踪得到。我在“温特图尔花事报告”（Winterthur Bloom Report）中发现，在之前的五月，园中有一棵鸡距山楂开了花。这是一棵形单影只、娇生惯养的山楂树，自然不属于无产阶级农场的树篱。[27] 事实上，花园的管理者克里斯·斯特兰德（Chris

Strand）告诉我，温特图尔并没有山楂树篱。那么，在纽卡斯尔郡的其他地方会不会有呢？在19世纪早期，这里就像英格兰所有的农场那样被树篱所环绕。（附近面积1000英亩的朗伍德花园曾属于另一位杜邦——皮埃尔·塞缪尔·杜邦[Pierre Samuel du Pont]，这是一座植物园，并自1798年起向公众开放。在这片土地上生长着13种山楂，以及它们彼此杂交的产物，但是没有农场树篱。）特拉华州园艺中心的一位发言人告诉我，他所在的组织没有发现有任何迹象表明这种树篱曾经存在过。于是，我放弃了，决定到别处去寻找。可是，在寻找树篱的道路上我并没有遇到有兴趣的东西。最后，我像那位去印度探寻海关树篱的罗伊·莫克塞姆一样两手空空地飞回了家，除了旅行本身的经历之外一无所获。

其实，如果我能有莫克塞姆的执着，我或许能在温特图尔找到两段树篱的幽灵。我从温特图尔博物馆的历史学家玛姬·利兹（Maggie Litz）那里得知了它们的存在——就在温特图尔火车站旧址附近（相对杜邦家族的财富而言，拥有自己的火车站也不足为奇），有六棵排成一行的老山楂树，都属于鸡距山楂。至少150年来无人照管，使它们从一道篱墙退化成了一行普普通通的树。它们是否经过修剪、铺设，最初是否是山楂树，这些都无从得知。虽然农场账簿中没有提到过温特图尔的山楂树篱，不过，我们依然可以推断，当年庄园周边一定装饰着这些有生命的篱笆，之后换成了桑橙树。证据就是在温特图尔东面的边界上依然能看到一道三分之一英里多的低矮而茂密的桑橙树篱。19世纪与20世纪之交，这道树篱被种在这里，取代了大概栽种于19世纪中期的树篱。

对树篱的需求高涨，以致单单在特拉华州就产生了两家私人企业——纽卡斯尔郡树篱公司与特拉华树篱公司。这些承包商使用的是一套用手和脚一起操作的工具，由俄亥俄州达顿市的韦斯利·杨（Wesley Young）设计，并在1890年取得专利权。其工作原理是通过一对装有铰链的机头，在挖洞的时候防止泥土散落。在这种机器发明之前，一直使用的专利产品是一种种植机，它用铲子以某个特定的角度插入泥土中，把土撬开，然后投入幼苗，只希望在把土填回坑里时树苗能站得足够笔直以便能成活。很显然，不少树苗在这个过程中倒伏在地上死掉了。杨的这个装置机头底端装有刀片，这样，种植机就可以把树苗的根部剪短，安放到挖好的洞中。杨还取得了其他几种与树篱有关的装置的专利权。其中有一种把树篱植株压弯的工具，显然，这是一种铺设非常稚嫩的树苗，同时又不砍伤其树干的办法。这项专利中并没有解释种植器如何避免树苗随后弹回来。不过，兴许是为了解决这个问题，杨后来发明了一种奇妙的装置，能够完成树篱铺设工人通过竖立木桩、编条以及颇费心思地修剪这一整个过程才能做到的工作：在立柱中间串起四根铁丝组成的格架，以便在适当的角度支撑起树苗。[28]

当农民转而采用桑橙树，继而采用金属时，东部各地种下的广袤的树篱随即开始衰退。而虫害，比如苹果钻孔虫，又加速了这种衰落。此外，人们开始更多地烧煤取暖，不再需要以木材为燃料，因此，树篱的另一个用途也消失了。随着带刺的铁栅栏和铁丝网越来越便宜，大平原上的农场主同样抛弃了桑橙树——他们实在受够了看着自己的心血因野火而毁于一旦。除此之外，他们还抱怨说，用树篱来标记田产的界限太死板了，无法做出及时的变动，而铁丝网就很容易改变。就像第二次世界大战之后的欧洲一样，随着农场规模的扩大和农业机械数量的增多，兼并田产的需求越来越急迫。1860年，美国农场的平均面积是200英亩；而到2012年，这个数字超过了400英亩。第一台约翰迪尔拖拉机使用的是25马力的发动机，而今天，最强劲的约翰迪尔拖拉机却足有560马力。

最终，美国人决定设立短期的机械屏障，而放弃了需要花费大量时间来栽种、培养和照顾的有生命的围墙，尽管后者的使用年限可以长达数十年，而且能够提供铁丝网所不能提供、对成功的农业而言至关重要的因素，例如防止土壤侵蚀与洪水泛滥，以及遮挡狂风。现在，在美国的某些地区，农场围墙根本就用不上了。在广阔的谷物、大豆、玉米和棉花地里，并不会有围栏横亘其上，因为对于巨大的拖拉机和收割机而言，围栏实在挡路碍事。随着家庭农场被联合农场吸收，各种昔日的老物件和旧风景也渐渐地淡出了人们的记忆，其中包括当年对美国农业的崛起和西部地区的殖民征服居功至伟的山楂树和之后的桑橙。

此消彼长，一个文化在物质上的所得往往意味着另一个文化的所失。就像很多其他因素一样，草原上的围栏使白人定居者得以从印第安人手中窃取土地，并夺走在他们的世界中占据核心地位的野牛。合众国的军队发现，大平原上各个部落“打了就跑”的游击战术实在难以对付，因此，唯一让他们屈服的方法是用围栏把他们彻底隔离在外。虽然带刺的铁丝网最初的**目的**不是控制人（就像同一时期英格兰和爱尔兰的树篱那样把下层阶级拒斥于公有土地之外），但结果是一样的。19世纪横亘在大平原上，用以阻止牛羊糟蹋庄稼的铁丝网改变了野牛的迁徙习惯，也封锁了当初印第安人可以随意踏足并狩猎的土地。印第安人失去了土地，他们赖以为生的野牛群遭到了白人仅为取乐而展开的屠杀，此外还有从欧洲传入的疾病，面对这一切，原住民最终屈服了，并被排挤到保留地中。

不过，虽然山楂树在对美国印第安文化的破坏中起到了一定作用，但是这种树也给了它们生命。

Crataegus scabrida Sarg. [as *Crataegus egglestonii* Sarg.]*Addisonia*, vol. 22 t. 728 (1945) [M.E. Eaton]

第六章　原住民的回归

健康的生活胜于医药。健康的生活是由内部建立起来的，这包括了对疾病的预防。对印第安人而言，很大程度上药食是同源的。

——阿尔玛·霍根·斯奈尔（Alma Hogan Snell）

比格霍恩山*红色砂岩的山麓小丘朝着加拿大向下延伸，最终消逝在褶皱的平原上，这里散布着平缓的斜坡和一道道的峡谷。哪怕最近的熟食柜台离这里也有500英里。在我们看来，在这种地方讨生活实在不易。但是，几十年来，这荒山野岭中却有一个女人，在水流缓慢的溪边乱糟糟的灌木丛中采撷稀奇的果子，装到桶里。她满头的白发衬托出一张和蔼的面庞，高耸的颧骨上方是一双深褐色的眼睛。她的皮肤则是一美分硬币那样的古铜色。除了身上的牛仔裤和夹克衫，她活脱脱就是从一万年前的同一个场景中走出来的人物。当时，来自亚洲的跋涉者们穿越这些高高的平原，在这里看到了生机，就此留了下来。

* Bighorn Mountains，又译作大角山。

阿尔玛·霍根·斯奈尔一生中大部分时间都在这个位于蒙大拿州东南部的乌鸦族印第安 * 保留地中搜寻野生植物，直到她于 2008 年以 85 岁的高龄去世。她对乌鸦族传统的植物学知识了如指掌，这是她从外祖母美盾（Pretty Shield）——一位重要的草药女那里学到的。她的父亲是一名萨满，人称“前进”（Goes Ahead），1876 年六月著名的黑山战役中四位乌鸦族的侦察员之一，当时正是他们劝告乔治·阿姆斯特朗·卡斯特（George Armstrong Custer）先等待增援，再去攻打苏族人驻扎在小比格霍恩河的大型村落。而美盾的知识则承袭自她的姨母“斧劈”（Strikes-with-an-Ax）。就这样，民间知识由一位女性传给另一位女性，数代相传。阿尔玛解释说，这套知识的核心就是，所有的好东西都有它自己的时令，而你也应该每样吃一点。她旁征博引地谈论乌鸦族的植物学，有时讲英语，有时打手势，有时讲阿布索罗基语，在保留地和附近城镇的 14,000 多名原住民中，依然有三分之一的人说这种语言。她总是强调，“如果大自然能够开口说话，她会说，‘这就是里边含有的东西，你的身体需要它’。大自然会让我们需要的东西按时成熟，以便我们食用。”[1]

比如，六月里“艾黑”（ehe）就成熟了。“艾黑”在乌鸦族的语言中指的是野生的芜菁，即 *Pediomelum esculentum***，然而，它与园艺芜菁没有什么关系，而是豆科的一员。在味道最美的时候，它尝起来就像未烘焙过的青豆与玉米的混合物，带有一点没炸过的花生米的风味。这是

* 乌鸦族印第安人（the Grow Indian）是北美的一个印第安部落。“乌鸦”是早期译者的误译，实际上指“一种奇特的尾部呈叉状的鸟儿，样子像蓝松鸦和鹊”。

** 麦根豆属的一种植物，俗名为草原芜菁。

一种多年生草本植物，多毛，细瘦的茎秆顶端长着五片肥厚的叶子，花茎是单独的，顶端开出蓝紫色的花朵。艾黑可食用的部分是根部鸡蛋大小的块茎。对于大平原上的部落而言，这种植物也叫作面包根，它富含矿物质和碳水化合物，是人们世世代代以来的主食。艾黑可以生吃，可以炖着吃，也可以作为一种增稠剂加在粥里。不过，它最主要的用途还是作为面粉，晒干磨成细粉，用来制作简单的煎面包，或是加在小麦粉中，为炸面包增添不同寻常的异国风味。

要想准确地判断艾黑在什么时候滋味最佳可不是一件容易的事。如果收得太早，那么块茎就不过可怜巴巴的一丁点儿大；如果等的时间太久，它就长老了，不仅粗糙、多瘤，味道也和木头没有两样了。（在挖掘艾黑的时候，千万注意不要把它和羽扇豆搞混了。羽扇豆与艾黑不仅外观相似，而且生长的位置也紧挨在一起，但是羽扇豆中含有一种生物碱，具有神经毒性。人吃了会产生幻觉和癫痫症，而动物则会致死。）

在艾黑收获之后，就到了草原葱（*Allium tettile*）的季节。剥去粗糙的棕色外皮，就露出了白色的球茎，味道像大蒜一样，给炖肉加入强烈的辛辣味道。到七月，野胡萝卜（*Perideridia gairdneri*）也就成熟了。它可以加在炖肉里，捣碎了加入布丁，或与水田芥、香蒲的茎秆和种子、白色的丝兰花、粉色的野蔷薇花，可能再加上一些烤过的芜菁面包块调成沙拉，全都用草原葡萄榨的油和汁来调剂。

随着夏日的风吹拂过来，人们开始采摘水果。在溪谷中，他们寻找野李子、郁李、茶藨子、葡萄、蔷薇果、银水牛果，另外还有晒干了用来泡茶的薄荷与唇萼薄荷。而在峭壁上，他们收集唐棣果、接骨木果、醋栗、到处都是的草原仙人掌上长的“刺梨”、小巧的针垫仙人掌上长的红色浆果，以及乌鸦族人称为“奥比齐亚”（Obeezia）或者熊果的烟草代用品“Kinnikinick”。这些食物有些可以生吃，但大部分会制成果酱、糖浆、果馅饼和罐头。

有些植物并不会走上餐桌，而是会进入药柜。比如“金花鼠尾”，或者叫西洋蓍草，就可以用来处理晒伤、割伤和蚊虫叮咬。如今，松果菊已经成了治疗普通感冒的流行药（虽然正式的医学实验结果显示，草药对于病毒性感冒是没有用的），但是在此之前不知道多久，乌鸦族人就开始用它来增强免疫力，对抗感染和呼吸系统疾病。美盾教过她的外孙女如何制作松果菊——乌鸦族的老人称之为黑根或蛇根——的酊剂，这种药可以用于缓解牙疼，或是处理溃疡的痛处。

在十月的第一场霜冻染红树叶、漂白羊茅草时，一年之中最后的一次收获就到来了。经历了寒冷的秋夜，有两种树的果实正处在最甜美的时节。它们生长在深谷的小川旁边夹岸的密林之中。这就是美洲稠李，还有在阿布索罗基语中叫作“比利其沙叶”（beelee chee shah yeah）的山楂。在湿润的年份，紫得发黑的累累硕果就会压弯山楂树的枝条。多刺的山楂丛究竟有多茂密呢？小比格霍恩学院的人类学教授蒂姆·麦克利里（Tim McCleary）以部落历史保存办公室考古学家的身份开展了一项原木调查（Timber survey）。他的任务是确保在文化和历史方面有重大意义的地方不要被伐木作业所打扰。在2001年到2004年间，他在狼山里的汤普森溪边工作，从这里往西15英里就是当年卡斯特殒命的战场。麦克利里是阿尔玛·斯奈尔的好友兼助理，他告诉我，山脚下环绕的都是山楂树，有些地方“特别难走，简直让你难以置信”。他说，“我经常去找之前大型动物在灌木丛中走过时留下的缺口，之后我发现，经验丰富的老牛在棘刺中穿行时是倒退着走的。我试了试，发现这样比低着头往里钻或是迎面爬着闯进去要成功得多。”[2] 在阿尔玛和她的姐妹们还是小姑娘的时候，她们经常不用马鞍，直接骑在马背上，跑到诸如“阿克比利奇西·阿什卡特”——也就是山楂丛溪——之类的地方玩耍。这里生长着各种野果，她们贪婪地饱餐浆果，直到再也吃不下，才把果子装进篮子里，骑着马满载而归，回到建在半山腰上的家里，把果子交给美盾。如果美盾亲自去找野果的话，她就要面对外孙女不会遇到的两种危险：一是大灰熊，二是其他部落的男人，他们会劫掠乌鸦族妇女并把她们当奴隶。在野牛群销声匿迹之后，“白熊们”也放弃了草原，转向山岭，但在此之前，它们珍视秋天挂满浆果的灌木丛，而且不喜欢别人来分一杯羹。

在过去，妇女们会把美洲稠李连皮带肉一起用石头捣碎，然后把果酱摊成小饼，在太阳底下晒干，以备过冬。另一种吃法则是用稠李、晒干的野牛肉，以及野牛的脂肪肾脏制成肉饼。当初，野牛群为数众多，草原的黄色和绿色都能被它们红褐色的皮毛取代，如今虽然早已不复当年的盛况，但是乌鸦族依然在比格霍恩山区放牧着大约 1500 头野牛，这是印第安村庄最大的牧群了。

在乌鸦族人看来，山楂最主要的用途毕竟还是入药。人们相信，山楂树中含有一种成分，能够疏通循环系统，化解血块，缓解胸痛，调节心律，滋补心肌，促进血液流通。在乌鸦族传统的药典中，山楂的地位极其崇高，妇女在从山楂树上摘取任何东西之前，先要感谢那冥冥之中的伟大力量如此厚爱他们，赐给他们如此丰盛的礼品。他们还会许诺给山楂树做一双莫卡辛鞋*，以此来答谢山楂树——树的脚也就是它的根。

阿尔玛·斯奈尔讲了一个故事：她儿子的岳母患有心脏病，需要动手术。医生们通知其儿女说，病人的心脏太虚弱，可能会死在手术台上，但如果不动手术，等待她的也只有死路一条。阿尔玛建议她服用山楂。于是，在医生的许可下，这位女士连续两个星期服用了从保健品店买来的大剂量的山楂胶囊。阿尔玛写道，“当她走上手术台的时候，谁也不知道接下来会发生什么。大家也不知道山楂会不会起效。不过，手术很成功，她活下来了。之后医生也说，‘我觉得简直是奇迹，她的心脏肌肉如此强劲，和我们仅仅几周之前所见到的完全不一样。’”[3]

20 世纪 90 年代中期，阿尔玛在担任美国印第安人国家博物馆设计顾问委员会成员时，有一次去华盛顿特区出差，在会议上碰到一个人。这个人说他的儿子因患多发性硬化症而终结了音乐家的职业生涯，他问阿尔玛能不能推荐一些药物。“我告诉他，去买山楂做的保健品，要效果最强的，之后遵照瓶子上的指示服用。他就这么做了。一个月之后，我又来到华盛顿，这个人冲过来对我说，‘我希望全家都能来见见您。我想带他们去蒙大拿见您。您帮了我儿子的大忙，他吃了山楂，然后就能重新演奏了。过了一个月，他又回去工作了。’”[4]

如果在超市里就能买到山楂的话，人们为什么要大费周章地采摘野生山楂呢？其中固然有价格的原因。在经济不景气的艰苦时期，人们开始依赖自家的后院、鱼塘和猎枪。越来越多的觅食者受到一些经典著作，比如英国作家理查德·梅比（Richard Maby）的《免费美食》（*Food for Free*）的启发，把春天山楂的嫩叶拌成沙拉。《卫报》（*The*

* 印第安人特有的一种软帮平底鞋，多为鹿皮制成。

Guardian）认同了这股潮流，并刊登了一篇文章，鼓励读者把初生的山楂树枝叶加进土豆沙拉或奶酪三明治中，据说能增添一点坚果的风味。[5]

不过，阿尔玛寻找野山楂并不是因为金钱的原因，也不是因为她缺乏烹饪的经验——自打成年起，她大半生都在从事食品行业，她自己开了一家咖啡馆，而且为医院的伙食部和餐厅工作。阿尔玛说，她坚持使用野果的原因是，“我们乌鸦族的饮食和医药中包含宝贵的成分，能赶走很多种疾病。如果我们践行祖先的饮食习惯和健康生活，我们或许能预防许多疾病。”[6]（除去一些小而精的供应商——比如田纳西州的“山野食品柜”以每夸脱 15 美元的价格供应晒干的黄山楂（*C. flava*）——出售时新的野生果实，你必须自己去野外寻找艾黑和草原葱之类的东西。）

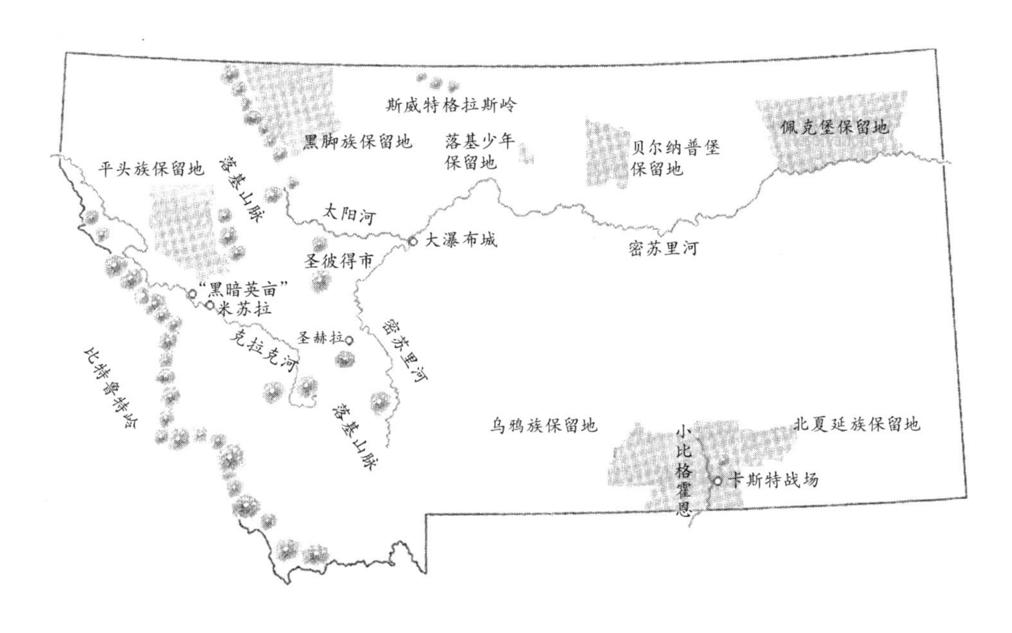

蒙大拿州境内的七个印第安保留地（地图由作者提供）

阿尔玛所谓的“许多疾病”是什么意思呢？只要在乌鸦部族附近四处观察一下就能明白了。在保留地，肥胖引起的健康问题已经非常严重。而肥胖之所以能在乌鸦族人中泛滥，原因之一就在于这些传统的狩猎采集者的基因：仅仅六代人之前，乌鸦族的祖先们还过着筋骨劳累、身体极其活跃的生活，他们是非常优秀的牧人和战士。然而现在，乌鸦族人的生活却变成了以久坐不动为主，和当初几乎没有一点共同点了。

为了改变保留地人们健康低下的状况，部落首领号召人们放下手中的比萨饼，恢复已经滋养了他们好几千年的传统的朴素饮食。大平原上各部落的人们身体适应的是低碳水化合物、低脂肪、低糖，且高蛋白、高纤维的饮食。一项关于肥胖的理论认为，演化的力量促使草原上印第安人的身体受到“节俭基因”的驱动，它让人体把食物中过多的能量立刻转化为脂肪。这一机制让人们得以在食物充裕的时候迅速存储能量，以备匮乏之时。对于物种的存续而言，体内有充足脂肪的女性要比消瘦的女性更有可能怀孕，并生育健康的后代。但是今天，在匮乏的年代演化出来的身体沉浸在相对的丰饶之中，却依然在孜孜不倦地为永远不会到来的饥荒做着准备。[7]

虽然“节俭基因”理论的逻辑十分符合直觉，但是，自从 1962 年问世以来，这个说法一直备受质疑。原因之一是，虽然以农耕为业的人们在庄稼收成不好时要忍饥挨饿（比如本书之前提到的爱尔兰土豆饥荒），但是，我们目前并没有决定性的证据显示饥馑对狩猎采集者来说是严重的问题。另外，人类基因组中编码合成蛋白质的基因有两万到两万五千个，其中很多基因的功能已经得到了确认，但是基因学家们却没有发现任何一个能确定为“节俭基因”。[8]

另一个学说则与遗传漂变有关，它关注的是，在演化力量的驱使下，等位基因的频率会发生变化，换言之，在族群中，任何随机的特征都有可能变得更加流行。（假如我的后代比你的多，不论是好是坏，我的基因都会更加频繁地流传下去。）有些人认为，大概在二百万年前，当人类的技术和组织能力都得到了发展，能够经常性地避开掠食者，不再成为猛兽的口中餐时，一种罕见的肥胖体型也开始变得更加普遍了。[9]

美国印第安人腰围增加，不论原因在哪，结果都确实会导致高血压、心脏病与糖尿病高发。根据印第安卫生部门的统计，在 2012 年，成年部落民众中有 16% 的人在这里接受过糖尿病治疗，这一数字接近美国全国平均值的两倍。而在乌鸦部族中，糖尿病患者占总人口的 12%，在蒙大拿州的七大保留地中比率最高，而且是全州平均值的两倍。阿尔玛·斯奈尔告诉自己的族人，虽然难度很大，但是遵循传统之道是唯一让乌鸦族人获得幸福的方法。“我真心相信，大自然在每一步都为我们预备好了该吃的东西，”她说，“我们从来没有像现在这样，一年到头都有各种食物。以前，每样东西都有它自己的时令。我们和大自然携手同行。大自然提供给我们食物，而我们是健康的。”[10]

除了游牧生活以外，北部平原的各部落共同点还有很多。其中之一就是，乌鸦族的经济体系，和他们的老对手，也就是夏延族、苏族与黑脚族几乎一模一样。他们的饮食、技术，还有医药都围绕着一些基本的东西：野牛、猎物、鸟类、植物，还有最重要的山楂。

苏族人和乌鸦族人一样，用山楂树的叶、果和花来做食物和药品。

有些部落还相信，这种植物拥有一些更加神秘、难以用英语来翻译的属性。比如，阿拉帕霍人和其他一些草原部落的人相信，构成宇宙的重要元素就是雷和拥有雷之力量的东西，比如雷鸟。而山楂果则被称为“巴尼比亚”(baa-ni-bia)，意思就是“雷果”。阿拉帕霍人相信，它也是这种力量给予人们的馈赠。[11]

在蒙大拿州西北部，乌鸦族领地的对面是黑脚族印第安保留地。它以冰川公园和加拿大国界为边境，就像乌鸦族的领地一样，很大一部分是平原。不过，从传统上来说，黑脚族统治的领土包含落基山脉的延伸，所以，他们收集的野生植物包括冰川百合与卡玛夏这样的物种。卡玛夏要烤着吃，这样，其鳞茎中主要的成分菊糖，一种人体无法吸收的多糖，就会转化为果糖。黑脚族妇女采集的草药之一是矾根草，可以用来给伤口止血，或是冲泡成茶饮，有消炎的功效。此外还有杜松子，能治疗肾脏问题。在黑脚族的语言西克西卡语中，火果山楂(*C. chrysocarpa*)成熟的果实叫作“伊卡西敏”(I'kaasi'miin)。它可以吃，不过传统上也被用作泻药和补心的营养品，炮制方法是把山楂果浸泡在开水中，提取出茶饮。另外，山楂树坚硬的木材也很有用，可以制成优良的挖掘棒用来挖掘卡玛夏的球茎。[12]

蒙大拿大学的历史学家罗莎琳·拉皮尔(Rosalyn LaPier)从她的祖母安妮·疯羽墙(Annie Mad Plume Wall)那里了解到了蒙大拿州与阿尔伯塔省黑脚族传统上使用的200多种植物。安妮·疯羽墙是“不笑团”(Never Laughs Band)的一员，印第安战争之后她定居在由冰川公园流向东边的獾溪。每年的五月到十月，她都会去采集食物和药材，直到2009年她以95岁的高龄寿终正寝为止。教给她这些知识的人是她自己的祖母不真河狸女（Not Real Beaver Woman），而教导她的又是她的母亲大山狮女（Big Mountain Lion Woman），由此往上代代追溯。黑脚族领地比乌鸦族领地的降水更为充沛，因此，他们可以用作食物和药材的果子也更为多样，足足有18种。其中最美味的要算夏末成熟的越橘。虽然根据疯羽墙的说法，越橘唯一的用途应该是作为改善视力、增强心血管机能的药物，不过，保留地的人们也经常直接生吃，或加在馅饼之类烘烤的点心中。至于脂肪含量不到2%的山楂果，在口感方面则完全不能和越橘相提并论。拉皮尔告诉我说，在当初她的族人被驱赶到保留地之后黑暗的日子里，山楂果被当作“应急食物”，人们珍视它，是因为它整个冬天都挂在枝头供人采摘。（除非鸟儿抢先一步把它吃光了。）[13]

如果把美洲所有种类的山楂都算上，那么，这种树的分布可以说从一个大洋到另一个大洋，从尼加拉瓜瀑布到北极圈。因此，山楂树的各部分几乎出现在美洲每一个土著文化的食谱和药品橱中。由于应用无比广泛，山楂堪称前哥伦布时代美洲最重要的植物。从加拿大的西海岸到西北太平洋沿岸的各个部落，比如科尔维尔人和库特奈人，都会用山楂来搭配鲑鱼子和熊肉。有时他们会把厚木板放在篝火附近，在上面烤果子，制成一种像葡萄干一样浓缩的食物，或是把果子捣碎，像制作干肉饼一样与鲑鱼混合在一起。还有一种吃法是把山楂果磨碎，做成又薄又硬的饼子，晒干后再蘸汤吃。[14]

墨西哥山楂（*C. mexicana*）生长在墨西哥的松树林或橡树林中的空地上。阿兹特克人会食用它黄色的果实，但它最基本的用途却是作为利尿、强健肌肉，或是治疗高血压的保健品。墨西哥山楂的根在西班牙语中叫作“tejocote”或“manzanita”，阿兹特克人则称它为“texocotl”，服用的方法是放在水里煎煮，直到大部分水蒸发掉，留下浓酽的药茶。

中西部的狐狸部族会用梨山楂（*C. calpodendrum*）的嫩枝和根部的皮混合在一起，治疗膀胱问题。住在密西西比河上游地区的波塔瓦特米族印第安人用它的果实来缓解胃部不适。温哥华岛上的夸扣特尔人会把山楂叶嚼碎，然后敷在肿痛的地方。美国东南部的柴罗基人则用小果山楂（*C. spathulata*）作为治疗心脏病和缓解肌肉痉挛的药物。

为什么北美洲乃至全世界这么多种不同的文化都把山楂用作药物呢？这个问题目前并没有确切的答案。就像对大多数可作食物和药物的野生植物一样，人们想必经历了大量的试错，总结了不少教训，才建立料理、炮制和服用它们的方法。如果一样东西味道不错，吃了也没有什么不舒服的反应，或是虽然难吃，但能让人身体更好的话，人们就会把它列入食谱或药品清单中。

刚刚来到北美洲的人们通过观察动物来确定植物的好与坏。比如说，狗在无法排便时就会吃草来通便；很多动物都会用泥土和昆虫来治疗自己，这种现象叫作动物生药学（zoopharmacognosy）。（另一个例子是，怀孕的雌兽会寻找一种叫作蓝升麻或黑升麻的多叶的草本植物 *Actaea racemosa* 来吃，以促进子宫颈的收缩并辅助生产。）黑脚族人相信，人类关于可食用植物的知识是由同样身为杂食动物的熊传授的。人们观察到熊吃了山楂果，就意识到了这种果子没有毒，不会要他们的命；而在看到熊吃了树叶之后，人们也许也会尝试树木的这个部分，然后就会发现一种奇妙的新滋味。在人们把山楂囊括到自己的食谱中后，有些人可能发觉自己的身体因此变得更为强健，更有活力，甚至把食用山楂这件事与更强健的心脏联系到一起。当狩猎采集者与附近的部落交易时，彼此之间传递的并不仅仅是物质，还有信息。于是，山楂带来的福音也许就这样传播开了。（前哥伦布时代北美洲的贸易网络之发达可以由这样的一个物件显示出来：考古学家在斯威特格拉斯岭黑脚族保留地附近发现了一副用硕大的海螺制成的护喉甲，这副护喉甲雕刻成人面形状，在600多年前从墨西哥湾沿岸一路转手到蒙大拿州。）[15]

美洲的传统原住民对待药物完全不像欧洲人那种平淡乏味的态度。对于北部平原的人而言，仪式与祈祷伴随着日常生活的方方面面。不可见的世界中各种力量不断的沟通，与人的意识是一回事。药用植物被视为有灵魂的存在，平原印第安人会和草木谈话，提醒它们不要忘了自己的使命，感谢它们对人类慷慨的帮助，并召唤更高的力量，确保它们会恢复人体内的平衡和谐。

除了作为食材与药材的价值，山楂还有其他的用途。大部分北美原住民都会用山楂木来制作武器和工具，因为它的纹理细致、紧密、不易腐坏，而且异乎寻常地坚硬。就像黑脚族人一样，蒙大拿州的撒利希人也很重视道格拉斯山楂的木材，并用它制成挖掘棒来寻找卡玛夏和其他植物的根。这种挖掘器长约两英尺，形状类似军刀，一头削尖，为了使其更加坚硬，甚至还要在火中烘烤；其另一端则一般会用皮带绑上一根驼鹿角做的横杆当作把手。根据19世纪的一份报告，一位名叫查尔斯·盖耶（Charles Geyer）的植物学家注意到，这种挖掘棒用起来“惊人地得心应手”。[16]

塞内卡族、莫霍克族与易洛魁族等东部的林地部落看中的则是山楂木的弹性。在被弯折之后，山楂木能迅速恢复原本的形状。山楂木中紧密而且相互交叠的纤维造就了这种性质，并使得山楂木制成的弓需要极其强健的肌肉才能拉开。相应地，这种弓也能使箭更为迅猛地射中目标，比那些用更柔软、疏松的木材，比如稠李木制成的弓优良得多（当初，射向卡斯特阵地的箭雨就大多由三英尺长的稠李木短弓射出）。有时，用山楂木制成的武器是不对称的。这种武器的制作过程，一般是选取一根山楂树枝条，砍下并用烟熏，然后再用蜂蜡或油脂在上面摩擦，以减缓干燥的过程，并降低木材恢复原状时出现开裂与折断的可能性。之后，制作者会剥去树皮，通过烤火以及手工塑形的方式把枝条煣成弓形。最终人们会用石制的工具——后来则换成了铁制工具——打磨抛光，令木弓的表面光滑如缎，适于人手的抓握。

如果张弓搭箭的战士更喜欢对称的弓，那么制作过程就会耗去更长的时间，并且需要使用更精良的工具。迈克尔·毕特（Michael Bittl）是一位专业的弓弩制作家，他与自己的妻子、女儿以及几乎能组成一个小型动物园的各种动物一起生活在德国黑森林一座老农场里。因为他对传统弓箭以及古代弓箭知识的了解，历史学家、博物馆以及大学常常慕名来访。毕特用林地部落所采用的手艺打造了好几把山楂木做的弓。深冬季节木头纤维中汁液的含量处在最低的水平，因此，这是一年中木质最为干燥的时候。毕特会在这时走进山林里寻找合适的山楂树。树干要尽可能地直，尺寸也要适中——周长四到六英寸的就很不错，加工起来也更便利。然后他就把木材带回作坊里，将其砍到四英尺长。[17]

下一步就是富于挑战性的工作了。毕特要把树干劈成两根木柱。与西黄松这样的木材不同，山楂木的纤维紧紧地交缠在一起，因此，把它劈成两半需要特别小心，还要力道。印第安人使用的工具是石头楔子和石锤，而毕特则先用铁楔子把树干分开，之后再用铁锯。然后，他会用蜂蜡摩擦木柱，接着把它们紧紧夹住，用磨直的原木对比其长短，并放置几个星期等木头干燥。（印第安人则会把木柱放在他们的长屋[longhouses]的天花板上，因为热气和烟灰都会往上跑。）一旦木头弯曲了，他就会剥去树皮，用加热的方式改变木材的形状，然后进行抛光。之后，他有时会在木头外面缠上一层动物的筋以增加强度。最后，他在弓的两头各凿出一道沟，以便安放弓弦。印第安人的弓弦一般是用麻或动物的筋制成，有时也可能是用山楂树内侧的树皮编织成的。

出于节约的目的，平原印第安人会把野牛身上的每一个部位都物尽其用——美盾小时候玩的球就是用野牛的心脏内膜制成的，里边填充的是平原上的草和树叶。同样，原住民们也会珍惜山楂树的每一个部位，包括它的尖刺。西海岸的各部落会用山楂刺制成鱼钩，而所有能找到山楂树的北美土著都会在皮肤起了脓肿或被扎到时用山楂刺来挑破患处。信仰巫术的易洛魁族人会制作一种山楂巫毒娃娃来诅咒仇敌，根据一段口述史所说，这会令那个人“像癌症一样崩溃”。这种娃娃一般是用魁北克山楂（*C.submollis*）的根，仿照施法对象的外貌雕成的，也可以用其他材料，比如玉米壳来做成娃娃形状，里边填上山楂刺或用山楂刺把它钉穿。而相应地，如果受害者想要禳解山楂巫毒娃娃的妖法的话，则需要饮下山楂茶。[18] 太平洋印第安人中也广泛流传着这样的说法：山楂刺有毒，可以用来熬制毒药。这种错误观念的由来可能是因为山楂刺太过尖锐，被它刺伤后伤口不会流出太多血，无法将那些与某些种类的山楂刺形成共生关系的细菌与真菌冲出去。这种共生是演化上的一大创举，我在第十章还会详细探讨。

北部平原的印第安人会把山楂刺装在小木签子或骨头上，制成缝衣服的锥子。这种锥子能轻松地刺穿用来制衣的皮革，其后部有孔，将一段用筋腱或麻搓成的绳子穿进去，就能进行缝制。我从蒙大拿州中部的一棵多浆山楂（*C. succulenta*）的枝条上弄到一根 2.5 英寸长的尖刺并用它做了试验。我不费吹灰之力就刺穿了自己的软皮手提包。这样的缝衣锥子在电影《卡斯特的最后抵抗》（*Custer's Last Stand*）的最后一幕中是一个重要的道具。卡斯特在今天的乌鸦族保留地境内被杀，两天之后，人们发现了他赤裸肿胀的尸体。卡斯特大多数部下的尸体都被村里的妇女和孩子们仪式性地肢解了，不过，他本人的尸体并没有遭到这样的待遇——可见的伤痕只有左太阳穴和胸口处心脏上方的两处弹孔。不过，根据目睹了这场战役的夏延族人凯特·大头（Kate Big Head）的说法，卡斯特身上还有看不见的伤口。她说，他们部落的两位妇女俯下身来，提醒卡斯特当初他和夏延族的首领一起吸象征和睦的烟斗时，他们已经告诉过他，一旦他违背了和平的誓言，“无所不在之灵”（Everywhere Spirit）就一定会采取行动，取他性命。

因此，为了让他听得更清楚，夏延族人把山楂刺做的缝衣锥子插入了他的双耳。[19]

*　　　　*　　　　*

当初，印第安人的祖先们从亚洲来到美洲时，带来了一整套关于植物的知识。他们一方面摸索着新世界的各个新奇物种在饮食医药方面的用途，一方面又发现，自己遇到的一些植物与自己抛在身后的那些非常相似，比如说山楂。

第七章 英雄树

如果农业并没有令食物变得质量更高、来源更稳定、更容易获得，而是反倒似乎让食物变得更粗劣、更不稳定，还要耗费更多的劳动力，那么，为什么还有人务农呢?

——马克·内森·科恩(Mark Nathan Cohen)

2007 年，一位笔名艾米的美籍华人小说家在境外文学网上发表了一部名为《山楂树之恋》的长篇小说，出版后大获成功，发行了几百万册。中国在 2010 年由张艺谋执导,推出了同名电影，也立刻卖座。

故事发生在 1975 年前后那段贫穷而饱含理想的时光。静秋是一名单纯而勤奋的高中生。她的父亲是地主——在当时社会最让人看不起的一类人——被下放到乡下的劳改营接受“再教育”。静秋和在学校教书的母亲还有弟弟妹妹一起住在宜昌一所简陋的房子里，这是一座位于中国中部长江边上的城市。就像那个年代的大多数中国人一样，他们一家人的生活很贫困。[1]

静秋写得一手好文章，因此和另外三个同学一起被学校选中，到一个叫西坪村的地方采访村民。这个村庄在三峡附近，地处偏僻，风景如画。他们的任务是把采访来的村史写进教材。学生们跟着村长在深冬寒冷的空气中沿着山脊艰难地爬行，村长告诉大家，等到了山楂树那里就可以让他们休息了。静秋听了很高兴，不过不仅仅是为了歇歇脚，她心里暗含期待。因为她曾经听过苏联歌曲《山楂树》*，这首歌描述的是一位姑娘同时受到两个青年工人的追求，而她同样喜爱那两个人，陷入了两难选择，于是，她请求山楂树来告诉她答案。

哦，茂密的山楂树呀，白花开满枝头。
哦，可爱的山楂树呀，你为何要发愁？
哦，最勇敢最可爱的，到底是哪一个？
亲爱的山楂树呀，请你告诉我。

不过，当大家来到山楂树跟前时，她才发现这里根本没有什么梦幻的气息，与歌曲中浪漫的氛围完全不同。眼前的山楂树高达 20 英尺，枝干虬结，尖刺丛生。因为是冬天，树上一片叶子也没有，更别提开花了。静秋问村长，到了春天花是什么颜色的，令她惊讶的是，村长的回答是“红色”。他还告诉他们，拿出笔记本，这是你们书里的第一个故事：抗战时期，这棵树见证了抗日先烈的英勇牺牲。他们被鬼子枪杀在这棵树下，无数英雄的鲜血浇灌了树下的土地，于是，山楂原本白色的花越变越红，最后彻底开红花了。在小说中，静秋决定把他们小组调查村庄历史的那一章叫作“开红花的山楂树”，不过，在电影里，那棵山

* 原文称这首歌为俄罗斯歌曲，实际上它诞生于 1953 年的苏联。原名《乌拉尔的花楸树》，“山楂树”为传入中国后的误译。

楂被称作“英雄树”。在回去的时候，静秋回头看了看那棵树，远远地看见树下站着一个穿白衬衫的人。

在编课本期间，静秋被安排在村长家，与他的家人住在一起。第一天晚上，她遇到了这家人的一位朋友，名叫孙建新的26岁的年轻士兵*，并感到怦然心动。随着两人不断交谈，建新也不断地表露出对静秋的好感。静秋问他对开红花的山楂树怎么看，他说，从科学的角度讲，山楂树根吸收了烈士的鲜血，从此白花渐渐变成红花，是不可能的。不过他也告诉静秋，她是那样听来的，就那样写好了，不论这是不是真的，都不是静秋的问题。因为静秋四月底就要走，等不到山楂树开花了，他提出等开花的时候写信给她让她回来看。

虽然建新“根正苗红”而静秋成分不好，但是两人开始经常见面。有一次，他们在天黑之后经过那棵“英雄树”，他问她想不想去看一下，但她有点毛骨悚然，并说，“我到西坪村那天，总觉得树下站着个人，穿着洁白的衬衣，那个人是不是你？”他惊讶地否认了，然后开玩笑说，那是被日本人杀害的英雄的冤魂，“快看！他又出来了！”静秋吓得拔腿就跑，但他却一把拉住她，搂进自己怀里，并亲吻了她。

静秋的爱情就这样萌芽了，但是，这份爱情却并没有圆满的结局。静秋回到城里之后，建新依然在追求她，她却对自己的感情感到害怕，担心亲热的举动会毁掉自己的生活并让家庭陷入更大的困境（她的母亲不久前被打成了“反革命”）。有一天，她在门外发现了一个花瓶，里边是建新为她采来的一大丛山楂花，她把山楂花放在了床边。随着时

* 在小说和电影中，孙建新一般被称作“老三”，他在勘探队工作，并非军人。

间的推移，她想和他在一起，又担心人言可畏，所以他们只是偶尔约会，去的都是没人认识她的地方。

在城里，她的高中生活被课程、政治运动和为补贴家用而做的零工所占据。她毕业后面临的命运很可能是去林场工作，因为那时高中毕业的“知识青年”要“上山下乡”，接受贫下中农的再教育。不过，一项新政策的出台让她避免了这样的命运——教师的子女可以在父母退休后接替其职位。因此，静秋的母亲提前退休，好让静秋顶自己的班。

最终，静秋的母亲发现了女儿和建新之间的关系。她与建新进行了一次长谈，要他保证，直到静秋的工作安顿下来为止，在一年零一个月的期限内不要来找她。静秋与建新在离别之际共度了一个缠绵的夜晚，不过却没有进行到最后一步。之后，在长久的分离后，静秋听说建新得了白血病——据说这是受核辐射才会得的病——就要死了。静秋去医院找他的时候，他已在弥留之际，硬撑着等待跟她告别。建新死后，静秋把他的骨灰埋在了山楂树下。

这部小说属于中国的“伤痕文学”，也就是以“文革”为背景的小说。它是艾米根据一位好友的回忆录改写的，那位好友就是“静秋”本人。开红花的山楂树象征着纯洁的爱情，虽然在那个年代，罗曼蒂克的爱情被看作腐朽的、贵族气息的玩意，而另一方面，山楂树也代表着古老的中国文化的传承。艾米在书中采用山楂这一意象并不是巧合，而是因为山楂在中国作为食品和药物都拥有悠久的历史。

* * *

7000 年至 9000 年前，人们在黄河流域今天叫作贾湖的一个地方安了家，并形成一个有活力的小社区。在那里，人们饲养狗，种植稻谷和小米，可能还驯化了猪。他们会烧制陶器，演奏乐器，为死者举行葬礼，用弓箭和鱼叉狩猎捕鱼，在兽骨和龟甲上刻画符号——考古学家认为，这些符号正是文字的雏形——还会通过巫师与冥冥中的无形力量沟通。贾湖代表了人类与过去最剧烈的一次告别，这是真正的跳跃，其后果无比深远，既有正面影响也有负面影响。人们不再单纯地依赖狩猎采集获取食物，也告别了这种生活方式所注定的四处游荡。由此开创了崭新的新石器时代，人们终年定居在同一个地方，并且大量地储备并保存食物。随着农耕和畜牧逐渐取代采集和狩猎，从尼罗河到黄河，各个地方的人口都产生了爆炸性的增长。[2]

1962年，河南省舞阳县博物馆前馆长朱帜被错划为右派，在下放劳动时发现了这处遗址。不过，直到二十年后，这里才陆续挖掘出重大的成果。贾湖遗址占地约14英亩，其中发掘揭露的面积尚不足5%。整个遗址平面呈不规则的椭圆形，埋藏在一处沼泽旁边的山坡上，其上的泥土有几英尺厚。目前，考古学家已经发现了许多单间的小型房屋遗址，结构多为半地穴式。另外，考古学家还发现了储藏室、制陶的窑、三足的陶制炊具、武器，还有数以千计的骨制、陶制、石制工具和其他材料制成的物品。人们在贾湖地区繁衍生息了1300余年，直到他们的家园被洪水摧毁。这里再次有人居住是2000年前的事了。

贾湖遗址上的村落由一条沟渠环绕，其内部也划分出了住宅、作坊和墓地这些不同的区域。考古学家挖掘出大约400具骨架，并发现这里的先民属于蒙古人种，平均身高170厘米左右，与今天的中国人相差无几。某些贾湖人，特别是男性，因为长时间的肢体疲劳所带来的压力而患上了关节炎。还有一些骨架呈现出了缺铁导致的贫血症状，说明骨架的主人在儿童时期摄入的肉类不足。大多数村民死亡时年龄都不到40岁。虽然当时的社会实际上是相对平等的，但是，分化已经开始，不同的随葬品显示，某些成员比其他人地位更高。出土的随葬品中，最激动人心的是一支保存完好的骨笛，它是用丹顶鹤中空的尺骨制成的。丹顶鹤有5英尺高，优美的身姿和求偶时华丽的舞蹈使其在中国的文学作品和绘画中成为了非常重要的意象。考古学家们邀请中央民族乐团的专业音乐家来对这支骨笛进行了测试。于是，在7700余年的沉寂之后，它再次发出了悠扬而悱恻的声音。专家认为，有横笛陪葬的墓穴属于一位巫师，他会在仪式上吹响骨笛，与神灵沟通。有些骨架上有绿松石和龟甲做的饰品，但他们的墓穴中同样会有磨石、骨锥和其他工具，表明即便处在社会高层的成员也要参加劳动。如果说贾湖出土的世界上最早的陶器已经令科学家们兴奋不已，那么，当他们发现陶罐中装的东西究竟是什么之后，就只能用“目瞪口呆”来形容了。

分子考古学家帕特里克·麦克戈温（Patrick McGovern），是费城宾夕法尼亚大学考古学与人类学博物馆的食物、发酵饮料及健康状况分子生物考古学实验室的科学指导，他的工作是通过分析古代食物中的化学成分来研究过去人们的生活。1999年，他来到位于郑州的文物考古研究所检验贾湖出土的陶罐。这些陶罐最高的有8英寸，形状是优美的圆形，长颈敞口，两侧有耳形的把手。其制作工艺是用黏土搓成细条，再层层盘成器物的形状，然后将表面磨平，并涂上红色的衬釉，最后放进窑中用木柴烧制，温度可以达到1500华氏度。当麦克戈温朝其中一个罐子里看去时，他惊讶地发现，罐子的底部有一层红色的污渍，而罐子壁上也附着了同样的东西。他突然领悟到，自己正在观察的，很有可能就是全世界已知的最古老的酒类饮料留下的痕迹。[3]

研究者们用甲醇和氯仿提取了16块陶片上残留的物质，然后对这些提取物进行了一系列的化学分析，他们发现，每一块陶片上的残留物成分都是大致相同的。这些成分中都包含蜂蜡的化学组成，显示其中含有蜂蜜。一种叫作“植物甾醇”的化学物质证明另一种成分是稻米。此外，研究者们还发现了酒石酸，这说明，第三种成分应该是一种水果。人们一开始以为，这种神秘的成分应该是葡萄，因为中国有超过50种原产的野生葡萄。然而之后发现，贾湖出土的陶罐中还有另一种不同的酒石酸。一位中国的考古学家在贾湖村落遗址中发现了野葡萄籽，同时也发现了另一种植物——山楂——的种子。麦克戈温在他的《开启昔日的瓶塞：探索葡萄酒、啤酒和其他酒类饮料》中写道，“我怀疑葡萄和山楂都被添加到贾湖居民的饮料中以增添风味和促进发酵。”

研究者们得出结论，酒中的山楂种类为*C. cuneata*和*C. pinnatifida*，或两者兼而有之。*C. cuneata*在西方叫作“楔形山楂”，而在中国叫作野山楂*。它广泛分布于中国南方，与其说是树，不如说是灌木。其高度很少超过10英尺，枝头挂着明艳的红色或黄色果实，而里边的果肉则是绿色。整个果实的直径约为半英寸。这种山楂的花一般是耀眼的白色，花心是诱人的红色雄蕊，不过也有个别的树会开出深红色的花。*C. cuneata*在中国和日本是因其果实而得到人工栽培的，同时它也是盆景艺术家的最爱。*C. pinnatifida*在英语中俗称中国山楂，中国

* 其别称还包括：小叶山楂、牧虎梨（河南土名），浮萍果、大红子（贵州土名），猴楂、毛枣子（江西土名），山梨（湖南土名）。

人平时所说的“山楂”“红果”指的就是它。这种树更高，有时能达到20英尺，而且与大多数山楂不同，它身上并没有丛生的尖刺。这种山楂主要分布在中国东部和北部，它的果实非常美味，是所有山楂属植物的果实中最好吃的，成熟的时候会变成深红色，直径有1.5英寸。目前已经培育出了无籽的品种以供应食品工业。[4]它的果皮上布满了细微的浅色粗糙斑点，这种斑点叫作“皮孔”，在苹果和梨的表面上也有，可以让二氧化碳直接进入果肉，并排出氧气。这种直接呼吸的方式使这些物种结出的果实更大，鸟兽无法抵挡其魅力，从而让这些物种具有繁殖上的优势。然而另一方面，很多疾病也可以通过这些小孔感染整个果实。

在分析完毕之后，麦克戈温和他的同事们相当确定，贾湖居民的酒类就是由山楂、野葡萄和野花蜂蜜，还有刚刚驯化的稻子酿成的酒一起调和发酵的。这种新石器时代的酒饮中含有9%到10%的酒精，而现代大多数啤酒的酒精度数是3%到7%，葡萄酒则是8%到14%。麦克戈温生性快活，大腹便便，须发如银，简直可以去应聘梅西百货的圣诞老人。他觉得，既然分析出了贾湖酒的成分，就应该自己制作一些。在此之前，他已经试过复原古代的酒了。20世纪90年代，他和他的团队分析过从土耳其一座拥有2700余年历史的古墓中挖掘出来的物质，这座墓的主人可能就是传说中的弥达斯王。*考古学家于1957年第一次进入这座墓的墓室，并发现一具去世时年龄在60到65岁之间的男性尸骨。盛放遗体的棺木周围散布着几张桌子，桌上摆着青铜餐具，里边是用羔羊肉和小扁豆烹制的佳肴，还有好几种酒供墓主在永恒的世界

* 弥达斯王是希腊神话中佛律癸亚的国王、巨富。有关他的一则著名传说是，酒神狄俄尼索斯赐给他点石成金的能力，从此他所接触的东西都会变成黄金。

中享用。根据考古学家鉴定，罐中澄黄的物质正是酒液的残留物，酒液中包括啤酒、葡萄酒、蜜酒，多半还有藏红花，用以添加一点苦涩的口感。2000 年，麦克戈温在一次晚宴上认识了特拉华州角鲨头酒类公司的老板山姆·卡拉乔尼（Sam Calagione）。两人一拍即合，很快探讨起是否有可能根据古酒的配方酿造出现代版本。卡拉乔尼的创作被命名为“点石成金”，并于 2001 年面市，吸引了一批拥趸。[5]

不过，当麦克戈温让卡拉乔尼复制贾湖古酒时，他们却遇到了问题——原来的成分实在找不到了。第一，中国的野葡萄生长在深山老林中，对他们而言触不可及，因此，他们只能凑合着使用罐装的浓缩麝香葡萄，这也算是野葡萄的远亲。另外，他们也不得不用美国蜜蜂酿的橙花蜂蜜来代替原本的野花蜂蜜。至于稻米，他们选择了未经烹调的干燥的胶状米糊，还有米糠和皮壳等（贾湖人的稻米处于野生和驯化之间，而且他们很可能尚未发明精磨糙米的技术）。下一个挑战就是如何把米糊分解为基本的糖类，这个过程叫作糖化作用。直到今天，许多地区采取的做法依然是把煮熟的谷类放到嘴里嚼碎，再吐到锅中。因为唾液中含有的酶能把淀粉水解成葡萄糖，而葡萄糖是发酵过程中必不可少的。酵母会吸收葡萄糖，然后把酒精作为废料排出。另一种可能是，贾湖的酿酒师在混合物中添加了大米芽。发芽的谷物中同样含有淀粉水解酶，比如麦芽就是啤酒糖化作用中最常见的原料。麦克戈温的团队在处理米糊的时候也试了传统的中国“酒曲”，用真菌来分解淀粉。[6] 不过最终，决定稻米应该如何糖化的却是烟酒枪械管理署（Bureau of Alcohol, Tobacco, and Firearm，简称 ATF）。他们要求，酿造者必须在酒中加入大麦，这是一种古代贾湖人根本不会使用的成分。但因为卡拉乔尼的酒是面向消费市场的，他不得不遵守相关的法律：联邦政府发牌许可的啤酒酿造商能且只能酿造啤酒，而啤酒中必须含有25%的大麦芽。此外，酿造者们本来打算只用环境中无处不在的野生酵母，比如，未经消毒的野蜂蜜和山楂皮上都会有这种酵母存在，然而，为了加快酿造过程，他们加入了日本清酒的酵母。

麦克戈温从美国西海岸的一位草药学家那里订购了50磅干燥的中国山楂粉（我不明白他们为什么没有从中国订购晒干的山楂果实——很容易买到，价格也不贵。比如说我手上的这一份吧，每包12盎司，售价4.29美元，我一边写着就一边嚼着吃。它味道酸甜，带着一种明快、酸涩的口感，令人口舌生津，与索然无味、口感如纸浆粉末般的道格拉斯山楂截然不同），结果ATF再次干预了。尽管联邦政府允许将山楂作为茶饮或膳食补充剂出售，但是不可以添加到啤酒之中。不过，在麦克戈温和他的同事们一再坚持之下，政府官员最终网开一面。

有了各种成分之后，下一个挑战就是确定它们各自的比例了。因为贾湖人并没有留下配方，酿酒者们不得不靠自己想象。他们把米糊与大麦芽放在加热到152华氏度的水中，提取出一种叫作麦芽汁的液体，然后倒进壶中，与山楂粉一起煮沸。接下来，他们用热交换器来使液体冷却，然后转移到发酵槽中，与蜂蜜和麝香葡萄混合。几个小时之后，他们在槽中接种了大约1升（34盎司左右）的清酒酵母。经过三个星期的发酵，酿造出的饮料就可以品尝了。太酸了！麦克戈温明白，喜爱甜味的古人喝的绝不可能是这种东西。在接下来的几个月里，他们又来来回回做了很多次调整，终于，这种调制啤酒可以装瓶出售了。它被赐以嘉名，叫作“贾湖城”。瓶身上的标签图案是一位梳着波波头的亚洲美女，她背对着观众，腰部以上裸露，在脊背下部有汉字“酒”的文身，形状就像是从酒坛中满溢而出的三滴液体。那么，“贾湖城”酒的味道如何呢？麦克戈温写道，它“拥有所有的亮点——引人入胜的葡萄口味，仿佛香槟的极其丰盈活泼的泡沫，回味略有刺激感，让人爱不释口，还有沉郁的黄色色泽”。

无论当初的贾湖古酒味道如何，它在先民的生活中都扮演了不可或缺的角色。麦克戈温所检验的所有碎片都发现于居住区，这就说明，酒不仅是仪式上的饮料，更是居民们日常饮食的一部分。当时的人很可能以酒代水，因为水可能不够清洁。（美国 19 世纪时情况正是如此。几乎每家每户都拥有一个苹果园并自己酿造苹果酒，大人孩子在吃饭的时候都会喝。）[7] 不过毫无疑问的是，酒在贾湖人的精神世界中也同样重要。贾湖的巫师也许会吹响鹤笛，敲响大鼓或摇动拨浪鼓，同时饮下大量的酒来达到一种缥缈恍惚的精神状态，脱离尘世，与神灵交流，这样，他就能引导逝者到达永恒的彼岸，施展治愈的法术，或是向不可见的力量祈福。社会凝聚力使得贾湖的社区在很长时间内得以一直存续，部分要归功于巫师的力量，但我相信，更应该归功于酒。事实上，也许正是醇酒塑造了文明，它的意义不仅仅是文明的一个所谓“进步”的产物。*

我之所以说农业带来的只是所谓的“进步”，是因为狩猎采集者普遍比城镇中的居民更健康。狩猎采集者寿命更长，工作负担也没那么重。

* 关于“酒”字的来源，现代学者在考察其金文和篆书写法后认为，酒的本字是“酉”，指的是酒瓶或把酒篓放入酒坛。然而，《说文解字》中提到了酒与古代宗教、政治的关系：“就也，所以就人性之善恶。从水从酉，酉亦声。一曰造也，吉凶所造也。”另外，酋长的酋字也表明，司酒的官员拥有很高的地位。酋本义是陈酒。《说文解字》中说：“绎酒也。从酉，水半见于上。《礼》有‘大酋’，掌酒官也”。后来，酋引申为“首领”，也体现了古代酒和司酒者的崇高地位。

而城镇里的食物供应也不像野外那么有保障，粮食会因旱涝病虫害等原因歉收——比如爱尔兰的土豆饥荒。另外，城镇定居者们的食物以谷物为主，在营养方面完全比不上狩猎采集者们所持有的猎物、水果、坚果和其他土生土长的植物。城镇人口密集，疾病扩散很快。再者，农民必须终日劳苦，才能从地里得到吃的，而采集者在很短的时间内就能找到足够的食物。[8] 当然，也有例外，比如说在发生旱灾的时候狩猎采集者也会陷入一无所获、饥肠辘辘的状态。解释人类为什么要放弃狩猎采集转向农耕的理论有很多，不过我最喜欢的答案是，人们终日面朝黄土背朝天地种庄稼是为了用粮食酿酒。[9] 酒令人感到获得了解放，这一点无可否认。但是，既然在中国的新石器时代扮演了重要角色的是山楂，人们只要把山楂放在一罐水和蜂蜜中，然后袖手等着它发酵就行，又为什么要辛苦稼穑呢？一个原因就是，在人们步行能到达的范围内，采不到足够的山楂来供应全年酿酒所需，而且山楂还经常被鸟兽抢了先。另外，当时的人们要么还没学会种山楂，要么就是努力过但失败了。

山楂原产于北京周边东北部的省份，不过在大陆和台湾都有广泛的种植。“山楂”的意思是“山里的果子”，但我觉得，汉字“山”——地平线上耸立的三座山峰——看起来倒像是生着尖刺的枝条。中国的山楂年产量可达 100 万吨，居全世界首位。（相比之下，中国的苹果年产量是 3500 万吨左右，约占全世界总产量的一半。）[10] 山楂绰号叫“红珍珠”*，人们经常把它用一尺多长的木签子穿成一串，蘸上熬煮的冰糖糖浆，然后沿街叫卖。这就是冰糖葫芦，它的历史能追溯到明代，而且

* 原文是“red pearls”，也许作者指的是“红果”。

至今仍是中国最受欢迎的小吃之一。最好的冰糖葫芦造型很有艺术感，底下是一串绯红艳丽的山楂果，顶上是晶莹剔透的冰糖。还有一种吃法是把山楂果肉捣成酱，再加入砂糖，干燥之后制成绛红色的、可以做成各种形状的果丹皮。山楂同样可以用来给软饮料增添风味。比如“青松岭”牌山楂果茶就是用冷提工艺加工的山楂果汁饮料，它还是 1992 年巴塞罗那奥运会上中国跳水、游泳队的指定饮料。此外，山楂还可以做成山楂饼。

很多茶饮中都能见到山楂的身影（我就从洛杉矶的唐人街买过一盒装在茶袋中的干山楂粉）。山楂果浆在去核加糖之后也可以制成薄片并晾干，这就是山楂片。以前，人们一边喝中药一边吃它，以减轻难以忍受的苦味。（2001 年，美国农业部下令退回 91 份山楂片制品，原因是其中含有美国所禁止的粉红色素。）[11] 中国最盛产山楂的地区是河北省森林茂密的山间，这里有面积 100 平方英里左右的半野生果园，在迅猛的经济发展中，依然保留下来。这里生长着 20 多种果树，比如野梨、野猕猴桃等。

因为新鲜的山楂很酸，所以不是所有采摘下来的山楂都有人消费。有时浪费在所难免，于是，政府号召人们开发这项资源的其他用途。既然山楂已经广泛地用于很多食物和草药中，果农开始寻找的经济领域就显得相对新奇——那就是酿酒业。从 2007 年到 2012 年的五年间，中国的酒类消费量翻了两番；为了满足这一需求，从 2003 年到 2013 的十年间中国国内的酒类产量也增加了四倍，使中国成为世界第五大酒类生产国。[12] 中国生产的红酒原料大部分来自原产于欧洲的葡萄，不过，相对空白的山楂酒市场也在发展。一般来讲，对酒的需求提高了山楂的人气；而另一方面，中国的消费者们也相信，山楂酒拥有葡萄酒所不具备的保健功效，或至少比葡萄酒的效果强得多。这些好处来自山楂所含有的多酚，人们相信，这些复杂的大分子能够消炎、降低胆固醇、改善慢性心脏病，还能抗癌。中国山楂中含有的多酚极为丰富，简直堪称一座宝库。其中有超过40种化合物，比如抗氧化的黄酮类化合物和原花色素，有一些成分能够相互反应，产生协同作用，是人工合成的药物所不能及的。[13] 这就是为什么草药医师坚持患者应该把山楂整个服用下去，才能让功效达到最大。

中国的一个研究团队想要搞清发酵过程是否会降低山楂抗氧化的能力，也就是黄酮类化合物消灭自由基的能力。自由基是自然的新陈代谢过程中产生的一种分子。在免疫系统与入侵的微生物作战时，或是吸烟、污染以及阳光中的紫外线给细胞造成损害时，细胞中的共价键发生断裂，电子不再成对，于是，自由基就产生了。这是一种高度不稳定的物质，因为失去了与之成对的电子，自由基会到处去抢夺其他分子的电子。当这一过程发生时，受害的分子本身就也成了自由基。这个新自由基再从别的分子那里抢夺电子，以此类推，形成连锁反应，就会损害甚至杀死细胞。这一氧化过程就像苹果腐坏时所发生的过程一样。而造成的损害会随着生物体年龄的增加而不断积累，而且是不可逆转的。而黄酮类物质这样的抗氧化剂则会向自由基释放电子，从而在它们造成伤害之前保护细胞。这时，黄酮类物质的分子也会变成自由基，然而，它的化学性质决定了，它不会继续与其他物质反应，也就是说，它不需要去抢夺细胞的电子就能保持稳定。[14]

在实验中，研究者们用砂糖培养了属于五个不同的族（strain）的细菌，然后用它们让山楂的果实发酵。研究者们之所以用糖来做细菌的食物是因为这种水果中含糖量还不到10%，是欧洲葡萄的一半左右。他们从山东省泰安市当地的水果市场买来红得发紫、果香四溢的熟透的山楂果。等到酵母菌把糖消耗完，果皮、种子和果汁就分开了。在熟成之后，研究者们用皂土（bentonite），也就是一种用干燥的火山灰制成的有吸附性的黏土，把酒澄清。然后，他们把酒液分别装瓶，进行化学分析。五种不同族的酵母菌产生的酒精含量从11%到12%以上不等。研究者们得出结论，发酵过程不会显著降低山楂果实中抗氧化物质的含量。这对于相信山楂酒能够强身健体的中国酒徒而言，无疑是个振奋人心的消息。[15]

* * *

凡是拥有文字的文明都会编纂自己的药典——也就是列举药物名称以及使用方法的书籍。世界上最古老的药典之一是美国古董商艾德温·史密斯（Edwin Smith）于1862年购得，并以他本人的名字命名的埃及古王国纸莎草卷轴《艾德温·史密斯外科医生纸莎草》。此外，还有罗马博物学家老普林尼编写的药典，以及希腊植物学家佩达尼乌斯·迪奥斯科里斯（Pedanius Dioscorides）的《论药材》。不过，第一部由政府组织编写的官方药典是公元659年唐高宗显庆年间由23位专家编写的《唐本草》。它长达35卷，在之后的四个世纪中一直是官方的药典，用以指导医生处理患者病情，以及多达644种药物的使用方法。

《本草》依据的是传统中医药，在今天依然不乏实践者。从某个方面来说，它与西方的传统医药有类似之处：两者都相信，疾病是身体和外部敌对力量之间的斗争。在西方，人们相信，这场战斗是微生物入侵免疫系统而产生的。关于病菌的学说取代了欧洲人源自古希腊并一直延续到19世纪的“猛剂疗法”(heroic medicine)。采取这种疗法是因为人们相信，疾病是因“四体液”——血液、黄胆汁、黑胆汁以及黏液——的失衡引起的。引发这一失衡的东西叫作瘴毒（或恶气），这是有机物腐坏过程中产生的污浊气体所形成的云。当时人们相信，一些野蛮的疗法可以让人体恢复平衡，这些手段包括催吐、放血、发汗和燎泡。在今天看来，这种做法肯定弊大于利。催吐是用俗称甘汞的氯化汞来使病人呕吐。放血很可能是害死乔治·华盛顿的元凶：为了治疗会厌发炎引起的喉咙痛，他在一天之内被放掉了身体一半以上的血液。这种广为流传的做法在正规的医生中间失宠以后，负责做这项工作的人就成了当时同时充当外科医生的理发师。理发店门前的转筒也因此产生——红色象征血液，蓝色象征静脉，白色象征绷带，整个筒则代表用来把血从手臂上挤压出来的木棍。随着临床试验和意外的发现逐渐推出新的药物和疗法，科学从此取代了迷信。循证医学——也就是依照科学研究证明有效的手段来进行治疗——取代了摸索和对疾病的猜测。[16]

在传统中医看来，疾病是身体内部或是身体与外界环境的失和引起的，邪气与身体本身的“正气”交战，从而决定人的病情。这一传统的核心思想是“阴阳”——阴与阳看似彼此对立，其实相伴相生，缺一不可。比如说，山楂树的根生长在黑暗的泥土中，树冠却沐浴着阳光。作用在人体上的力量包括自然界的“六气”*、人本身的“七情”，还有饮

* 这种说法出自《素问·天元纪大论》，六气指的是寒暑燥湿风火。

食失和、劳逸失度等因素。人自身的能量就是所谓的“气”。气血和各种体液在名叫“经络”的通道内运行，流通于身体的各处。传统的中医药在大多数西方科学家看来不值一提，不过，在某些时候，它以阴阳失和作为病因的理念却比病菌学说更为先进。一个例子就是，它能解释，存留在大多数西方人神经末梢的水痘病毒为什么会在多年后感染复发并导致带状疱疹。[17]

《本草》称，山楂的功效是治疗“积食”，也就是由于吃得太多引起的不适。治疗的方法是把山楂和其他成分，比如连翘，混合在一起服用（连翘是一种亚洲的草药，在电影《传染病》中被吹捧为治疗病毒引发的瘟疫的药品）。其中一种药品叫作“大安丸”，还有一种叫作“大山楂丸”。在治疗消化问题时，炒焦的山楂常与炒焦的麦芽（Hordeum）和神曲（*Massa fermentata*）相结合，称为“焦三仙”。还有厂家用山楂与其他一些成分，主要是含有红花籽油的红花属植物制成“健脑丸”（Brain Vitalizing Pill）*，声称可以提高服用者的智力。[18]《本草》记载山楂还可以用于治疗泻痢腹痛。中医认为，山楂归于“脾胃经”，也能滋补这两个器官本身。它刺激血液，从而消解肉食积滞，增进食欲，改善消化。

山楂也可以制成药丸或研磨成粉末之后给动物喂食。有这样一个广为流传的故事，在明代，一个小男孩因为吃太多肉，患了严重的消化不良，面容消瘦，浑身黄肿，腹大如鼓。有一次，他偶然来到山中，发现一棵树上结着漂亮的红果。他出于好奇摘下一个尝了尝，没想到酸甜可口。于是他吃了一个又一个。回到家后，他呕吐出许多痰水，从此病情

* 不清楚原文所指的是哪种中成药。

好转：肚子消肿了，四肢变得结实，脸上的气色也红润了。（这就是 *C. pinnatifida* 被叫作山楂的由来。）

传统中医药与道家密不可分。道家是一种关于精神和道德的哲学。它相信，按摩身体器官可以促进"气"的运行，从而强身健体。这一理论叫作"气内脏"*。这门学说还相信，与特定的树交流可以增益按摩的功效。树木不仅通过把二氧化碳转化成氧气来给世界增加活力，它们还能把负面能量转化为正面能量。因此，气内脏的信徒们会走到城市公园中去拥抱树木。虽然所有的树木都处在永久的冥想状态中，但是这些信徒相信，都市森林的成员比乡村的野生树木更随和，更乐于分享其能量。不同种类的树有不同的治愈能力。比如说，与垂柳交流能帮助治疗师驱走患者体内的"病气"，祛除多余的"湿气"，滋补膀胱和尿路。山楂树则有助于消化，滋补肠胃，还能降血压。

1949 年新中国成立以后，就推进了中医药的复兴，而践行者多是乡村大夫，当时叫作"赤脚医生"。当时的主席毛泽东选择无视这种保健中道家自古以来的作用，因为他发现，要从医药中去除玄学的成分根本是不可能的。主席这么做是出于经济的原因：共产党的革命是为了改善农民大众的生活，然而当时在中国，经过西方的循证医学训练的只有寥寥无几的医生，根本不足以帮助全国的人。因此，农村的中医成了唯一的选择。在毛泽东的指示下，草药和针灸得到了复兴。（《山楂树之恋》中有好几个镜头都是"赤脚医生"给静秋的母亲开药，用核桃和冰糖治疗她尿血的症状。）毛泽东在公开场合宣称，中医对增进人民健康居功

* "气内脏"系泰国人谢明德（Mantak Chia）所创，他 1944 年出生于曼谷。中国国内几乎无人听说过所谓的"气内脏"，该套理论难见于道家与中医典籍，与其相关的网页也几乎全部是英文。

至伟；尽管也有人认为他在私下里承认并不相信中医，而且生了病也不会找中医治疗。[19]

西方对中医一直知之甚少，直到1971年，美国记者詹姆斯·雷斯顿（James Reston）在《纽约时报》上发表了一篇文章，描述他与妻子一同访问中国时，在北京反帝医院*接受阑尾切除手术。手术后，可能是由于胀气，雷斯顿感到肠子痛。于是，一位针灸师来到他的身边，把又细又长的针刺进了他的胳膊肘和膝窝，那里的经络属于肠经。雷斯顿写道，不到一个小时，他下腹部的胀气和疼痛就减轻了，而且再也没有复发。[20]这篇文章点燃了西方人对中医的热情。人们趋之若鹜，纷纷报班学习针灸。美国政府还解除了之前的一项禁令，允许从中国大量进口针。之后，中国的一则传闻又为这阵狂热添了一把火：据说，在中国的一例开心手术中（open-heart surgery），患者唯一使用的麻醉手段只有针灸。但是，这则传言后来被曝出是假消息——患者实际上被注射了多种强效的镇静剂，于是，针灸热开始退去了。随着其他的假消息逐渐被揭露，这种狂热在美国不到十年就彻底结束了。

中医的十二经脉大致相当于神经和循环系统。不过，尚无临床证据证实能量的通道确实存在。这是中国古人发明的概念，他们并没有多少关于解剖的直接知识，因为儒家禁止解剖尸体，认为那是对死者的不敬。[21]但是，美国的一些医生和科学家认为，针灸也许并不是无稽之谈。美国的多所大学设计并开展了谨慎的临床试验来研究针灸在不致命的病案中的功效，比如治疗腰痛、心绞痛、偏头痛和关节炎。1979

* 反帝医院即协和医院。1966—1972年名为反帝医院，于1972年改名首都医院，并于1985年恢复其原名。

年，世界卫生组织（WHO）宣称，经过相关试验，针灸被证明对超过20种病症有效，其中包括网球肘，一直到痢疾。在2003年的一项报告中，WHO重新回顾了针灸的问题，结论是，针对从高血压、晨吐、抑郁症到化疗的不良反应等28种情况，针灸相比对照试验是有效的疗法。不过，批评者们认为，这份报告有两处重大的纰漏，因此是有缺陷的。其一，它采纳了过多的临床试验，其质量良莠不齐，某些试验在设计上存在很大的问题，这导致最终的结果遭到了扭曲；其二，在中国所做的临床试验本不该被包含在内，因为中国人对自家传统医药的自豪感是众所周知的。批评者声称，研究者们很可能会屈从于"发表偏倚"，也就是只热衷于报告那些有积极结果的试验。反对者们说，这些试验做出的发现实际上是美好的空中楼阁，在西方相似条件的试验中根本不可能得到证实。[22]

中国的研究者们在用这些受争议的试验验证针灸的有效性的同时，也开始发表有关传统中医药对于改善患者状况所起到的疗效的调查研究结果。因为山楂在中国的文化与经济中扮演了一个虽小却引人注意的角色，所以，山楂也在受检验的植物之列。比如，在92位患有心绞痛或心肌缺氧造成的胸痛的患者参与的对照试验中，服用*C. pinnatifida*的提取物可以减少85%的发病率，而在接受安慰剂的对照组中，发病率仅减少37%；另外，心电图显示，山楂能把心电功能（electrical functioning）提高37%，相比之下，接受安慰剂的对照组心电功能仅提升了3%；[23]2009年的一项研究得出结论称，山楂可以降低血液中会造成血管堵塞的脂肪。还有一些中国研究人员分析了山楂的化学成分，并通过解剖实验鼠，来探明从山楂中提取出的黄酮类物质对身体组织的影响。

当美国医药界满腹狐疑地接受用针灸来治疗某些疾病时，中国的研究人员也在采取循证科学的研究程序。然而，虽然西方医学和传统中医药看上去正秋波频传，彼此之间的婚盟却遥遥无期。不过，心脏病流行病学研究驱使全世界的临床研究者们把目光投向山楂复方药这样的古代药物，它们也许能治疗这些致命的疾病，本身又不会导致病人丧生。

第八章　医药树

这些药物就是这样，有些人认为它们本来也许能挽救我父亲那一代的许多人的生命，当然前提是弄得到这些药。不过事实却是，它们既没能挽救他们的生命也没有挽救我们的生命。与之相反，临床试验证明，不加分辨地使用药物来降血脂、降血糖、缓解哮喘、阻断应激激素（stress hormone），可能带来巨大的风险，甚至致死。而且，照美国现在的做法来看，这一切正在成为现实。

——大卫·希利（David Healey）

你我都有可能死于心脏病。2011年，全球有1700万人因各种心脏病而丧生，心脏病成了全世界的头号杀手。在这一年，心血管疾病仅仅在美国就带走了75万条生命，花费了医保系统2730亿美元，其所导致的英年早逝和病假也给经济造成了1720亿美元的损失。在欧洲，每年平均有400万人死于心脏病，欧盟为此付出的开销是2690亿美元。虽然最近三十年内心脏病的发病率在逐年下降——这主要是由于我们对香烟的热爱消退了——但是根据预测，这个数字很快又会飙升。到那时，美国超过40%的老年人口很可能会患上这样或那样的心脏病，包括高血压、心脏衰竭、冠心病和中风。[1]虽然用山楂精华来治疗心血管问题在西方至少有五百年的历史了，但是西方医学界直到20世纪80年代早期才开始谨慎地调查，这种把山楂视为生命树的古老的民间信仰是否有科学依据。

西方人对山楂药用价值的记载最早出现在迪奥斯科里斯编写的五卷本《药材论》中。这本书成书于公元1世纪尼禄皇帝统治下的罗马。迪奥斯科里斯写道："山楂果无论是饮用还是直接吃，都能够抑止胃酸过多以及妇女血漏。如果把山楂根锉成小块，然后涂于伤口，就能取出嵌在伤口中不好清理的碎片和小刺。据说，如果用山楂根轻触并摩擦孕妇的胃部，就会造成胎儿流产。"他还建议，如果一对夫妇想生男孩，就要在行房四十天之前服下用山楂籽沏的茶水。迪奥斯科里斯作为罗马帝国的军医去过很多地方，见多识广，他不仅在著作中描述了大约600种植物，还囊括了约75种动物的药用价值。比如，根据他的说法，河狸的睾丸对"治疗蛇毒"很有帮助。另外，如果把臭虫磨成碎屑再放入尿道，就能治疗尿痛。虽然《药材论》中存在不少荒谬可笑的建议和不知传了几手的民间流言，但是，这部书却一直流传了下来，没有像其他的古典著作那样在几百年间散佚无闻，直到文艺复兴时代才重见天日。实际上，《药材论》直到19世纪都一直是欧洲与美国药典的主要组成部分。[2]

法国炼金术师兼法王亨利四世的御医约瑟夫·杜·甚尼（Joseph Du Chesne）在1603年写道，山楂果浆对治疗心脏病很有效果。（我们不知道亨利四世国王陛下是否需要滋补心脏的药品，不过他确实需要好好沐浴了。据说，他的未婚妻玛丽·德·美第奇 [Marie de Medici] 第一次与他会面时，竟被他糟糕的体味熏得晕过去了。)[3] 杜·甚尼深受瑞士医生帕拉塞尔苏斯（Paracelsus）的影响，后者相信，医生不应该盲目听从古代的文献或是迪奥斯科里斯这样的名医的教诲，而是应该通过研究自然世界和各种疗法在患者身上的实际效果来寻找真理。这在当时称得上是激进思想。帕拉塞尔苏斯是一个坚持不懈地推销自己的人，据说他公然焚烧了中世纪大学的权威教材《医典》，以此来吸引人们的注意力。但与此同时，他也相信古老的“表征学说”。这种学说认为，医生可以通过观察植物的形态特征来确定其作用。开黄花的草药，比如金盏花和蒲公英，可以用来治疗黄疸；山楂果鲜红的颜色表明它治疗血液和心脏疾病很有效果。此外，从伤口中清理小刺或碎片的最佳方式就是把一块布浸在用山楂那满是尖刺的细枝煎煮出的汁里，然后用来擦拭患处。正如英国植物学家尼古拉斯·卡尔佩珀（Nicholas Culpepper）在 1653 年的《草本大全》(*Complete Herbal*) 中宣称的那样，“棘刺把自己扎人的能力转移给了药物。”

把杜·甚尼带到山楂那里的，很可能是业余治疗师的集体经验。业余治疗师一般是女性，这些乡村草药专家治病救人的历史已经有好几千年了。比如，美国西部的原住民女性一到秋天就会采集一种生长在山上的两到三英尺高的细长植物。这种植物的学名是 *Ligusticum porteri*，俗称“熊根”或“熊药”。人们相信，它能够杀菌、抗病毒，人们还把它与蜂蜜混在一起用来治疗咳嗽和支气管问题。传说印第安人是通过观察患病的熊了解这种植物的。熊是杂食动物，几乎什么都吃。它们在感到不舒服的时候，就会去挖掘这种植物并吃掉它的根。不过，熊和人都必须特别小心，因为这种植物与学名叫作 *Conium maculatum* 的毒参在外观上非常相似,而毒参会使神经系统瘫痪。[4]

谁也不知道山楂最初是怎么来到治疗师的药篓中的。山楂含有的化学物质成分复杂,目前并没有分离出单一的有效成分。即便山楂真的像一些传统药典宣称的那么有效，人和动物凭借咀嚼其树叶、花朵和果实也无法摄取足够的剂量，只有天天服用、日积月累才能看出不同。如今，欧洲的医生会给心脏病患者开高度浓缩的山楂提取物。与像大麻或是治疗膀胱感染的蔓越橘这样见效相对迅速的植物不同，山楂发挥作用的速度实在太慢，在一段时间里，治疗师和患者都无法察觉有什么不同之处。更有可能的是，山楂树的果实能吃，而且味道还可以，所以古代人在果实成熟的季节一直采来食用，最终发现，自己的心脏变得更加强壮，身体也更健康了。

19 世纪晚期，爱尔兰克莱尔郡恩尼斯一位名叫格林的没有执照的医生，据说用秘方成功治好了心脏病患者，这使得他声名远扬。尽管职业道德要求他把药的成分公之于众，然而他选择了沉默，因为药方给他带来了巨大的收入。不过，当他于 1894 年去世以后，他唯一的继承人，也就是他的一个女儿——我们只知道她叫“格雷厄姆夫人”——揭露了真相，这种灵丹妙药其实是由“*Crataegus monogyna*”成熟的果实制成的酊剂，而在当时，“*Crataegus monogyna*”所指的除了今天的单子山楂，还包括其他几个种。传说就是如此，这是个不错的故事，在美国的顺势疗法医师和草药医师间已经流传了一个多世纪，这甚至有可能是真的，虽然我在克莱尔郡的 23 处墓地都没有发现“格林医生”的墓碑。1896 年，一位叫作 J. C. 詹宁斯（J. C. Jennings）的美国内科医生在《纽约医学杂志》上刊登了一封奇怪的、未经证实的信件，这封信谈到了“格林医生”和他治愈病人的奇迹。詹宁斯宣称，他一直在使用这个爱尔兰人的秘方来治疗自己的病人，信中还列举了具体病例来证明其有效性。

在詹宁斯声称自己治愈的118位心脏病患者中，有一位年轻女子。她的家人在发现她“毫无生气的尸体”后，找来了詹宁斯大夫。“我赶到之后发现，她并没有彻底断气……我采用皮下注射，给她注射了10滴（山楂酊剂），不到半小时她就能说话，描述自己的感觉。”他还细致地描述了路易斯维尔市一位患有心肌肥大的妇女的病例。詹宁斯报告说，之前一直是一个施行“信仰疗法”的人在照料她并为她祈祷，但是在那个人的看护下她的状况恶化了。于是，詹宁斯给她用了格林的药方，再加上地高辛，这是毛地黄的一种衍生物，属于经过核准的药剂，现在还广泛用于控制心率和房颤。用药之后，这位妇女很快就恢复到可以回家了。三个月后，她给詹宁斯写信说自己感觉已经痊愈了。詹宁斯还宣称治好过一名73岁的男患者，他喘不过来气，脉率为每分钟158次。詹宁斯医生给他注射了15滴山楂酊剂之后，他的脉率降了下来，呼吸也轻松多了。“他恢复得十分迅速，也很彻底，”詹宁斯写道，通过持续服用山楂，“三个月后，他就和芝加哥城里所有相同年龄段的人一样健康了。”詹宁斯总结道，山楂在治疗心脏病方面比其他任何药物都要优越，“因为其他疗法顶多只能缓解表面的症状，山楂却标本兼治。”[5]

无论詹宁斯讲的病例是事实还是夸张，山楂酊剂都很快成为了美国使用最广泛的心血管药物之一。19世纪晚期，关于山楂凯旋的故事开始出现在医学杂志上。堪萨斯城一位叫作约瑟夫·克莱门茨（Joseph

Clements）的医生在 1898 年报告了一个案例：某位男患者长期以来受心绞痛的折磨，心脏感觉就仿佛“被铁条勒紧了一样。整个人被一种灾难和灭亡即将来临的感觉笼罩着”。这名男子每天 4 次，每次注射 6 到 10 滴山楂酊剂，一连持续了好几个月。克莱门茨报告称，结果所有症状都消失了。[6]

对这种疗法表现出积极兴趣的人群包括美国医学院（草本医学院*）的内科医生。草本医学院包括十余个由私人出资的院校，主要分布在中西部，培养出的内科大夫被称为“草本医生”。他们的理论和治疗手法兴起于 19 世纪 40 年代，是对当时大多数医生所使用的“猛剂疗法”——包括放血和催吐——的反抗。草本医学所寻求的是救人而不是治病，换句话说，他们讲究因人制宜，在这个人身上管用的疗法可能并不适用于另一个人。因此，草本医学是欧洲和美国古代草药学传统的一个延伸，它从美洲原住民丰富的药典，还有接生婆的实际经验中借鉴了很多。数世纪以来，接生婆不仅给产妇接生，还会采集草药和治疗病患。草本医生从他们在农村社区的实践中得出了一个理念：治疗成功的关键在于患者“生命力”的支持。他们宣称，虽然这种看不见的活力既不是化学的也不是机械的，但是却掌管着人们的健康。[7]

草本医师中颇负盛名的一位是芬利·埃林伍德（Finley Ellingwood）。他在其著作《美国药物》中发表了不少认可山楂属植物药效的职业观点，其中包括杰尼根医生（Dr. Jernigan）所声明的山楂补品“驱散了健康道路上不祥的阴霾，增强了人的力量，调节了心脏的活动，并产生了一种整体上的健康的感觉”。还有一些内科医生表示，山楂在治疗甲状腺

* Eclectic Medicine，也有译作折中医学。

肿、哮喘和肾病方面同样很有效。另一位著名的草本医师哈维·威克斯·费尔特医生（Dr. Harvey Wickes Felter）在1922年写道，“山楂作为心肌滋补品的价值是毫无疑问的。”不过，他不太愿意为这种在他看来尚属新奇的药物做担保：他指出，这种药物“尚在试验阶段，目前对传说中的神奇功效并无合理的解释”。[8]

为内科大夫调制药物的美国药剂师，很可能从辛辛那提的劳埃德兄弟药行购买山楂制剂。截至1884年，这家公司已经在生产835种叫作“液体提取物”的酊剂了。不过，这家公司的核心业务是生产一系列的“特殊药品”，以供给草本学派的内科医生，这些调和的药物是高度浓缩的酊剂，效用是医药界普通处方的八倍。生产过程一般是，先用酒精、醚、水等溶剂浸渍植物，或者说把它泡软，然后再提取出精华。草本学派相信，不能用同样的步骤来处理所有的药用植物，因为每种植物的特性不同，所以提取方式也都是独一无二的。就山楂而言，方法是把山楂果浸泡在多次蒸馏、去除杂质的中性谷物酒精中。最终得到的是一种棕红色的液体，据说有一种带着水果气息的葡萄酒的清香，还有令人愉悦的、淡淡的酒石酸味道。从该公司发布的销售资料来看，只有山楂果实才有效力，山楂树的树皮和根是“无药用价值”的。虽然劳埃德公司的“液体提取物”是用从英格兰进口的单子山楂果实制作的，但是在公司开始用山楂制造一种“特效药”时，宣传材料却做出了这样的解释：“对照研究使我们最终得出结论，这种山楂果不如美国的一个品种。”不过，这究竟指的是哪一个品种却是个不解之谜。劳埃德兄弟公司宣称，他们的山楂酊剂“可以用于治疗器官性或功能性的心脏病，包括心肌肥大、因瓣膜闭锁不全引起的二尖瓣反流异常，以及心绞痛。有时，心绞痛伴随着脊髓充血,这两种症状据说都能通过这种药物得到缓解”。最棒的是，公司承诺,山楂提取物可以长期大量服用，不会有任何不良反应。[9]

提取过程是在“蒸馏器”里进行的。在这个容器中，植物是用最低限度的热来处理的，这样它就会分解出需要提取的物质。蒸馏器的设计就是为了最大限度地保留溶剂，以降低制造成本。这项奇妙的装置在 1904 年取得了专利，至今在有限的范围内仍在使用。它效果惊人，强生公司在 20 世纪初期曾用它处理了 15 万磅颠茄（*Atropa belladonna*，又称毒茄，是药品颠茄碱——或称阿托品——的原料。阿托品是很多药物的重要组成成分，还能治疗心脏疾病，因此已被世界卫生组织列为每个卫生保健系统重要药物表中的核心药物)。劳埃德公司蒸馏器的发明者，是 1886 年创立公司的三兄弟中的长子约翰·乌里·劳埃德（John Uri Lloyd)。劳埃德在 14 岁的时候，当了一名化学家的学徒，这在当时是获得科学教育的普遍方法。他的弟弟们后来也成了化学家。在他 21 岁的时候，两位草本医师雇用他来评估他们配制的药品。之后，劳埃德在草本医学院和辛辛那提药学院授课，在课堂上，他禁止学生们记笔记，要求他们用脑子记住所讲的内容。[10]

约翰·乌里·劳埃德于 1936 年逝世，享年 81 岁。也正是在这时，草本医学被迫退出历史舞台。这一派系的衰落，部分是因为其对手——美国医学会（American Medicine Association, AMA）——的操弄。该协会要求卡耐基基金会对美国各个医学院进行一项调查，查明这些院校是否符合 AMA 规定的培育医生的标准。基金会把这项工作交给了亚伯拉罕·弗莱克斯纳（Abraham Flexner)，他既不是医生，也不是科学家，而是肯塔基州一家试行的营利性高中的所有人。弗莱克斯纳的报告发表于 1910 年，其中宣称，医学院和医学院毕业生的数量太多，质量却太低下。报告建议，为了在这个领域减量增质，学校应在学生入学和毕业时设置更多的条件，同时关闭私人的医学院或将其并入综合性大学。弗莱克斯纳写道，因为顺势疗法学派“引人注目地展示了科学与教条的不可相容”，所以，应该为所有的院校建立一套统一的课程体系，这套课程应该严格基于主流科学，也就是草本医学不以为然的“对抗疗法”——即用物理或药理学的干预来打败和压制疾病的症状。弗莱克斯纳报告造成的后果是，1922 年，美国医学院的数量由 150 所下降到 81 所（目前，全美受到承认的医学院共有 171 所），而在报告发布的第二年,医学院毕业生的数量也由 4500 人减少到了 3500 人。除此之外，草本医学节节败退的原因还包括病菌理论的胜利和诸如盘尼西林、胰岛素这些神奇药物的流行。（一些评论者相信，卡耐基基金会和 AMA 在美国的卫生保健领域中引入了政府的控制，以限制人们进入获利日益丰厚的医药领域。兼为内科医生、自由主义者、前得克萨斯州议员的罗恩·保罗 [Ron Paul] 就指控弗莱克斯纳报告的真正动机是关闭为女性和少数族裔提供服务同时奉行顺势疗法的医学院。）[11]

草本医学研究所在 1910 年改名为草本医学院。然而到 20 年代，这里所吸引的学生人数日益下降，所面临的资质认证问题却日益突出。实际上，从 1929 年到 1933 年的 4 年间，这里一个毕业生也没有了。1935 年，一位到学院巡视的医师资格考试官得出结论说，学院的器械、符合要求的设备和教员人数都处在匮乏的状态，建议有关部门驳回学院的资格申请。约翰·乌里·劳埃德去世之后，学院失去了主要的资金支持，于是在 1939 年关闭，它是美国 24 所草本医学院中的最后一个。

同时，劳埃德兄弟公司也于1938年卖给了S. B. 佩尼克公司，但是，约翰·乌里·劳埃德产业的受托人（trustees），其中包括他的儿子约翰·托马斯·劳埃德（John Thomas Lloyd），显然没有把“特效药”的配方交给新公司。之后，在约翰·托马斯·劳埃德创立了属于他自己的“约翰·T. 劳埃德实验室”制药公司，并开始生产一系列“劳埃德森药品”（Lloydson Medicines）时，S. B. 佩尼克公司提起诉讼，指控他偷窃了记载药品配方的卷册。然而诉讼的唯一结果，约翰·托马斯·劳埃德被迫在广告上发布通告，声明他的公司与父亲的产业无关。虽然没有人证实是谁拿走了配方册，但是，很多人相信，约翰·托马斯·劳埃德才是真正的犯人。配方册的下落直到今天都是个未解之谜，约翰·乌里·劳埃德的配方成了草药界的圣杯。它引起人们无数的猜测，还有多少植物学的奇迹等待着人们去发掘呢？

美国人对山楂的兴趣消退了。不过在英格兰和爱尔兰，这种树一直与岛上的政治、文化和宗教的历史紧密相连，其作为药用植物的功能也延续了下去。1939年，格拉斯哥大学的一位研究者报告称他进行了一系列的试验，用山楂酊剂来处置麻醉后的猫、老鼠、豚鼠、羊、狗和兔子。他发现，山楂减缓了这些哺乳动物的心跳，同时使冠状动脉收缩。在治疗了几个患有心脏病的人类对象之后，他得出结论，“心脏功能并没有改善”。之后，他治疗了十个患有高血压的人，“每个病例的心脏收缩压和舒张压都下降了，而且通常十分迅速，”他报告称，“而在停药大约14天之后又会恢复到原先的水平。”这是量化山楂对心血管系统的功效的早期尝试，不过，这项试验及其结论并没有多少有效性，因为样本容量实在太小，也不是盲测，而且样本还不是随机的。[12]

在临床试验测试药品功效时，非常重要的一点是，不要在患者或研究者这方面引入偏差。否则，试验的结果就会失去可信度。因为有时偏差是在无意中产生的，所以，试验的所有信息都应该向参与者保密。在双盲试验中，不论是测试者还是接受测试者都要对自己正在做的事一无所知，而在单盲试验中，测试者对信息是清楚的。由某些试验的性质决定，有时单盲试验是无可避免的。（某些批评者认为本应是双盲试验的一个单盲试验的例子，就是警察把相关的人排成一排让证人辨认嫌犯，因为警察知道哪个才是嫌疑人，他们的态度可能会在不经意间影响证人；因此，应该安排对嫌犯一无所知的警察负责管理这一切。）

最早有记录的单盲实验之一是1784年的一次实验，其目的是测试一位名叫弗朗兹·梅斯梅尔（Franz Mesmer）的德国内科大夫的学说，他宣称发现了一种他称为“动物磁感”的东西。梅斯梅尔相信，他能通过磁铁、具有穿透力的凝视、在手臂上施压以及渲染情感的音乐等手段，来改变人体内一种神秘的磁流，或者说“潮汐”，来达到治病的目的。这叫作“梅斯梅尔氏疗法”。他的理论认为，一旦人体内的潮汐运动受阻，疾病就会产生。而当这些潮汐得到疏通，患者会经历短暂的“病危期”，然后就会得到宣泄，症状得以缓解。比如说，一个接受癫痫病治疗的人可能会经历短暂的精神病发作期，然后神志恢复健全。但是有时梅斯梅尔发现患者陷入了恍惚呆滞的状态。[13]

梅斯梅尔氏疗法在欧洲获得大批拥趸，吸引了各个阶层的人——农民、患有忧郁症的富人，还有身披光环的社会名流，比如音乐家莫扎特和法国皇后玛丽·安托瓦内特（Marie Antoinette）。有传言说，玛丽·安托瓦内特参与了梅斯梅尔住宅内举办的淫乱的狂欢，这迫使路易十六下令对这一理论进行一次调查。实验在本杰明·富兰克林（Benjamin Franklin）位于巴黎的宅邸内进行。富兰克林当时是美国驻法大使，因在电流方面的经验被任命为观察这一实验的科学家委员会主席。梅斯梅尔本人并未到场，而是派遣了一位助手，查尔斯-尼古拉斯·德埃斯伦（Charles-Nicolas d'Eslon）来进行实验。德埃斯伦告诉一些受试者说他们被磁化了，但其实并没有；他还告诉另一些被磁化的受试者说他们并没有被磁化。结果，不论是否真的被磁化，那些相信自己被磁化的人都报告说自己感觉好些了；而那些在本人毫不知情的情况下被磁化的人则表示毫无改善（这也是最早的关于使用安慰剂的记录之一）。

梅斯梅尔的人气太高，都应接不暇了，于是他"磁化"了生长在公共场合的树木，并把他的病人用绳子绑在树上，小心地避开了树上可能阻塞潮汐流动的节疤。虽然山楂树在巴黎都市的森林中十分常见，法国也有母亲把生病的孩子带到开花的山楂树下向树木祈求健康的习俗，但是，梅斯梅尔使用的究竟是哪一种树，相关的记录却遗失了。为了测试梅斯梅尔的理论，检验者让德埃斯伦把富兰克林宅邸内的一棵杏树磁化。德埃斯伦越过那行树中的前四棵，然后磁化了第五棵。接着，一个体弱多病、蒙着双眼的12岁男孩被带到这每棵树前边，每两棵树之间的距离都很大。男孩在第四棵树前昏倒了。于是，委员会得出结论："磁流并不存在，而且用于激发它的手段很危险。"[14] 同样，他们认为，之前的正面效果其实是出于"想象"的。第二年，梅斯梅尔就离开法国，最终从公众的视野中消失了。而他留下的遗产，则是后来发现的催眠术。

研究者在评估药品的有用性、成本、效益和任何不良的副作用时，会依赖随机的对照试验（randomized clinical trial，简称 RCT，又叫随机临床实验）。在医药界，双盲随机对照试验被看作科学试验的黄金标准。举一个简单的例子，如果要检查山楂提取物对患有心脏病的人有什么效果，试验者首先会寻找属于合适人群的、诊断结果大致相同的患者，人数越多越好，几百就可以接受，几千当然更好。然后把招募来的患者分成三组，让第一组服用山楂提取物，第二组服用安慰剂，第三组服用已经被证明有效的洋地黄提取物。每组服用的药物都装在不透明的黄色胶囊中，使患者对自己服用的药物成分一无所知。此外，为了避免选择过程中出现有意或无意的偏差，参加试验的人应该随机分配到三个组中，可以借助 Excel 之类的计算机程序生成的序号来给每个人编号。为了进一步确保试验结果不会受到干扰，胶囊里所含的成分除了对接受试验的患者，对实施试验的医护人员也要保密。

有些研究者相信，还有另一种偏差可能会悄悄溜进临床试验的结果中，那就是，如果样本中有一个小组意识到自己正受到比其他人更为悉心的照料或检测，结果也会不一样。这种现象叫作“霍索恩效应”，它是因霍索恩公司而得名的。霍索恩公司是芝加哥附近的一座大型制造业厂房，其主人是西方电气公司，在 20 世纪的第一个十年间，美国大部分的电话都是由它生产的。厂房坐落的地方叫作“霍索恩”（hawthorne），这是 19 世纪开发商给它取的名字，因为当时这里长满了山楂树（hawthorne），[15] 很可能就是伊利诺伊州土生土长的华盛顿山楂。（地产开发商很喜欢用树给他们的地皮取名，以便听上去更吸引人，不过他们一般都会把这些与土地同名的树砍伐一空，以便腾出地方建更多的房子。）1924 年，工厂里来了一群研究者，他们想调查照明条件的改善是否会增加工人的生产效率。结果发现，在光照增强之后，生产效率也随之提升了。在之后的九年间，他们改变了工作场所的其他条件，结果是一样的：生产效率总是会上升。根据 50 年后心理学家对数据的分析，“无论条件如何，休息的次数是多是少，每日工作的时间是长是短……女工们总会更加勤奋、更有效率地工作。”他们的解释是，工作条件的改变与生产力的增加无关，真正使效率提高的是监测工人表现的研究者们对工人施加的关注。社会学家们总结道，女工们为自己可以在实验中出力而感到自豪，所以她们更加努力地工作。实际上，这些社会学家同样是错的。最初的实验之所以失败，是因为方法存在重大的缺陷：参与实验的工人一共只有 5 位，其中两人还在中途被替换掉了。而剩下的工人越到后来生产效率越高，是因为支付报酬的方式改变了——工厂从按工时计价变成了按件计价。这是有关这方面课题的第一次实验，可是后来再没有人能复制这次实验的结果，这进一步证明了实验的质量不佳。[16]

第一次有记录的随机实验是 1885 年由查尔斯·桑德斯·皮尔斯（Charles Sanders Peirce）发表的。皮尔斯是一位美国逻辑学家，其理论是，一些逻辑运算可以用电子开关电路完成。这最终预见了电子计算机的问世。在皮尔斯发表的实验报告《论感觉的微小差异》中，一位研究者坐在屏幕的一侧，实验对象坐在屏幕的另一侧。屏幕中间有一个开口，专为实验改造过的邮政天平从中横插过来。随着天平上的重量一点点地逐渐增加，实验对象的手指也会感到压力越来越大。而随着天平上的重物被移走，实验对象手指上的压力也随之减小。然后，研究者会要求实验对象描述他的感受。皮尔斯则通过从一组洗过的牌里抽牌的方式来随机决定什么时候添加或减去天平上的重量。他相信，实验结果表明无论压力的变化多么微小，实验对象也不会感知不到。他总结说，这一实验验证了心灵感应的存在。“这使我们有理由相信，我们在很大程度上是通过感觉来得知彼此的想法的，只是这种感觉太模糊，我们平时不太能意识到它的存在而已。”他相信，这种能力同样也是所谓的“女性直觉”的来源。[17]

第一例随机的医学临床试验于1946年在英格兰实施，旨在考察罗格斯大学的一位研究生于1943年发现的新抗生素——链球菌是否能抗击肺结核。试验选了107位无法治愈的肺病患者。他们被分为两组，第一组52人，接受的治疗方案是卧床休息；第二组55人，接受的治疗是先注射链霉素，然后卧床休息。（试验对象的数目有限，是因为当时抗生素的供应很紧张。）研究者们决定，为了控制试验，他们应该尽可能地减少变量。试验所挑选的患者年龄从15岁到30岁不等，他们的肺结核病都是近期发作的，而且凭自身的力量战胜疾病的希望非常渺茫。试验是双盲的：每位患者都会得到一个根据性别随机抽取的号码，病例的细节依照患者编号密封在相应的信封中，病人们并不知道他们正在参与一次研究，而医生们也同样不知道自己正在参与试验。

患者们在床上躺了6个月，之后，放射学者给他们的肺部拍了X光片。（拍片子的放射学者们同样不知道试验的事。）在6个月的观察期结束之前，4位接受了链霉素注射的患者病逝了，而对照组（也就是没有服药的一组）有14位患者病逝。用了抗生素的患者比只卧床休息的人病情改善得更多。用了抗生素的患者中有8人彻底治愈了，不过在试验的后期，细菌产生了抗药性，于是服药者的情况又恶化了。[18]

虽然山楂一直以来就被用作滋补心脏的药品，但是，直到 20 世纪 80 年代，科学家才开始测试山楂治疗心衰的功效。2001 年，一位德国研究者发表了一份双盲随机临床试验的结果，这项试验旨在研究山楂属植物对患有轻度慢性心衰的人是否有任何功效。在研究中，20 位患者服用一粒含有 240 毫克的山楂提取物胶囊，每天 3 次，另外 20 位患者服用安慰剂。参与试验的有男有女。12 个星期之后，研究者要求患者在固定自行车上运动。服用了山楂提取物的小组在"运动强度承受力"上得到了提高，而服用安慰剂的人承受力下降了。同样，服用山楂组的患者心率和收缩压也降低了（收缩压就是量血压时较大的那个数，它代表着心脏刚刚泵出血液时的压力）。没有观察到山楂提取物引起不良反应。虽然结果看上去很乐观，但因为抽取的样本太少，试验的重要性受到了其他研究者的质疑。[19]

充血性心力衰竭是一种严重的疾病。患者的心肌会变得脆弱，无法再为身体提供足够的氧气。为了弥补这一点，心脏会变大，使之得以更强劲地收缩和舒张，从而泵出更多的血液。心脏还可能会长出更多的心肌块，因为掌管收缩的细胞会变得更加健壮。或者，心脏会通过更快地泵出血液来增加输出的血液。血管可能会收缩，以弥补器官动力的衰减，或者身体会把血液从不太重要的组织中转移出去，以确保大脑和心脏能得到充足的血液供应。这些对策在一时之间，也可能是数年内都是有用的，但最终，心脏会不堪重负。

慢性心脏衰竭有四个阶段。按照纽约心脏协会界定和国际上广为接受的定义，在阶段一，疲劳和呼吸困难等症状还没有明显表现，一直到阶段四，即便患者休息时症状也很明显，而患者一旦进行体力活动，就会无法呼吸、焦虑，而且感到不适。这种情况是无法治愈的，医生会开出一大堆看得到的药，包括血液稀释剂、利尿剂、洋地黄、β-受体阻滞药（用来降低血压或治疗胸痛），还有钙拮抗剂（用来舒缓血管以及矫正心律失常）。这一大堆药物所导致的各种令人难受的副作用就像你在电视广告上听到的冗长的警告一样，让你感觉与其吃药还不如死了干脆。根据美国心脏协会的说法，这些不良反应包括但不限于眩晕、头痛、便秘、腹泻、恶心、消化不良、抑郁、失眠、潮热和性欲衰退。

我的父亲在75岁时因充血性心力衰竭而去世。在美国，山楂的药用价值只是在最近才引起人们的重视，所以，没有哪个医生给他服用山楂。如果是在欧洲，他很有可能在人工合成的药物之外接受山楂养生食品。在德国，这些山楂提取物专门用于治疗阶段一和阶段二的心衰患者。这类药品已经得到听起来有些卡夫卡式的E委员会（Kommission E）认可，E委员会是一个由科学家组成的专家组，为德国相当于美国食品与药品监督管理局的机构就传统上用于草药和民间偏方的物质提出建议。在1984年到1994年间，E委员会出版了一系列专著，概要介绍了德国医生可以作为合法药方的308种草药。山楂卷刊行于1994年，其中包含一份报告，声称用酒精和水浸泡山楂的叶和花萃取出的物质可以用于治疗阶段二的心衰。E委员会得出结论，这种草药能够促使患者运动能力增强，血压和心率降低，还能让心脏每次跳动时输送出更多的血液。除此之外，山楂一般而言没有副作用。这些发现是基于在试管里或动物身上进行的实验。[20]

同样由德国研究者设计，但比2001年的实验具有更重要的统计学意义的研究于2008年进行。这项研究叫作“生存与预后：对山楂提取物 WS1442 在充血性心力衰竭中的研究”（Survival and Prognosis: Investigation of Crataegus Extracts WS1442 in congestive heart failure），简称 SPICE 实验。将近 2700 名阶段二及阶段三心衰患者被随机分成两组：一组 24 个月内每天服用 900 毫克的山楂提取物，另一组服用安慰剂。总体而言，实验结果表明，山楂对于患者的死亡、收容住院，或非致命的心脏病发作并没有什么效果；但是，结果同样显示，对于那些心脏供血的速率是正常人的 25% 到 35% 的患者而言，山楂可能能降低他们猝死的概率。[21]

而在 2002 年的一次实验中，随机抽样的 209 名阶段三的心衰患者被分成三组，第一组每天接受一粒 1800 毫克的山楂提取物胶囊，第二组服用 900 毫克的胶囊，第三组服用安慰剂，16 个星期后在固定自行车上测试。结果显示，服用较高剂量的患者的运动能力增强了，症状也减轻了。[22]

2004 年，伊朗进行了一次规模非常小的研究，一共涉及 92 位高血压患者，年龄从 40 岁到 60 岁不等。这些实验对象被随机分成两组，一组每日三次服用山楂，另一组则服用安慰剂。4 个月后，实验组的收缩压和舒张压都得到了显著的降低。而在 2004 年密歇根大学进行的一次实验中，120 位患者被随机分成了两组。一组每日一次服用 900 毫克的山楂提取物，另一组则服用安慰剂。所有的患者同时也服用各种常用的合成药物。6 个月之后，实验结果显示，服用山楂的患者比对照组的死亡人数和需要住院治疗的人数都更多。虽然有这些负面或未有定论的结果，但是在 2010 年一项针对上述实验以及另外六次实验的研究中，爱尔兰的科学家们总结说，总体而言，实验结果指出，“山楂作为治疗

CVD（即心血管病）的药物有相当大的潜力。”即便它没有发挥作用，也不会有任何严重的副作用，而且不会和其他药物起不良反应。[23]

这份报告总结说，密歇根大学的研究结果“缺乏理性的解释，也并未在其他研究中观察到”。密歇根的一位研究者也承认，服用山楂组的心衰死亡率更高可能是出于偶然，因为样本数量实在太少。以下因素也可能会使结果受到扭曲，那就是：病人的心衰都处于阶段二到阶段三，而且病人还服用了过多的其他药物。即便如此，密歇根实验的首席研究员基思·阿伦森博士（Dr. Keith Aaronson）告诉我，他对研究山楂治疗疾病的可能性已经不再感兴趣了。因为资助这类研究的政府机构“国家补充与替代医学中心”的预算有限，美国将来可能不会再做关于山楂属植物的临床试验。在 2013 年，该机构获得的预算占其母机构国家卫生研究院的预算不到百分之一。[24]

这种世界性的植物含有一万余种在生物学上比较重要的植物化合物，其中究竟哪种才是令山楂的治愈功效闻名遐迩的功臣呢？在关于山楂的临床试验中，最常用的提取物叫作 WS1442，它是由德国公司威玛舒培博士药厂制造的。根据该公司的说法，他们从自己的种植园中采摘单子山楂的叶和花，并把它们制成装在胶囊里的干燥粉末。这一过程已经“标准化”了，每颗胶囊含有 18.75% 的一种名叫“低聚原花青素”的黄酮类物质。植物提取物的标准化保证了每批药品中那些据称有治疗作用的植物化合物的含量都相同。

上文说过，黄酮类物质可以中和自由基，也就是身体内会伤害细胞膜、扰乱 DNA，甚至杀死细胞的不稳定分子。中和自由基的过程也叫作“清理”。1991 年，电视新闻节目《60 分钟》（*60 Minutes*）检验了所谓的

“法国悖论”，从此之后，黄酮类化合物就变得炙手可热了。据报道，虽然法国人会吃很多高热量、富含脂肪的食物，比如乳酪和黄油，但是他们罹患冠心病的概率却相对较低，这是因为他们饮用了大量红酒，而红酒中富含原花青素。（该节目对美国酿酒产业的贡献比废除禁酒令还有过之而无不及。）而在2008年重新探讨这一话题时，记者莫利·塞弗尔（Morley Safer）告诉观众，“法国悖论”的解释其实是红酒中含有一种叫作白藜芦醇的抗氧化剂。塞弗尔说，我们也许很快就能服用白藜芦醇药丸，从而有望多活十年。然而，这实际是一场新闻学的狂欢，跟科学关系不大。迄今为止，根本没有证据能够证明原花青素或白藜芦醇对身体有什么显著的功效。而在2012年，康涅狄格大学指控本校的一位白藜芦醇研究者在发表于科学期刊的论文中伪造数据。自此，白藜芦醇神话受到了人们的怀疑。科学家也提出，适度饮酒本身，或法国人饮食以及生活习惯中的其他因素可能才是“法国悖论”的答案，而一些批评者则认为，“法国悖论”本身就是法国医药界汇总疾病的方式催生出来的虚假概念。[25]

美国食品与药品监督管理局并没有批准将原花青素和白藜芦醇用于医药。它将其归为“膳食补充剂”而不是药物。膳食补充剂包括许许多多的产品，半数的美国人都在服用这类产品——虽然比例可能会因2013年医学核心期刊上发表的一份报告而下降，该报告指出，多种维生素片“不过是浪费钱财，实际无助于健康”。白藜芦醇虽然是从植物中提取的，但还是被归为非草本膳食补充剂。即便从未在临床试验中用于人类身上，2012年其在美国的销量还是达到了3000万美元。很有可能的是，最终从红酒祛病的信念中获益的只有加利福尼亚州的经济。

[26]

2012年，美国人花在山楂的叶、花、果制成的胶囊、药丸和酊剂上的钱将近150万美元。在美国大众市场上40种最畅销的草药类膳食补充剂中，山楂排名第20。（山楂是树而不是草，不过出于市场营销的方便，人们还是把它和金丝桃等植物归为一类）。从2011年到2012年，山楂的销量上升了12%左右。排行榜上名列第一的是蔓越橘，紧随其后的亚军是大蒜，两者的零售总额加起来能达到一亿美元。[27]

由于FDA并没有把草药类补充剂列为药品，也没有对其进行相应的监管，因此，山楂产品的制造商是不需要FDA批准的。但是，FDA却着实有权要求生产厂家保证产品含有标签上声称的成分。否则，这种补充剂就会被从市场上清理出去。该机构还要求这些产品必须是安全无害的，而且生产过程必须遵循“良好生产规范”的指示。为了达到这一目的，2012年，FDA对361家公司展开突击调查，并对其中70%颁发了嘉许状。不过据FDA女发言人塔玛拉·瓦尔德（Tamara Ward）说，“如果你看看这一年我们发出的警告信的数量，再把它与目前市面上补充剂的数量做个对比的话，那么，可以得出结论，绝大多数公司是遵从了FDA监管的。”[28]

美国出售山楂胶囊、药丸和酊剂的公司有很多，每家公司的产品在成分和推荐的剂量等方面都与别家不同。不过，有一点是共同的：这些生产厂家都不可以宣称他们的产品有任何特殊的药用价值。比如说，Vitacost会出售一种叫作“浓缩山楂”的产品。它用胶囊包装，含有两种成分：其一是从“*Crataegus oxycantha*”的叶片中提取的400毫克“浓缩山楂”，经过标准化之后，每粒胶囊含有2%的“黄酮类物质”；

其二是 600 毫克“空中的”(aerial)山楂的提取物(所谓的“空中的”是指任何可以看得到的部位，比如叶片、花、细枝与果实)。第二种成分经过标准化，含有 1.8% 的杜荆素，这是山楂属植物中已经分离出来的几种黄酮类物质之一。[29] 虽然公司在标签上承认，山楂的“每日所需量”(daily value)——也就是政府规定的一个健康成年人为了满足日常的营养需求而需要的某种物质的量——尚未建立，但它还是建议消费者“每日两粒，随餐服用，或遵医嘱”。它还建议，糖尿病人、低血糖患者、怀孕或哺乳期妇女，以及“已经确诊患有疾病”或正在服药的人士在服用任何膳食补充剂前先咨询医生或药剂师的意见。(严格来说，*Crataegus oxycantha* 这个名字是被国际植物学大会否决了的，因为它描述的其实是好几个不同的种；而这些药丸中的山楂很可能是中部山楂[*C. laevigata*]。)

“奇迹实验室”(Wonder Laboratories)也出售名叫“浓缩山楂”的产品，它同样也有两种成分。其一是“优质野生山楂果粉”，经过标准化，含有 3 毫克的杜荆素；其二是山楂的花与叶的提取物，该公司宣称，这种产品可以“促进心脏健康”，并警告孕妇以及哺乳期妇女在服用前先征求医生的意见。其推荐的服用剂量则是，每粒胶囊含量为 150 毫克，每日服用三次。

1982 年，本草医学的一支孑遗在俄勒冈州的波特兰现身——两位自然疗法的内科医生创立了本草研究所来研究约翰·乌里·劳埃德所开创的植物制剂。该研究所的商业产品中有各种山楂制品，包括山楂的混合物；*Cactus grandifloris* 是牙买加本土生长的一种植物，同样被视为长期见效的心脏补品；*Gingko biloba* 可以用来改善循环系统；还有西番莲

（*Passifloris*），人们相信它可以用来对抗失眠和焦虑。该研究所的独特之处在于，他们处理植物的方式是，先冷冻干燥，再制成粉末，消费者在服用的时候要把粉末用水或饮料冲泡开。该研究所的一位发言人告诉我，他们产品中所使用的山楂果、叶和花都来自俄勒冈州“野生”的单子山楂。在这里，“野生”这个词的意思，不过是在不破坏野外的植物自然栖息地的情况下，用不会伤害到植物或其生长环境的方法采集。然而，对于单子山楂而言，“野生”这个词本身就用词不当，因为这个物种从来就不是美国原产的。就像之前提到的那样，俄勒冈州的某些组织视之为入侵物种。不过，无论如何，研究所取用入侵物种总比取用受害的本土物种要强。[30]

2004 年，法国的一项单独的临床试验显示，一种叫作“Sympathy1”的商业山楂胶囊在治疗轻度到中度焦虑性情感障碍方面胜过安慰剂。一共有 264 位患者接受了这项为期 3 个月的研究，为了更好地进行检验，研究者们使用了所谓的“汉密尔顿焦虑等级量表”来为患者诊断。“汉密尔顿焦虑等级量表”列出了 14 个问题，旨在给人们经历的不安感的严重程度划分等级。有些问题是关于患者的主观感受的，比如“感觉事物向着最坏的可能发展”，以及“无法放松”，还有些是关于生理症状的，比如口干、耳鸣和失眠。而研究中用到的这种胶囊则生产于法国，其成分是山楂和加利福尼亚罂粟提取物，以及镁制剂。虽然这次试验显示“Sympathyl”确实有些作用，但是专业杂志《美国家庭医生学会》却在 2007 年总结道，单单一次研究并不能证明什么。[31]

一种更为神秘的旨在减轻焦虑的法国山楂制品是一种液体提取物，叫作“Élixir d’Aubépine”。（山楂的法语名称之一是 *épine noble*，意指“高贵的棘刺”，这个名称缘于人们相信耶稣的荆棘冠是用山楂枝条编织而成的。）这种制剂由一家叫作 Élixir de Provence 的公司出产，而其成分则是酒精浸出的山楂叶片、花和果实提取物，与其他植物提取物制成的药剂并无不同。然而特殊的是，植物的各个部位还要经过煅烧（就是把植物加热到化为灰烬），然后把灰烬加到提取的液体中，人们相信，这样就能使制剂含有酒精所无法捕获的矿物质了。这种做法叫作“spagyrics”，它起源于炼金术，帕拉塞尔苏斯坚持认为，炼金术不是为了把普通金属转化为黄金，而是为了炼制药品。（*spagyrics* 这个词来自希腊语，本义是“切断与融合”。）[32]

美国山楂市场的另一个不断壮大的分支是猫、狗和马匹的膳食补充剂。在写作本书的时候，花 16.99 美元就可以从制造商 Animals Apawthecary（*sic*）那里买到一盎司的无酒精山楂酊剂。据这家公司的说法，该酊剂中含有野生山楂、银杏，还有大蒜，溶剂则是蒸馏水。该公司表示，酊剂的功效包括“辅助循环”和“抗氧化，加强活力”。推荐的剂量则是，猫和小型犬每日一到两次，每次 10 到 20 滴；中型和大型犬则加倍。用山楂来治疗马匹的市场在近年得到了爆炸性的增长，这要归功于 2003 年根据真实故事改编并获得奥斯卡奖的电影《奔腾年代》中的一个镜头。传奇的马儿“海饼干”在跌倒并弄断了前腿的悬韧带之后，竟因受到赛马骑师瑞德·波拉德（Red Pollard）的照料而恢复了健康。当有人问起波拉德在绷带中加了什么药的时候，他说，“哦，是山楂根，能促进循环。”现在，山楂制剂已经被用于治疗马的各种疾病，从像舟骨（navicular）这样的马蹄疾病到关节炎，每种病都能找到含有山楂成分的药物。这些药物可以增强血液流通和心脏功能，还能减少身体组织因氧化而受到的损害。甚至，在田纳西州的“动物元素”公司制造的一款叫“马绩清”（Equine Performance Detox）的清理肠道药剂中，也有山楂的成分。

春天，在“黑暗英亩”，每次我和姬蒂把马儿放出去之后，它们最喜欢去的地方之一就是山楂树丛。虽然在山楂的浓荫之下并没有多少草生长，我们的马儿还是找到了一些可口的开胃菜，那就是山楂树上直到六月中旬都一直在萌发的嫩叶。我们那匹名叫“多层三明治”的五岁暗褐色骟马就特别喜欢山楂树。我之前一度以为它是在治疗自己身上我们尚未意识到的什么疾病。但它本来就非常贪吃，而且似乎觉得吃树这个主意特别好玩。（它曾经把两棵杂交的杨树上的树皮全剥下来吃了。）我看着它，想起了当初在沃特福德郡见到的埋首于山楂树篱、咀嚼着尚未得到尖刺保护的嫩枝与新叶的马儿。一位马匹主人在写给一份英国杂志的手札中说，在春天，他的马儿从田野里回来的时候双耳会变绿。这位主人心生好奇，便跟着马儿走进了田里，结果发现它一头扎进了树篱。他问道，为什么马会去吃山楂树呢？杂志编辑回答说，因为马本能地知道什么东西对自己是有好处的：你的马并不是因为缺乏维生素或矿物质才去吃山楂树，而是因为它天生知道山楂有非同寻常的保健功效。[33]

在几个世纪的一厢情愿、异想天开，甚至还有几次科学研究之后，我们是否可能对山楂的药用价值下一个可靠的结论呢？有一个组织认为，是可以的。考科蓝协作组织（Cochrane Collaboration）是一个总部位于牛津，由一万名保健专家组成的国际网络组织。它得名于阿奇·考科蓝（Archie Cochrane），一个放弃了自己的医学研究、投身于西班牙内战的苏格兰人。二战时，他在北非的一个战犯集中营里为身边的其他囚犯提供医疗服务。在那里，他通过临床试验来观察自己所用的哪种疗法有效。在战后，他成了一位医学教授，并开始筹办一个能汇总所有涌入医学杂志的循证研究的组织。考科蓝协作网成立于 1993 年，它的工作是筛选杂志上发表过的研究，剔除其中实验对象的饮食和生活习惯方面的因素，还要考虑筛查疾病方面的因素。样本小的临床试验占的权重小，患者更多的临床试验占的比重大，而设计上有问题的试验干脆就不予考虑。因此，考科蓝协作网的分析结果是系统的综述，而不只是一大堆个例。

2008 年，考科蓝的心脏小组发布了一份对于测试山楂治疗第一类和第二类慢性心脏病的价值的各项高质量研究做出的判决性的评价。“山楂提取物（以山楂丛中干燥的叶、花、果实制成）可以用作治疗慢性心衰的口服药。在综述中，研究者找到了 14 例有服用安慰剂的患者作为对照组的双盲随机临床试验（RCT）。测量得出的结果不尽相同，有几次试验没有解释患者们接受了哪些其他的心衰治疗方案。可以纳入汇总分析中的试验显示了心衰症状的好转和心脏功能的增强。因此，结果表明山楂提取物在常规的治疗之外对慢性心衰患者确有益处。”此外，这份评价还总结道，山楂提取物引起的不良反应——恶心、头晕以及胃肠与心脏的不适——“并不常见，程度轻微，持续的时间也短暂。”[34]

根据这个结论，我下定决心，以后在春夏季节每天都要吃山楂树叶，在五月尝一尝它那气味浓重、形状繁复的花朵。秋天，我采集山楂果，用手指把果子碾碎，挤出里边的种子，然后生吃果肉。有时候，我会顺着环绕“黑暗英亩”的乡间小路驱车而下，来到周围满是山楂树的沼泽或溪流边，在无人问津的树上采集果实和叶子，用它们来减轻我们家里种的树所面临的收获压力。我把山楂果洗净、晒干，然后封在玻璃罐里，倒上伏特加，并把罐子放在幽暗的储藏室的架子上。几个月后，罐子里的东西就会变成深粉红色，再加一些鲜榨的酸橙汁，调制成的饮料总能给蒙大拿的无尽冬夜增添一抹亮色。虽然我建议读者们不要尝试用山楂（还有伏特加，或任何其他东西）来自己胡乱治疗，而是要先征求医生的许可，我自己却百无禁忌，因为我知道，我很可能和我的父亲，还有他的父母一样，命中注定在75岁时离开人世，这样，任何能让我感觉更舒服，或让我相信自己确实更舒服的东西，我都愿意尝试一下。

为了保证全年都有山楂可用，我自己用酒精配制了山楂提取物。我把山楂的叶和花清洗干净，和捣碎的果肉一起放在罐子里，再倒上廉价的伏特加，比例是一份植物溶剂配三份伏特加。叶子泡软后，我就把混合物转移到纽威公司（Nu Wave）生产的“旋风”之中，这是一种两杯罐，里边有一个迅速转动的小型搅拌机（这并不是在做广告，只是手头恰好有这款机器）。你也可以花几百或几千美元买一台家用或商用的提取机，但对我来说，那实在是牛刀杀鸡，浪费钱财。我让搅拌机转了十分钟，离心力和酒精溶剂会打开植物，提取出其中的精华。然后，我把黏稠的暗绿色液体倒到蒙在玻璃罐口的粗纱布上，把伏特加尽可能地从纱布中挤出去。我把剩下的固体抹到曲奇模具里，放进烤箱，调到最低挡，烘成干燥松脆的一块，然后磨成细细的粉末，用不值几个钱的胶囊填充器转移进植物制成的胶囊里。至于每天服用多少？谁知道呢！临床试验中使用的剂量就各不相同，也没人确定过每日所需的最低标准，所以我自行决定一日三次随餐服用。

确实有一些医生对古老的民间疗法不屑一顾。还有很多美国保健业的成员，一会儿告诉我们酒是坏东西，一会儿又告诉我们酒是好东西；一会儿告诉我们60岁以上的人血压不能超过140/90，但现在数值又变成了150/90；一会儿告诉我们饮食中的脂肪会导致心脏病，但现在糖又成了罪魁祸首。也许他们关于草药疗法的观点是对的。但还有一些在医学界德高望重的人说山楂对心血管有裨益。比如，马里兰大学医学中心就赞美山楂那广为人知的抗氧化性和对心脏功能的改善作用，不过同时也称山楂树与合成药物一起服用可能引起不良反应，建议只在医生监管下服用。[35]

在《药物的末日战争》(*Pharmadeddon*）一书中，爱尔兰精神病学家大卫·希利毫不留情地批判了制药工业。作者不停地举证合成药物和医生给患者开这些药的狂热所造成的死亡和致残。从沙利度胺(thalidomide)的恐怖、抗抑郁药造成的自杀和先天畸形，还有新近由于医生不断地开止痛剂而造成的广泛的死亡和药物依赖。他认为，医疗体制太容易受药企巨头的影响了，而企业唯一关心的是利润。2013年的一项调查表明，芝加哥地区的数十位医生都收取了企业的报酬并为之背书。高居榜首的是一位胸腔科医生，他在2012年收受了超过16万美元的费用，到处为三家药品制造商说好话。虽然这样做并无违法之处，不过，有一家公司——葛兰素史克公司，还是在2013年宣布将停止这种行为，同时承诺将停止为医生支付参加学术会议时的机票和住宿费用，据称2012年这项花费达到了将近125万美元。[36]

2010年主要由佛罗里达大学开展的一次实验募集了6400位同时患有糖尿病和冠心病的患者。实验显示，高血压药物会**增加**那些服用药物来严格控制血压的患者的死亡风险。研究报告结果用冷漠的口吻轻描淡写地说，这种靠吃药养生的方式“并不比日常的控制更能改善心血管系统的状况”。[37]

* * *

除非是在打网球的时候韧带撕裂，或是堕马伤了胳膊，否则我将来也不打算去看医生。另外，我会继续在山楂树丛里寻觅。山楂提取物价格便宜，最不济也是安慰剂，而且还是粗纤维和维生素 C 的优质来源，甚至可能是救命之药。不论怎样，我喜欢自己采撷野生植物时那种超离时间之外的体验。那让我产生了一种与“黑暗英亩”血脉相连的感觉，单凭坐在院子里观看树木随风摇摆是不会有这种感受的。

第九章　四季之树

草越多则森林越少，森林越多则草越少。不过，非此即彼这种事更多是源于我们的文化，而不是我们的天性。对于后者而言，即便彼此对立的东西也是相伴相生的，而最富有生机的地方莫过于边缘地带、中间地带或是两者兼容的地方……两者的关系才是最重要的，而文明开化区的健康取决于荒野的健康。

——迈克尔·波伦（Michael Pollan）

在明媚的夏日清晨，“黑暗英亩”的林冠中会源源不断地传来鸟儿的啼鸣，使这里变得像热带雨林一样。我们和另一家人所拥有的这一片绵延的林地、草场、泥沼与河岸之所以得名为“黑暗英亩”，是因为每到傍晚，这里就会笼罩在比特鲁特山脉投向克拉克河左岸的森然阴影中。高耸的西黄松和美洲黑杨划定了上林层；而下林层则被道格拉斯山楂树、柳树、水桦树和山茱萸所占据。这个地区的面积只有23英亩，但从空间上来说，这个巨型飞禽馆的规模却是老休斯敦太空巨蛋的两倍，它是这片远离闹市的广阔土地上的一个保护区，从来没有受过伐木或农业的破坏。

虽然我知道我们这个地区土生土长的鸟类共有165种，但我还是好奇，一天之内，究竟会有多少只鸟儿在这里出现呢？十来只肯定有，也可能有几十只。那么几百只有没有可能呢？我之前觉得，鸟儿们随心所欲地飞来飞去，所以要进行清点是办不到的。但后来我发现，确实有一种调查办法——确切地来说是两种——不过你得有耐心和专业知识才行。第一种方法叫作“固定半径点计数法”(fixed radius point count)，几位受过训练的观察者站在设想的圆的圆心处，半径可以是一百码。然后，观察者们通过看或听的方式记下一定时间（通常是五到十分钟）内出现在圆中的所有鸟类。然后，通过GPS导航，他们再去下一个点，也就是与第一个圆的外切圆的圆心。依此类推，用这个方法可以生成一个列表，记下一天之内在有限的地段内会出现多少种鸟，并且相对准确地合理估算出它们的数量。当然，观察者人数越多，估算出的数目就越准确。

在八月的一个早晨，天刚刚破晓，五山谷奥杜邦学会（Five Valleys Audubon Society）的志愿者们就来到了“黑暗英亩”。他们的领队吉姆·布朗（Jim Brown），是林业局一位退休的野外灭火专家。四位研究者很快就启程进入了河漫滩，开始使用一种不需要设备的所谓“横切法”调查。四人组沿着我们的狩猎小道一起步行了三个小时，并根据看到和听到的情况大致编写了一份关于“黑暗英亩”的鸟类种类和数量的清单。在这个早上（早上是清点鸟类的最佳时间，那是它们一天之中最活跃的时段：饥肠辘辘，而且没有受到上升的热气的影响），研究者们数到了37种不同的鸟，包括沙丘鹬、一对白头海雕，还有一只北美黑啄木鸟和一只灰猫嘲鸫。最让他们激动的是看到了9只刘氏啄木鸟。调查结束后我们在后院一起喝咖啡，观赏霸鹟在杨树没长树叶的树梢上起起落落，炫耀着它们朱红、粉红，还有闪烁着彩虹色泽的褐色羽毛。这些小鸟时而在空中攫取飞虫，时而回到停栖的树枝上。布朗解释说，米苏拉郡的城市发展造成刘氏啄木鸟的栖息地丧失，数量减少，并因此被列为“关切物种”。

总体上，布朗和同事们数到了178只鸟。他说，到五月至七月的繁殖期，一些平常难得一见的鸟也会一展歌喉，那时，奥杜邦学会就能数到更多种类和数量的鸟了。于是，我承诺明年春天一定会再邀请他们。第二天早上，我一个人出了门，然后看到一些昨天未曾在“黑暗英亩”露面的鸟儿，包括3只喜鹊、几只红翅黑鹂，还有一只西草地鹨。我还听见或是自以为听见了一只暗冠蓝鸦粗厉的叫声。

虽然“黑暗英亩”的大多数鸟类都倾向于避开山楂属和它张牙舞爪的尖刺，不过，旅鸫、雪松太平鸟、太平鸟、黑顶山雀、松雀、黑头松雀却与这种树结成了共同演化的关系。这是由于山楂果的缘故。除了这些鸟，很少有鸟儿以山楂为食，因为这种果子只含有2%的脂肪。当七月末山楂成熟后，爱好者们就会来到枝头洗劫了。不过，它们并不会把所有果子都吃掉。我们尚且不知道这种节制的原因，也许是出自一种古老的本能，鸟儿要为饥寒的时候多储备一些食物吧。到了冬天，在温暖天气的饕餮盛宴中幸存的山楂依然会挂在枝头，虽然在风吹日晒中干瘪了，但依然是寒冷天气里重要的营养来源。

虽然大多数嘲鸫在冬天会向南迁徙，但也有一些会留在“黑暗英亩”过冬，靠的就是枝头挂着的山楂，还有其他植物的果实，比如毛核

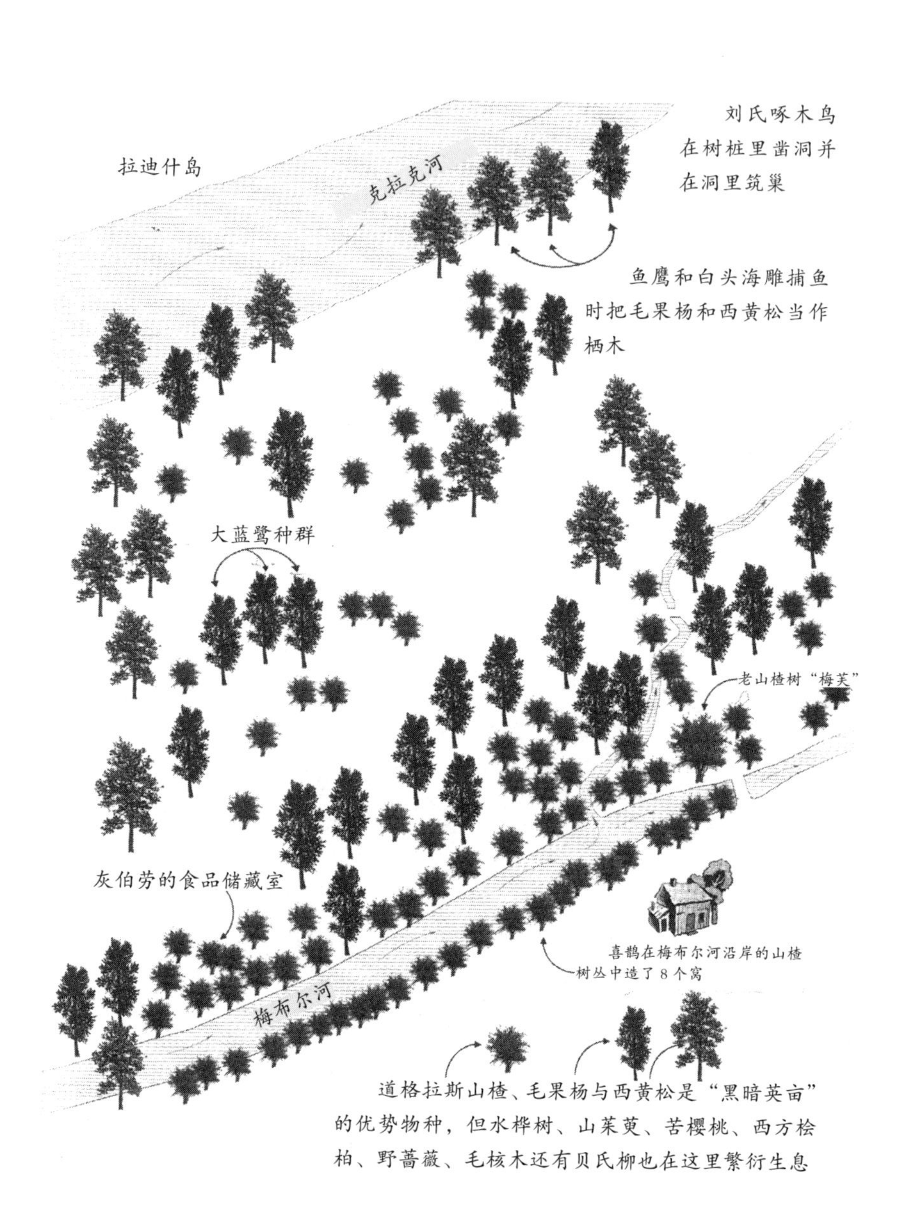

图注:“黑暗英亩”中树木的相对分布图（由作者绘制）。

木与西方刺柏。如果所有的嘲鸫都留在北方的话，食物根本就不足以支撑它们熬过整个冬天。不过，在冬天我很少能看到这些留下来的“御宅族”，因为它们都躲在山楂树丛的尖刺中，除非到了可以抓虫子的春天，否则它们是不会出现的。太平鸟和山雀就从来不迁徙。山雀会在枯死的杨树松软的树桩上凿出洞来，在里边垫上苔藓和羽毛，然后待在这样的巢里过冬。在寒冷的冬夜，它们会降低自己的体温，这是一种所谓的“迟钝”(torpor) 现象，在鸟类中十分罕见。在秋天，它们的食谱从昆虫转变成了浆果与种子，它们会大量储藏这类食物。一项研究显示，每到十月，鸟儿那细小但是强劲的脑子就会除去旧的神经元，代之以铭刻着全部藏宝地点的新神经元。[1]

有一些鸟会在夏天和秋天收获果实，可到了冬天，它们要么向南迁徙，要么转向了其他食物。对于松鸡而言，浆果不过是它包罗万象的食谱里的一小部分：它的食物包括西洋菜和蜻蜓，同时还有蝾螈和蛇。山楂树丛的吸引力在于它不仅是食物，而且是庇护所。到了春天，雄鸟在寻找雌鸟的时候会弄得尽人皆知，因为我们都能听到它拍打翅膀的声音，这种求偶仪式叫作“鼓翼”(drumming)。

我们有三种不同的鸫——韦氏鸫、隐士夜鸫和斯氏夜鸫，它们都是生性羞怯的鸟儿，在秋天靠山楂果来积蓄能量。不过，山楂树丛真正让它们喜欢的是棘刺中那浓厚的阴影。它们在捉甲虫的时候可以躲在里边，不让掠食者发现。这三种鸟到了冬天都会迁徙去热带，它们一般结成一群，在晚上飞行，用独特的召唤声互相联系。

在得到山楂果的同时，鸟儿也会给山楂树以回报，它们能把山楂的种子带去远方，少则几码，多则半英里。它们是帮助山楂树繁殖的最佳媒介。道格拉斯山楂的果实中有 3 到 5 个细小的种子，叫作“小坚果”（nutlet）。鸟儿把种子吃下去并排泄出来，在此过程中消化道中的酶和盐酸会腐蚀掉蒙在种子外层的硬皮。虽然这个过程对于树木的繁殖而言并非必要，但是却能加快种子的萌发。这层硬壳叫作“内果皮”，山楂正是因此被归类为核果，虽然它与蔷薇科的表亲，比如苹果和梨所结出的梨果颇为相似*。虽然山楂的种子中含有用来驱赶昆虫的氰化物，但是对较大的动物而言，这并不造成威胁，因为氰化物的含量很低，而且种子在动物的胃酸分解掉内果皮之前就会穿过动物的消化道。

有一些鸟类喜欢在山楂树上养育雏鸟，这样就可以利用山楂的尖刺和繁茂的枝叶来保护雏鸟免受掠食者的伤害。黑喙喜鹊（*Pica husdonia*）从三月就开始在最高的树上营造巨大的鸟巢。首先，雌喜鹊从泥沼的岸边衔来泥，然后在坚固的树杈上建起一个碗状的基座，再用草填塞好。接下来就是雄鸟的工作了，它比雌鸟重，也略大一些。它会一次又一次地找来山楂的细枝，然后两只鸟同心协力，把这块粗陋的东西打造成从碗状基座向上耸立的凌乱松散的堆叠结构。接着，它们会在巢上加盖一个穹形的屋顶。喜鹊一般会给巢留两个进出口，一边一个，其目的可能是万一有掠食者攻破了尖刺丛生的山楂，向它们的巢袭来时，它们能够及时地逃走。修建这样一个新巢要花上大约七周的时间，所以，喜鹊们经常占据无主的旧巢，然后再做一些必要的修葺。雌鸟一般会产下 6 到 7 枚浅绿色、带有灰色斑点的蛋。一旦它产完蛋，两只鸟的领地意识就会变得特别强烈。不过，它们的兴趣也仅仅是保卫自

* 原产自中国的山楂（*Crataegus pinnatifida*）属于苹果亚科，果实为梨果，但内果皮有石细胞。文中说的“山楂”，多指单子山楂、道格拉斯山楂。

己的巢所在的这棵山楂树，对其他的树是不怎么管的。这也是为什么在梅布尔河右岸，我们最宽阔的泥沼和颇负盛名的喜鹊社区里，十棵长大了的山楂树上竟有八个喜鹊窝。其中最大的喜鹊窝超过三英尺高。[2]

春天，姬蒂和我喜欢拿起双筒望远镜来观察喜鹊的表演。这些鸟儿排成连绵不断而富于戏剧性的队列，把食物带给饥肠辘辘的雏鸟。喜鹊

一只喜鹊和它的窝，哈里森·威尔（Harrison Weir）雕版画，出自玛丽·豪伊特（Mary Howitt）《鸟类及鸟巢》（伦敦：帕特里奇出版社，1885 年），第 105 页。

的食物包括昆虫、老鼠、坚果、浆果、蛋、腐肉和从人类的垃圾箱里找到的残羹剩饭。它们还会用喙在地上啄一个洞，把吃的东西埋在洞里，再盖上树枝树叶，留待下次享用。如果它们觉得附近有其他喜鹊在窥视，就会把食物移走。而如果它们对自己的“藏宝洞”感到放心了，就会扬起头，眼睛一眨不眨地盯着埋东西的地点，显然是要把这个地方记在心里。在阳光下，它黑白相间的羽毛变得色彩夺目，反射出或蓝或绿的光芒，有时还有红黄的金属光泽，像彩虹一般。喜鹊生性古灵精怪，精力旺盛，常常冲着邻居大吵大闹，发出一连串的颤音：嘎嘎声、咔哒声、鸽子般的咕咕叫声，虽然只有一只鸟，听起来却仿佛是一大群。喜鹊经常模仿其他动物的叫声，从它口中听到猫咪的喵呜声或小狗的吠叫声都不奇怪，而城镇居民还听到过类似警笛的声响。黑喙喜鹊和乌鸦同属鸦科，它在受过训练之后甚至有学人说话的能力。[3]

较之其他鸟类，喜鹊经常会做出一种看上去很奇特的行为。当我们的马儿在泥沼附近放牧时，喜鹊有时会飞下来，落在马背上大摇大摆地走来走去，啄食马身上的蜱虫并寻找有没有伤口，如果有的话，它就能从中得到一点血或肉来作为点心了。马对它的这种行为似乎颇为享受（至少是在能够忍耐的限度内）。当一只黑白相间的喜鹊骑在我们黑白相间的花马（phant）“劳力士”背上时，它们俩就好像电影《王牌大贱谍》里邪恶博士的分身“迷你咪”*，或是马戏团里的腹语艺人拿着与自己容貌相似的木偶一样。有些牧场主对喜鹊很反感，因为它们的这种行为会使马身上的鞍疮、切割伤和烙印处的伤痕发炎。

* Mini-me，《王牌大贱谍 II》中邪恶博士的分身，与邪恶博士一模一样，但体重只有前者的 1/8。

喜鹊的另外一种奇怪的行为是所谓的“蚂蚁浴”，鸟儿会捉住一只蚂蚁，然后用它在自己身上摩擦。有的时候，喜鹊甚至会躺在蚁穴上打滚，把蚂蚁挤到自己的羽毛中。还有的时候，喜鹊会直接降落在蚁丘上，把蚂蚁窝扰乱，然后让它们群聚在自己身上。喜鹊这么做的真正原因还是个未解之谜，不过有好几种相关的理论。一种理论认为，蚂蚁咬人时释放的毒液中含有蚁酸（formicacid，蚂蚁在拉丁语中叫*formica*），蚁酸是一种对抗刺激剂，可以杀灭困扰鸟儿的细菌、真菌、虱子、螨虫和另一些寄生虫。另一种理论认为，蚁酸可以增强鸟类尾脂腺分泌出的能使羽毛光泽防水的油脂。还有一种理论认为，喜鹊想先除掉讨厌的蚁酸再吃掉蚂蚁。而我最喜欢的理论则是，对喜鹊而言，蚂蚁的“按摩”实在是舒服得销魂，它们已然上瘾了。[4]

2008年的一项研究显示，喜鹊拥有动物世界中一项极其罕见的能力——自我意识。研究人员找来5只家养的喜鹊，以喜鹊自己绝对看不到的角度在它们的脖子上粘贴了一个有颜色的点。然后，他们把喜鹊放到一个放置着一面大镜子的隔间里。有两只喜鹊思索了一下它们在镜中看到的形象，然后就用爪子去挠自己的脖子，把圆点弄了下来。任何见过知更鸟攻击自己映在窗玻璃上的形象的人，都会明白喜鹊的这个举动意义多么重大。除了人类，只有大型类人猿能够以这种方式认出自己。* 在所有接受镜子测试的动物中，喜鹊的大脑占体重的比例是最高的。[5]

在一个阴云密布的秋天，我出门收集柴火的时候，偶然看到一大群喜鹊聚在一起，围绕着地上不知道什么东西。我蹲下来看个究竟，发

* 其实，通过“镜子测试”的哺乳动物还包括大象、瓶鼻海豚、逆戟鲸等。

现它们正在一具尸体上举行盛宴，我以为那可能是美洲狮或郊狼猎杀的鹿的残骸。可是，直到其中一只喜鹊飞走，我才看清楚，它们围着的是一只已经没有生命的喜鹊。从尸骸看不出它的死因。喜鹊们轮流轻啄尸体，然后一只喜鹊飞走并叼来了树叶，盖在逝去的同伴身上。另一只喜鹊也飞去找来树叶，做出相同的举动。美国科罗拉多大学生态学与演化生物学荣休教授马克·贝可夫（Marc Bekoff）发表过一份关于类似仪式的报告，他的结论是，这完全不亚于人类的葬礼，是生者与死者告别的方式。之后，他也收到了一些邮件，不少人都说自己见过喜鹊和鸦科的其他鸟类举行这样的遗体告别仪式。[6]

黑喙喜鹊在鸟类中有一位“忠实粉丝”，那就是长耳鸮（*Asio otus*）。长耳鸮自己不会筑巢，而常常使用喜鹊废弃的旧巢。它们的体重从半磅到一磅不等，其中羽毛占大部分重量，雌鸟的体形和重量都比雄鸟要大很多。长耳鸮夜晚捕猎，食物主要是田鼠，有时还有囊鼠和小鼠，哪怕是在绝对黑暗的环境下，它们也能靠着卓越的听力准确地抓获猎物。这部分要归功于它们不对称的耳朵——左耳的开口比右耳略高。当长耳鸮听到啮齿动物的声响时，它就会猛地俯冲而下，在啮齿动物的脑后用力一击，然后整个吞下去。食物中它无法消化的部分，比如动物的骨骼皮毛，会被压缩在一起，团成小球反刍出来，这就是人们通常所说的食茧。森林地面上的食茧显示附近有猫头鹰存在。对这些食茧的研究显示，其中95%含有田鼠的颅骨——在“黑暗英亩”这种小动物的数量很多。[7]只有在三月到六月猫头鹰交配的季节，我们才有可能听见长耳鸮低沉的叫声，但想要看到它还是非常困难。它的羽毛是棕色的，带有条纹，能与树皮天衣无缝地融合到一起，更不用说它还会压紧身上

长耳鸮及其猎物

的羽毛，使人更难发现它。很可能眼前就有一只长耳鸮，我们却根本看不见。

长耳鸮只在夜间活动，因此在很长的一段时间里无人知晓它们在黑暗中做些什么。不过 2013 年春天，野生动物专家丹佛·霍尔特（Denver Holt）与蒙大拿鸱鸮研究所一道，在“黑暗英亩”北边的一个猫头鹰巢上放置了一台红外照相机和一个麦克风。霍尔特告诉我，令他惊讶的是，猫头鹰在育雏期间很少睡觉。它们也许会打个盹，不过只要有一点点风吹草动就会立刻瞪大双眼。而且，这一次还记录到了之前从未有人记录过的猫头鹰发出的声音。在我观看这段已经发布在网上的猫头鹰视频时，我发现有一对喜鹊半夜出现在猫头鹰的巢穴附近，扬着头注视着猫头鹰。它们也许是想从猫头鹰这里捞些残羹剩饭，也许是因为猫头鹰占了它们的巢而愤恨难平，或者，也许只是单纯的好奇。[8] 在上一年冬天，霍尔特与一位同事走进距离“黑暗英亩”几英里的一条溪流旁边的山楂树丛中，把林中的长耳鸮驱赶到鸟网上，然后在它们身上做了环志，以便追踪它们的行动。（当时赶上了好时节，那年蒙大拿西部的田鼠数量在许多年的记录中是最高的。）“这一小块（山楂树丛）是真正典型的栖息地，你可能不觉得它很重要，”霍尔特在一段采访录像中解释道，“但对于长耳鸮而言，这是非常关键的越冬栖息地，可能还是繁殖栖息地。这里就是我们所谓的‘长途卡车服务站’了，因为在这里中转的猫头鹰数量非常多，而在米苏拉附近的其他地区，一旦建立了栖息处——一般是在十月——猫头鹰就会整个冬天待在这里。”[9]

在喜爱山楂树的鸟儿眼里，这个地方虽然重要，但用起来却平平无奇。但是，有两种伯劳却与这种树演化出了更为奇妙的关系，它们分别是灰伯劳（*Lanius excubitor*）和呆头伯劳（*Lanius ludovicoanus*），它们是北美洲仅有的一类以脊椎动物为食的鸣禽。虽然这两种伯劳在外表和分布范围上存在微小的差异，但是它们的体形都比旅鸫（*Turdus migratorius*）略小，羽毛灰白相间。伯劳在狩猎的时候会高踞在树梢顶部，一旦看到有猎物出现在底下，就一跃而下，猛地一啄，把猎物掼在地上，它的尖喙像鹰隼一样带着钩，上颚还长有牙，可以扣进下颚的凹槽中。有时，它们也会用爪抓住猎物，往地上一摔，然后飞过去猛啄。伯劳的爪子不像猛禽那样尖锐有力，所以它们必须用喙来完成捕杀。它们的食物还包括田鼠和小鼠，以及各种昆虫、小型爬行类和两栖类。有时它们会把猎物一次性吃完，但也有些时候，它们会把猎物戳在山楂或其他植物的尖刺上，甚至铁丝网上。（在很少见的情况下，猎物甚至是被活生生刺穿的。）在食物短缺的时候，伯劳就依赖这些“食品储藏室”来提供每天的饮食。由于伯劳每次杀死的猎物要多于它一顿能吃掉的量，当初人们在看到它的肉串之后，就给它起了“屠夫鸟”的外号，而直到现在，一群伯劳鸟还有“屠宰场”之称。[10]

根据一项研究，灰伯劳会用食物来换取交配的机会。在交配的时候，雄鸟会带雌鸟来参观它的食品柜，以此炫耀它作为猎人的高超本领。显然，吊在那里的猎物个头越大，雌鸟就越可能跟这只雄鸟交配：一只肥美的大老鼠就比几只虫子要强。根据这一理论，雌鸟之所以愿意跟身家更丰厚的雄鸟交配，是因为在它孵蛋、养育雏鸟的时候，对方要肩负起找食物的责任。不过，雄伯劳也会去寻找“婚外情”，一只雄鸟可能会用食物来向另一只雄鸟的配偶大献殷勤——实际上，它送给新欢的食物往往比它带给自己配偶的还要好（就好像丈夫只给妻子买巧克力，却买貂皮大衣献给情妇一样）。它送的点心热量越高，它得手的可能性就越大。婚外情能使雄鸟拥有更多的留下后代的机会，也能让雌鸟得到不少免费的美餐，所以两者都很享受这种关系。[11]

2000 年 1 月 2 日，蒙大拿州西部的很多鸟类爱好者都激动不已——这个州第一次记录到了银朱霸鹟（*Pyrocephalus rubinus*）的出现。这是一只身材小巧、鲜红夺目的鸟儿，它不知怎的离开了远在西南方 1300 英里以外的自然栖息地。有一天，一群仰慕者聚集在比特鲁特山谷，等了足足三个小时，终于看到了这位大名鼎鼎的贵客。它落在附近的池塘旁边，无忧无虑地大吃昆虫，然后飞到了半空中，说时迟那时快，观鸟者的喜悦立即变成了恐慌——一只灰伯劳同时腾空而起，开始

一只伯劳把它的猎物穿在荆棘上储存起来。出自儒勒·特鲁塞（Jules Trousset），《新通用插图百科词典》（*Nouveau dictionaire encyclopédique universal illustré*，第六卷，1886–1891 年）。

（Morphant/Shutterstock）

追逐那位珍奇的远客。伯劳猛撞了这只小鸟好几次，然后一同消失在一幢房子后边。这对猎手与猎物留在观鸟者眼中的最后一幕是：伯劳拍打着翅膀飞走了，嘴里叼着霸鹟，并在空中把它转移到爪子中。[12]

*　　　　*　　　　*

在“黑暗英亩”，春天到来的第一个征兆是小巧金黄的毛茛花。这种花一般在三月中旬开放，在这个时候自从上一年十一月起就封在冰雪之下的大地满是枯草，呈现出一片单调的淡褐色。然而，突然之间，毛茛的盛开就仿佛富于生命力的金色针尖刺破了死寂。到四月中旬，道格拉斯山楂就会发出新芽，开始长叶子。不过，直到山楂树开花——连续三年都是5月13日这个日子——我才敢确定，寒冷是真的一去不返了。山楂的树梢最早绽放出白色的花朵，然后花朵就会沿着枝叶次第蔓延下去。在第一朵山楂花绽放一周之后，从蒙大拿州腹地蜿蜒七百英里，直到太平洋哥伦比亚河沿岸的繁茂的荆棘丛就会变成繁花的走廊，空气中弥漫的全都是花朵糜烂的气息。我们新来的牲畜犬（stock dog）汉娜和佐伊，两只杂技演员般的边境牧羊犬，本来卧在树荫下注视着我，这时却突然抬起鼻子，朝天嗅去，并一跃而起，寻找那好闻的死尸究竟在哪，这样它们就能过去打滚了。

我们往河那边走，路上经过梅布尔河上的一个涵洞。这条河会随着三百码以外克拉克河季节性的水流而涨落。三只西部锦龟察觉到了我们的接近，从原木上跳入水中，一只麝鼠也潜入水下，试图隐匿身形。在泥沼的对面，我们最高的那棵山楂树上，一只黑松鼠（eastern fox squirrel）正在啃食最后几颗悬挂了一冬的干瘪的山楂。令我们这些致力于保护两种本土松鼠的人沮丧的是，自从 20 世纪 60 年代一位喜爱黑松鼠（*Sciurus niger*）的医生把它带在身边引进米苏拉之后，这种啮齿动物就在蒙大拿西部蔓延开来了。我一直在努力除掉“黑暗英亩”中非蒙大拿原产的植物物种，因为它们经常会排挤本土植物。对于斑点矢车菊和乳浆大戟这些入侵植物，我会割下来并拖出去烧掉。（矢车菊会通过一种叫作儿茶素的化学物质来感染土壤，毒杀毫无防备的本地植物。）另外，我还把链锯对准了俄罗斯橄榄树。不过，虽然在荆棘丛中觅食的浣熊也是入侵物种之一，我却没有心情再去扣动扳机了。七月的一天，一只硕大的浣熊在争吵中输给了白头海雕，从杨树上掉了下来，四腿着地。它发现我正盯着它，便发出威胁性的嘶嘶声，一溜烟地逃进了山楂树丛。

在梅布尔河左岸山楂属植物纠结的枝干间，一只白尾鹿在咀嚼着低处的嫩叶。到了秋天，它也会立起身来吃山楂果。其他依靠这种果子为食的动物包括田鼠和黑鼠。在秋天，黑熊也会坐在地上或像人那样站立起来，采集这些暗紫色的浆果。它们会用两只前爪把果子一大把一大把地薅下来放入口中。虽然“黑暗英亩”并没有大灰熊，但是观察者报告称，在 30 英里以北看见过它们干同样的事情。我从来没有见过黑熊爬到山楂树上，不过我看过视频，我很好奇它们是怎样避免被刺扎到的。

今天我做了个决定，要通过清点山楂树来标记春天的爆发。虽然这里的 23 英亩土地只有 11 英亩属于我们，但是我把邻居的土地也计算在内了，因为上面的栖息地类型是一模一样的。除了这两小块地方，河流上游和下游的土地都被滥用和过度放牧了，幸存的树木只有 9 棵刺柏和西黄松，让“黑暗英亩”及其周边地区看起来就好像漂浮在其中的长满树木的小岛。而在河岸繁茂的树丛的走廊中清点山楂树的数量，往好了说，也是让人头大的算术。山楂不仅会长出大量树干，而且会生出大量的分蘖条，也就是由树木根部的蘖芽长成的树干，有时离母株有一大段距离。几个小时之后当我清点完毕，把一组组数字加起来时，才突然想到，我刚刚数的这 136 棵树或许其实只是两棵，一棵在梅布尔河的左岸，另一棵在河的右岸。

在树丛最浓密的部分，鲜活的树枝和死去的枯枝纠缠在一起，甚至垂到了地上，能穿透这重重遮挡的阳光自然也微乎其微。不过，这个终年阴阴沉沉的树冠却为鸟兽提供了极为重要的遮挡，它们可以在这里躲避天敌。而且，山楂树还能防风，使它们保持温暖。生长在这阴沉昏暗、有几分吓人的灌木丛中的为数不多的植物已经与山楂结成了一定的关系，尽管我只能理解这种关系中的一面。山楂树的蔷薇科表亲野覆盆子和野蔷薇一旦缠绕在山楂树上，就会变得像藤蔓一般，积极地沿着山楂树爬到 20 英尺高的位置去接受阳光。西方铁线莲（*Clematis ligusticifolia*）则是一种真正的藤蔓，它会开出精致的白色花朵。在英格兰，欧洲的铁线莲与山楂树如影随形，环绕着那些受爱好者们瞻仰的伊丽莎白时代的乔木，我们的“黑暗英亩”上也有一种这样的藤蔓，但却显然没有什么浪漫可言。它长 80 英尺，直径 2 英寸左右，一端像巨蛇一样盘绕着它的宿主山楂树。七月初，包缠在我们最高的山楂树上的铁线莲就会开出白色的花，看上去就像山楂树又开花了一样。所有这些生机洋溢的枝叶、花朵和果实都让人想起波提切利（Botticelli）那幅奇妙的名画《春》（*Primavera*）中的花神芙洛拉。虽然这一对组合令人赏心悦目，我还是不明白，山楂树充当这些攀缘植物的网架，自身能得到什么好处。

你也许会觉得山楂树是被动的，对攀爬在身上的植物来者不拒，但就像很多种类的树木一样，人们相信山楂可以通过分泌名叫他感化合物（allelochemical）的有机毒素来毒杀附近的植物。化感作用研究还是新兴领域，而且富有争议。研究者们的理论是，树木会攻击其他的树木，其手段包括打乱土壤中的微生物平衡、调节固氮循环，以及改变根膜（root membrane）的渗透性，以此限制植物从土壤中吸取营养和水分的能力。有些科学家坚持认为，这些明显的攻击行为与化学物质无关，而是对阳光、水和土壤的竞争所致。因为灌木丛中不会有阳光照射，所以这里生长的植物寥寥无几。而另一些科学家则认为，道格拉斯山楂在植物杀手排行榜中名列中游，它会放出数量“适中”的他感化学物质。支持山楂对其他树木确实有负面效果的证据之一是，中西部一些休耕以恢复肥力的田野上至今唯有山楂在繁衍。[13]

拥有最强大的化学武器的树木之一是黑胡桃树，这是一种北美洲本土树种，木材价值很高。黑胡桃树的根部、叶片和树皮中能释放出少量名叫胡桃醌的植物毒素，这种物质能阻断一切植物——从山月桂与丁香到卷心菜与番茄——的生长。不过，山楂属的成员们倒是对胡桃醌免疫（山楂对黑胡桃的化感作用至今未知）。加利福尼亚州从澳大利亚引进了好几种桉树，针对这些桉树的一项研究显示，只要是种植这些树的地方，周围就会形成“无人区”。在这些树的组织中，也发现了像剧毒的萜烯和酚酸这样的化学物质。[14]

在“黑暗英亩”上游 12 英里处，就是道格拉斯山楂与挪威槭树

（*Acer platanoides*）的战场，直到最近山楂树才显露出败北的迹象。米苏拉市的格里诺公园是长约半英里的城市沿河带状森林，其旁边则是从山里流出的响尾蛇溪的溪水。挪威槭树是从欧洲引进到北美殖民地的入侵物种，把它带到米苏拉市的人很有可能就是这座小城的奠基人弗兰克·沃登（Frank Worden），他在 19 世纪 60 年代把这种树从自己的家乡佛蒙特带了过来。在大部分美洲栗树都被亚洲传入的疫病杀死之后，像米苏拉这样的城镇就开始在路旁种植挪威槭树，因为这种树不仅外表吸引人，而且还能耐受污染（山楂属的大多数成员也能耐受污染，但山楂树的气味有些诡异，身上还长着刺，所以不适合装点街道）。但是，不管人们让这些槭树在什么地方扎根，它们都会繁茂起来，并使得附近寸草不生。蒙大拿大学的野生动植物生物学家埃里克·格林（Eric Greene）声称，人们在格里诺公园创造的是一堵“死亡之墙”。这些树的高度在 60 英尺以上，是园中最高的树木之一，当它们紧密地伫立在一起的时候，密不透光的树冠就会使底下所有的东西都笼罩在黑暗之中。它们的根离地表很近并从其他植物那里窃取着水分。有些科学家还相信，挪威槭树会分泌出他感化学物质来攻击竞争对手。因为挪威槭树是外来者，它在美洲的自然环境中没有天敌，而“原住民”根本来不及演化出抵御它的手段。在槭树的树冠底下，任何草木植物，哪怕是生命力顽强的野草，都别想生长。对于挪威槭树附近的其他树木而言，要想活命也必须拼尽全力才成。虽然自从我们搬到这里，“黑暗英亩”上唯一一棵死掉的山楂是被倒下的毛果杨树枝砸死的，但是在格里诺，被这些侵略者害死的山楂树已经达到好几十株了。一开始它们还能自保，可能是凭借着自己的化学武器吧，但最终，槭树会长得足够高大，然后把山楂树笼罩在阴影之下。[15]

格林在 20 世纪 90 年代向市议会递交了一份报告，预言在二十年内格里诺将会变成挪威槭树的天下。于是，该市开始砍伐它们。只要槭树一扫而光，本土植物就会回归，顶多一开始速度有点慢（有些学者认为，这种树的他感化学物质会在土壤里停留一段时间）。有一天我穿过公园的时候，看到道路一侧耸立着像木栅栏一般的槭树。它们脚下的土地是光秃秃的，它们的树冠是寂静的。而在道路的另一侧，槭树被清理干净了，新的道格拉斯山楂树和毛果杨已经长到齐肩膀高，而且引来了一群叽叽喳喳的鸟儿。[16]

虽然千万年来北半球各地都将山楂用作药物来源，但这些树木对于自己遭遇的疫病，却医不自治。"黑暗英亩"上几乎每一株山楂在夏天都被一种肉眼不可见的名叫美洲山楂锈病菌的真菌感染过。在五月，树叶变得肥厚起来，其底部是淡绿色，朝向阳光的一面则是深绿色。叶片长约 2 到 4 英寸，触感像皮革，且带蜡质，边缘有锯齿，形状像雪鞋一样。一个月之后，在山楂树开过花，结出嫩绿色的小山楂果时，叶片表面就会出现第一批斑点。斑点呈红色，周围有一圈黄色的边缘，直径从 1/8 英寸到 1/4 英寸不等。随着夏日的逝去，在斑点的位置上，会有一个微小的气囊从叶片背面隆起，上边还会孳生出白色的小触角，名叫孢子角。山楂果在生长的过程中，有时也会受到这些触角的感染。

这种真菌出自裸孢子囊菌属（*Gymnosporangium*），它的生活史非常奇特，在真菌中尤其不同寻常。首先，双细胞的孢子会借助风力来到桧柏树上，形成坚硬、豌豆大小的凸块，这种凸块叫作"瘿"，它会生出孢子角。在第一场温暖的春雨过后，孢子角就会变成胶质，颜色也转变为橘红色。然后，孢子角释放出孢子，孢子再乘风而去感染山楂树。到了七月，山楂树上的孢子再借助风力飞回桧柏树上，这一次，它们会停留在枝条上纵向的缝隙之中，在那里萌芽生长，完成自己的一生，然后从头开始真菌生活史的新一轮循环，这需要以两种树作为宿主。这种疾病会感染山楂属的大多数成员，只有个别一些种，比如华盛顿山楂可以抵抗。我在蒙大拿州西部所有的山楂树上，以及在宾夕法尼亚州的香缇克利尔造访的绿山楂上都看到过这种真菌。但我在爱尔兰邂逅的单子山楂上却从来没有出现过它的踪影。[17]

另外两种真菌偶尔也会给山楂树造成一些小麻烦，不过“黑暗英亩”的山楂从来没有表现出感染的症状。其一是白粉菌，它会造成白色的小污点，令叶片卷曲，进而死亡。另一种是苹果黑星病，这是美国西海岸常见的一种疫病，它会使叶片扭曲，果实腐坏。这些疫病都是可控的，只要确保树木在未经灌溉时接触到足够的阳光就可以了。还有一个有用的办法，那就是到了秋天，把真菌赖以过冬的落叶耙在一起，一把火烧掉。另外，铜基杀菌剂和像苦楝油这样的有机农药也是效果不错的武器。

蔷薇科的七十余种乔木和灌木所面临的共同敌人是火疫病，它之所以叫这个名字，是因为它会使植物的果实、枝叶变得干枯焦黑，就像被焊枪烤过一样。有时候，被感染的患处还会渗出蜂蜜色的黏液。当病症到达根部时，植物也就一命呜呼了。这一切的罪魁祸首是一种细菌，学名叫作 *Erwina amylovoro*，从风雨到虫鸟，所有东西都有可能是它的传播者。细菌会从树木本身的裂缝或是从树木被虫咬或受冰雹这样的灾害性天气所伤的创口处侵入。像道格拉斯山楂这样的北美山楂对这种细菌已经演化出了相当的抵抗力，因为两者都是本土物种，早已斗智斗勇惯了。但对于果农，尤其是种植苹果和梨的农户而言，火疫病却是威胁生计的重大隐患。这种疾病最初发现于1780年的哈德逊河谷。当时人们对苹果酒的需求非常大，西进拓荒者家家户户地里都种着欧洲品种的苹果，于是，火疫病也从最初的哈德逊河谷一路向西传播。1844年，它在中西部流传开来，横扫了无数果园。1905年，蒙大拿州报告称发现了病例。1957年，它出现在了英格兰；1972年，它渡过英吉利海峡，感染了比利时的单子山楂和诺曼底长满树篱的乡村，这些地方的本土山楂对这种病是全无抵抗能力的。13年后，火疫病离开了树篱，转移到了园中用来酿酒的苹果身上。为了与它对抗，果园主们开始销毁受到感染的树木，并种植那些表现出抗感染能力的品种。在过去的50年间，链霉素一直表现得相当有效，几乎把细菌一扫而光。不过，2011年，纽约传出报告，某些菌株对抗生素已经表现出了抗药性，这让种果业上下一片震惊。[18]

虽说我们的道格拉斯山楂也会有一些小灾小病，但是，它们在抵御来势汹汹的昆虫这方面还是领先于“黑暗英亩”的其他树木的。比如，我们有一些年轻的松树就死于西黄松大小蠹（*Dendroctonus ponderosae*）的肆虐。它会先把名叫蓝变菌的真菌注射到松树树皮下，阻断松脂的分泌——因为松脂可能会杀死它，或者把它从树上赶走——然后，大小蠹就会在树皮底下产卵。山楂树对这种害虫是免疫的。不过，其他想要以山楂为美食的昆虫为数不少。即便如此，我们的道格拉斯山楂似乎也并没有受到攻击其他山楂的一些昆虫，比如潜叶虫、山楂网蝽，还有19世纪毁坏中大西洋各州的山楂树篱的钻蛀虫的困扰。在美国东部，东部枯叶蛾（*Malacosoma americanum*）的幼虫会把山楂和蔷薇科其他成员的叶片当作极其美味的佳肴，如果幼虫的数量过多，也会给树木造成伤害。对这些毛虫，杀虫剂是没有用的，但喜欢吃它们的动物却比比皆是。

苹果实蝇（*Rhagoletis pomonella*）是一种体长不足 1/4 英寸的细小蝇类，它演化出了一种名叫贝氏拟态的生存策略，这种策略得名自亨利·瓦尔特·贝茨（Henry Walter Bates），他在 19 世纪中叶研究了亚马孙雨林中的这种现象。苹果实蝇的翅膀是透明的，上边有一道深色的纹路，看上去就像字母“F”一样。它一旦觉得附近有危险，就会呈 90 度角把翅膀竖起来，一边横着走一边上下移动翅膀。在这种新姿势下，“F”形花纹很可能让掠食者以为自己面对的是一只蜘蛛而不是蝇类，跟它争地盘并不值当。成蝇之间几乎完全依赖性激素来沟通，它们在山楂果上交配，然后雌蝇在果皮下产卵，一次只产一颗。幼虫十天后就会孵化，然后在山楂果那粉状的黄黄的果肉中咬出一条通道。而成虫则吃果皮。在清教徒把欧洲经过人工驯化的苹果带到美洲之后，一些蝇就欢欢喜喜地抛弃了又小又寡淡无味的山楂，转向了更大、更甜、更多汁的新水果。这种偏好是它们得名“苹果实蝇”的原因。虽然关于自然的大部分新闻都关注物种灭绝，但是，能把果园整座整座毁掉的苹果实蝇所面临的情况却更为奇妙：它们正在分化为两个不同的物种，其中一个物种的基因组是基于苹果的，而另一个则依然与山楂相关联。推动这一分歧产生的是这样一个事实：因为果实的成熟季节不同，在苹果附近交配繁衍的实蝇根本不会与山楂里的实蝇相遇。[19]

其他侵害道格拉斯山楂的害虫还包括几种蚜虫。蚜总科

(Aphididae)有4400个物种，这些柔软又毫无防御的梨形小虫在全世界都是臭名昭著的害虫，它们危害庄稼，专吸植物的汁液，有时还会往植物体内注射毒素和有害的病毒。条件合适的时候，它们还会以一种异乎寻常的速度繁殖。它们不仅生下来就怀着孕，而且胚胎里还有胚胎，就像俄罗斯套娃一样。唯一好玩的事情是，它们与某些种类的蚂蚁有着非常奇妙的关系。蚜虫会把它们从树叶中吸取来的汁液转化成琥珀色的液体，然后排泄出来。这种东西叫作“蜜露”，蚂蚁喜爱吃这种食物，其他昆虫、鸟类、哺乳动物（包括人）也喜欢。有时候，这种含糖的液体产量非常大，甚至会从蚜虫正在啃食的植物上滴下来。在“黑暗英亩”，每年夏天蚜虫（*Nearctaphis sclerosa*）大批侵扰山楂树时都会发生这种事情。蚜虫进食的时候特别贪婪，有时候它来不及排出体内的蜜露，就让蚂蚁来给它“挤奶”。蚜虫会抬起腹部，表明挤奶的时间到了，于是，蚂蚁上前轻轻拍击蚜虫的腹部，帮助它排泄出营养价值很高的点心。而作为回报，蚂蚁也会保护蚜虫免受天敌的侵害，有时还会邀请它到自己的蚁穴中去。在寒冬到来时，蚂蚁会把蚜虫“奶牛”赶到地下的“畜栏”中去，等到春天再把它们放回山楂树上。有时，蚂蚁也会昏头昏脑地吃掉蚜虫，但这一般是在需要“挤奶”的蚜虫数量实在太多时才会发生。[20]

山楂的一些访客就是奔着蚜虫大餐去的。其中之一是长尾管蚜蝇（*Eristalis tenax*），它的幼虫更像小毛虫，而不是在腐肉中蠕动的令人毛骨悚然的蛆。而成虫腹部有黄黑相间的条纹，还有把腹部末端往东西里戳的习惯，因而经常被误认为蜜蜂或黄蜂。不过，虽然它的动作好像是在蜇人，实际上它却没有蜇针（这是贝氏拟态的另一个例证）。柔弱的长尾管蚜蝇通过模仿危险的昆虫，能够吓退不少天敌。它还可以像直升机一样移动，既能朝侧面急冲，也能悬停在山楂花前，然后钻下去吸食花蜜。长尾管蚜蝇进食的时候，黄色的花粉沾在它的身上，就会被传递给下一朵花。

有时瓢虫（Coccinelliadae）和草蛉（Chrysopidae）会加入长尾管蚜蝇在我们的山楂树上召开的盛宴。草蛉的成虫以花蜜、花粉和蜜露为食，看上去纤细柔弱，长着巨大的透明翅膀。它的听力十分敏锐，能分辨出蝙蝠发出的超声波，避免被后者捕食。草蛉的幼虫就像小短吻鳄一样，它们身上生有长长的刚毛，可以收集灰尘和垃圾，这是一种很好的伪装，能骗过守护蚜虫的蚂蚁。草蛉幼虫是一种贪婪的掠食者，有“蚜狮”之称。它们会在猎物体内注射毒素，使之瘫痪，然后用镰刀状的下颚撕开猎物，吸取其中的汁液。在变为成虫之前的三个星期内，草蛉幼虫会吃下多达六百只蚜虫或其他软体害虫，比如叶螨、粉蚧和粉虱等。草蛉经常会被用作生物防虫手段，因为杀虫剂在消灭害虫的同时也会杀死益虫。亚利桑那州的一家公司阿尔比科有机物公司（Arbico Organics）出售草蛉卵，价格是 10 美元 1000 枚，大量购买的客人还有其他优惠。因为草蛉幼虫在封闭的小格子里会自相残杀，所以，这种商品必须当日送达。这也是为什么雌性草蛉必须要把细小白色的卵分别产在 1/4 英寸粗的草茎上：防止新生儿们吃掉自己的手足。

另一个防治蚜虫的生物手段是依靠蚜茧蜂属（*Aphidius*）的寄生蜂。这些蜂呈黑色，体长只有 1/8 英寸。雌蜂会在每只蚜虫体内产下一枚卵，孵化之后，幼虫和蛹在蚜虫体内完成整个生命史，并以蚜虫的内脏为食。蚜虫会肿胀、褪色，最终死亡并变成干尸。这时，已经化为成虫的蚜茧蜂就会咬破蚜虫的尸体，飞到阳光下。另一种学名叫作黑足分盾细蜂（*Lygocerus*）的寄生蜂只在体内已经有蚜茧蜂寄生的蚜虫身上产卵，这叫作“重寄生”。在蚜茧蜂的幼虫吃蚜虫的时候，黑足分盾细蜂的幼虫则以蚜茧蜂的幼虫为食。有好几家生物防虫公司出售体内带着即将羽化的蚜茧蜂蛹的蚜虫干尸。这种手段在受人工控制的环境，比如温室下，十分有效，但是一旦到了野外，寄生蜂就没那么可靠了，它经常会把自己负责守护的植物抛在一边，然后自顾自地飞走。

在我们的后院里，距离梅布尔河右岸的一排道格拉斯山楂好几码处，有一棵垂枝榆，是在我们搬到“黑暗英亩”的许多年前种下的。2013 年夏天，树上密密麻麻地聚集了无数垂枝榆蚜虫（*Tinocallis saltans*），树下的小路上不停地滴滴答答溅上蜜露，周围聚集着一大群野蜂、苍蝇和无数其他昆虫。关于这次蚜虫爆发，一个解释是天气原因——初夏的天气对蚜虫而言足够温暖，可以孵化，但对于草蛉来说却太冷了。而当天气真正变得炎热干燥的时候，蚜虫已经占了上风。大概如此吧。之后，在同一个夏天，山楂树上也像平时一样聚集了不计其数的蚜虫，但并没有下蜜露雨。也许是因为山楂树是本地物种，一个为本地已经达到生态平衡的各种昆虫提供安身立命之所的基础性物种（keystone species），而榆树却是扰乱自然循环的外来者。除了不停地掉枯枝，而且死气沉沉，榆树的外来性，是我把它列入砍伐名单的另一个原因。

我们的山楂花会吸引来形形色色的传粉者。其中之一是在北美洲繁衍的最小的鸟类——光彩夺目的星蜂鸟（*Stellula calliope*）。雄性蜂鸟吸引雌性、吓退竞争者的方式是炫耀自己脖子上咽喉部位那嫣红火炽、闪烁着星芒般光彩的羽毛。蜂鸟的舌头很长，可以从嘴里伸出来吸食花蜜。有好几种蜜蜂也喜欢花蜜，比如西方蜜蜂（*Apis mellifera*），它吃花蜜的时候，会把黄色的花粉颗粒放在自己的体表。其中大部分花粉都携带在它后腿上名叫“花粉篮”（pollen basket）的毛茸茸的结构中。之后，蜜蜂把花粉、花蜜和自己的唾液混合起来，制成“蜂粮”来喂给幼虫。而依然黏在它身上的花粉则被携带到下一朵花上，使花受精。

隧蜂（Halictidae）是一种美丽的、有金属光泽的昆虫。它们也叫汗蜂，这是因为它们经常被人类汗液中所含的盐分吸引。此外还有地蜂属（*Andrena*）。雌地蜂会在地下筑巢，它挖出一条隧道，隧道分出数个支叉，而支叉的末端则是叫作“育婴房”的小室，每个小室里都堆满了花蜜和花粉。雌蜂在每个小室中产下一枚卵，然后把“育婴房”封闭起来。这些暗无天日的“地牢”其实是特意防止孩子们受到蚂蚁的侵扰的。幼虫一旦孵化，迎接它们的就是美味佳肴。有些蜂会在开花季节一次次地造访同一棵树，这种行为叫作路径依赖（trap-lining）。因为它们不能看到红色，却能看到紫外线，所以，它们最喜欢的是像我们的道格拉斯山楂一样的白色花朵，而不是其他。对于姬蒂和我来说，山楂养蜂业给我们带来了丰厚、浓稠、暗琥珀色而且口感带有野性的蜂蜜。

还有一些虫子，它们受到山楂的吸引是因为它们喜欢死亡的气息。那就是双翅目的成员，也就是苍蝇。其他昆虫有两对翅，比如蜜蜂，而苍蝇只有一对。尸臭味来源于三甲胺，而我们的道格拉斯山楂在五月开花的时候也会以气体的形式释放出这种有机化合物。人们对这种物质的气味做出的描述不一而足，有人说像氨水，有人说像烂掉的鱼，还有人说像精液的气味，而人类或动物尸体分解的第一阶段也会形成这种物质。因此，不少为山楂传粉的苍蝇也是最先赶到命案现场的“目击证人”。它们的出现能帮助法医昆虫学家判断死者的死亡时间以及尸体是否被人移动过。（我有时想，在山楂花蕊中吸吮花蜜的长尾管蚜蝇、丽蝇还有普通的家蝇会不会刚在附近的一具尸体上欢聚过呢？那可能是一只死鹿，也可能是时不时传出的新闻的主角——在风景如画但暗藏危机的克拉克河中游泳，结果失踪了的狗或人。）

丽蝇（Calliphoridae）经常在人死后几分钟内赶来。雌蝇会把卵产在尸体的开口处，比如鼻子、阴道和伤口中，然后飞走。卵在两天内就会孵化。蛆虫在化蛹前要经历三个阶段，称为“龄”，然后羽化成为未成熟的成虫。研究者们可以通过考察幼虫处在几龄并结合其大小来判断死亡时间。比如，如果尸体附近有翅膀皱缩、尚未发育完全的丽蝇，那么研究者们就可以推测出受害者大约是在16天前死亡的。普通家蝇（*Musca domestica*）也会透露关于尸体的秘密。它们在尸体上产卵，14天后成虫就会出现。它们在附近盘桓一会，然后把新的卵和蛆虫带到这个世界上。（关于家蝇的一个有趣之处是，它们的口器只能舔舐液体，不能吃固体食物：家蝇会把唾液和消化液呕吐到糖、肉类和粪便上，把食物从固体转化为液体，然后用吸管一样的舌头吮吸。）

毛虫也会吃山楂这类开花植物，全世界五十余种蝴蝶和蛾类幼虫都把山楂树当作食物。其中有两种旧大陆的虫子——原同椿（*Acanthosoma haemorrhoidale*）与山楂巢蛾（*Scythropia crataegella*）——的幼虫，山楂巢蛾幼虫是一种几乎只吃山楂属植物的潜叶虫。原同椿的成虫就是“臭大姐”的一种，看上去仿佛隐形轰炸机一般。其体长可以达到3/4英寸，颜色红绿相间，在英格兰和爱尔兰挂满成熟果实的山楂树篱中，这种颜色是不错的伪装。与家蝇类似，它也会用唾液中的酶把叶片组织化为液体，然后用吸管一样的口器吸食汁水。它也用同样的方式吸取成熟的山楂果中的果糖。原同椿一旦受惊，就会分泌出难闻的橙色液体来阻止掠食者。

"黑暗英亩"的道格拉斯山楂是三种蝴蝶的寄主，它的枝叶为这些昆虫提供了产卵的场所。这三种蝴蝶分别是：条纹灰蝶（*Satyrium liparops*）、红纹灰小灰蝶（*Strymon melinus*），以及黄缘蛱蝶（*Nymphalis antiopa*，又称丧衣蝶）。条纹灰蝶产下卵后，就会飞到山楂树最高的枝头嬉游，吸收阳光，从而获取能量来飞到地上吸吮野花的花蜜以及树上渗出的汁液。黄缘蛱蝶是蒙大拿州的"州蝶"，它的翅膀背面是灰褐色，正面却是华丽而且闪耀着虹彩的绛紫色，边缘一道明艳的奶油色斑纹，里面有一排钴蓝色的斑点。这种令人眼前一亮的配色特别像日耳曼人在哀悼逝者的时候穿的丧服。黄缘蛱蝶的幼虫一孵化出来就以山楂树叶为食。当它合起翅膀，停在道格拉斯山楂树那斑驳的灰褐色树皮上时，我们几乎看不见它。黄缘蛱蝶的寿命可达一年，这在蝴蝶中算是相当长的了。与很多蝴蝶不同的是，它并不迁徙，而是躲在松动的树皮底下或树洞里冬眠。在"黑暗英亩"，我们经常惊讶地看到，地上残雪未消，黄缘蛱蝶就出来飞舞了。它受惊飞走时会发出一声连人类都可以听到的"啪嗒"声，这很显然是为了震慑掠食者。就像鸟类一样，雄蝶具有很强的领地意识，它们把繁殖季的大半时间都用来彼此威胁较量。在英格兰，黄缘蛱蝶有"坎伯韦尔美人"之称，虽然这里并不是它的原产地。英国的昆虫学家兼节目主持 L. 休 · 纽曼（L. Hugh Newman）对这种雍容华贵的昆虫着迷不已，并希望它能在英格兰安家落户。于是，他在自己位于肯特郡的蝴蝶农场中养了数千只黄缘蛱蝶，并用染色的方式给它们做了标记，以便辨认。1956年，他把它们带到公园中放飞，结果第二年春天一只也没有找到。[21]

我曾经非常喜欢看蝴蝶醉醺醺的舞蹈，后来才知道一个令人毛骨悚然的事实：虽说蝴蝶摄入的营养大多来自花蜜，但它们也会取食人类的尸体。蝴蝶会受到气味的吸引——它们能用触角感知到其存在——然后降落在尸体上，用足部的器官“品尝”味道。如果它们喜欢尝到的滋味，就会用虹吸式的口器来吸吮尸体分解过程中渗到表皮的富含盐分的化合物。这个过程叫作“扑泥”，绝大多数扑泥的蝴蝶都是雄性，因此，科学家认为，蝴蝶在扑泥过程中获得的盐分和矿物质最终来到了它的精液中，然后转移给了雌蝶的卵。蝶卵在获得额外的营养成分之后，就有更大的概率孵化成健康的幼虫，羽化为健壮的成虫，从而最终把父母的基因传递下去。蝴蝶“扑泥”行为的对象可以是动物尸体、腐烂的水果和粪便，但最常见的当然还是泥水，因为泥水中也富含昆虫们求之不得的钠盐。花蜜虽然含有足够的糖分，但是并没有昆虫成功繁殖所必需的全部营养成分。[22]

* * *

西北太平洋的木制品工业已经式微多年了。在全盛时期，它在整个地区都建立起了自己的社区，包括米苏拉与俄勒冈州的尤金，后者当初不过是伐木工的粗糙营地，而今却钟灵毓秀，变成了一座大学城。对于我来说，工业衰退最直白的标志是“黑暗英亩”以北数英里处马路沿线的一座废墟。在2010年关门之前，这里曾经是一座工厂，占地广阔，结构复杂，而生产的产品只有一种：用来制造瓦楞纸包装箱的棕色牛皮纸。五十年来，源源不断的卡车载着砍下的松木原木排着长队进入厂房，还有络绎不绝的车辆装着巨大的纸卷离开这里。生产全天都不停歇，这是一座永远在咆哮、永远在轰鸣、永远在怒吼的疯人院，它创造出自己的气象，把自然界中不可能存在的颜色喷吐到阴沉的夜空之中。然而现在，整个车间看上去就像挨了炸弹一样：它被撕裂开来，好回收内部的钢铁。工厂附近就生长着一丛丛的道格拉斯山楂，不过，造纸业对它并没有兴趣：用山楂来造纸不是不行，但是，采集原木的过程，还有用磨浆机和化学药品把坚硬无比的木质削成极薄的木片的过程，都需要很高的成本，所以从商业上来讲并不划算。作为木材，山楂木过于嶙峋虬结，难堪器用。它的木质纹理细腻，唯一的用途就是打磨、抛光，显出美丽的光泽，再制成玲珑精巧的小物件，比如手柄、装饰盒以及嵌体。

但实际上，在从蒙大拿西部到哥伦比亚河流域，北起阿拉斯加的“锅柄”，南到旧金山的湾区，在那些高大得多的乔木底下茂密的下层植物中，道格拉斯山楂才是优势物种。在哥伦比亚河被一座座大坝阻挡住之前，你可以从蒙大拿州的比尤特一路走到太平洋，而山楂从来不会从你眼前消失。这种树在该地区的环境中所起的核心作用，在五月是最明显的，这时候山楂树进入盛花期，夹岸白色的花枝顺着河水或溪流，渐行渐远，直到目力所不及的地方。我不知道有没有人做过相关的统计，但有可能，这种树生产的果实比该区域所有果园的产量加在一起都高。如果考虑到世界上山楂在生物量（biomass）中占有可观比例的其他地区——塔斯马尼亚、中国、不列颠、爱尔兰和欧洲的其他角落——

那么，我们可能会问这样一个问题：在全球变暖所导致的愈演愈烈的气候危机中，山楂将会扮演什么样的角色呢？在北半球森林遭到破坏之后努力恢复的时候，山楂往往是第一个回到故土繁衍生息的。因此，我们是不是应该在这些地方种植更多的山楂呢？（这种重新造林发生的地点之一就是密歇根州上半岛[Upper Peninsula]，在那里，美国林业局[U.S. Forest Service]正在试图恢复当地九个郡县因为人类干扰而遭到破坏、支离破碎的本土道格拉斯山楂种群。）[23]

在一个冬日的下午，我在山楂灌丛中一边漫步，一边寻找着路径。我有点好奇，能不能把这个季节躲在山楂树交错的枝干所组成的穹顶之下的所有飞禽和走兽都认清楚呢？我在想，这种奇妙的树与那些屹立在河漫滩上的柔软、挺拔的针叶树和杨树如此不同，它究竟是从什么地方来的呢？而这些恶毒的尖刺究竟有什么意义呢？

第十章　精华与荆棘

能够生存下来的不一定是最强壮或最聪慧的，而是最能适应变化的。

——查尔斯·达尔文（Charles Darwin）

山楂也许来自另一个世界。有些科学家提出，三十七亿年前地球上开始出现生命，也许是对始于其他行星的生命的延续。该学说的拥趸经常会提到火星。他们认为，在太阳系后期重轰炸期（Late Heavy Bowbardment），小行星撞向了内行星，使得它庞大身体上的碎片飞向太空。当时，火星还是一颗含有丰富的液态水的红色行星，它身上很可能存在原始的有机物，这些生命的"胚种"随着陨石一起弹射降落到地球上。能在这场严酷的旅行中留存下来的，只有孢子或能够休眠的简单微生物。而另一种关于轰炸的理论则认为，陨石雨将水和有机化学物质存储在它们撞击出的巨坑中。剧烈的碰撞产生的高热熔化了岩石，同时也使岩石产生裂缝，形成了热液口。于是，这些巨坑就成了天然的大鼎，在里边翻滚的"沸汤"中，有机分子链渐渐形成。当这些分子链开始相互作用的时候，就开启了一系列持续几百万年的化学反应。其结果是，代谢沉积物增多，逐渐遍及整个星球。沉积下来的物质最终成了今天全世界石油的来源。* 根据一些研究者的说法，地球上最古老的生命是在这些淤泥中出现的，它们处于介乎活跃和惰性之间的状态。[1]

我们的道格拉斯山楂的家族树可以追溯到与“黑暗英亩”道路相连的黄石公园的温泉中所生的“小虫”。其中一种是水生栖热菌（*Thermus aquaticus*），其喜爱的生存环境是岩浆包围的地下小室（subterranean chambers）中温度高达160华氏度（约71摄氏度）以上的盐水中。这种厌氧菌的形状像蠕虫，如果暴露在氧气之下，很快就会死亡。这些热液池中的环境很可能与当初满布淤泥的地球非常相似。科学家们相信，当时火山频发的大气层中主要是氨气、二氧化碳以及水蒸气的混合气体，而地球上比现在还要热很多倍，因此简直是厌氧微生物的乐园。20世纪70年代，研究人员在黄石公园的温泉中发现了一种令人惊奇的“新”生物，它会吸收硫并排出甲烷。这种单细胞生物被归为“古细菌”（Archaea），古细菌与其他生命体迥然相异，它既不属于细菌，也不属于人类和椿象所属的复杂生命，即真核生物，而是一个单独的王国。自从发现古细菌的存在以来，随着研究的进展，科学家们认识到，古细菌可以在各种不同的环境下生存：海床下，石油矿床中，鱼类、牛以及白蚁的消化道里，还有酸性矿山废水中。[2]

在生物体古老历史的某一瞬间，一个游荡的细菌进入一个古细菌的体内，最终演化出的产物就是一个新的混合体，它更像山楂或人类

* 一般认为，石油的形成时间比该过程晚得多，最古老的石油生成于五亿年前。它是由海洋和湖泊中的动植物尸体等有机物经过漫长的加压过程形成的。

的细胞，而不是细菌或古细菌。这些细胞拥有好几个不同的部分，有不同的细胞器（小器官)，这些细胞器是当初细菌过客的残余，各自有特定的功能，与细菌体内漂浮缠绕的DNA有所不同，山楂细胞的DNA是整齐地包裹在核膜之中的，它的呼吸作用则由名叫“叶绿体”的细胞器掌管。* 叶绿体是蓝藻(cyanobacterium)的残余，这种微生物演化出了把光转化成能量的能力。因为其产生的废料是氧气,所以科学家们推测，在改变地球大气构成的同时，它也把厌氧菌推到了灭绝的边缘。叶绿体负责光合作用，利用太阳能来合成碳氢化合物，作为细胞的燃料。大约十亿年前，目前所有植物的直系祖先出现了，这就是绿藻，一种只生活在水中的多细胞生命体。它的登场为筚路蓝缕的演化之路奏响了尾声。之后的一切就只是同一主题的变奏了。

五亿年前，一些绿藻被潮水冲刷到岸边，或是被暴风雨吹过来。这些不期而至的客人在陆地上潮湿的地方安了家，虽然不再有海水让它们漂浮起来并把它们送去各处。有些藻类演化成了原始的植物，比如苔藓。虽然苔藓是非常成功的物种，足迹遍布世界各地，但是，它们从来没有演化出向上生长的能力，只能贴近地面生长。此外，它们不能储存水，因此，在干旱的时候就会脱水皱缩，直到下雨时才恢复生机。苔藓并不是树的祖先，它们没有根、叶、导管和像脊椎一样支撑它们站起身来接近阳光的结构。有一种特性对树的演化至关重要，那就是维管束。最早演化出这种结构的植物之一是光蕨属(*Cooksonia*)。光蕨生长在沼泽中，茎秆多分枝，几英寸高，顶端有杯托一般的小球，里边是可

* 植物细胞内的叶绿体是光合作用的场所，掌管呼吸作用的应该是线粒体。

以随风传播的孢子。这些如今已经灭绝的植物有着原始的维管系统，可以利用压力把水分留在体内，从而让整株植物站直身体。现代有很多植物同样依赖这种机制，它们都被归为草本植物，其中包括芭蕉“树”以及“黑暗英亩”中与山楂共享泥沼边坡地的高达 8 英尺的香蒲。[3]

这一时期产生的最古怪的生命形式之一，被研究这方面化石的科学家戏称为“巨型真菌”。原杉藻属（*Prototaxites*）是一种没有分枝，长得仿佛螺旋尖塔一般的东西，其顶端收缩成圆钝的尖头，整个“塔”的直径有 3 英尺，高度可达 25 英尺。在全盛时期，它比地球上任何其他生物都站得更高。[4] 在生物量这方面，今天地球上最巨大的生命体也是一种巨型真菌。俄勒冈州马卢尔森林中的奥氏蜜环菌（*Armillaria solidipes*）也叫作“鞋带菌”，单个个体就覆盖了 3.5 平方英里的面积。这种真菌生活在土壤里，是针叶树根部的寄生生物，会杀死寄主并吃掉它。这朵巨大的蜜环菌估计已经有 1900 到 8600 多岁了。[5] 在同一片区域还有四株蜜环菌，虽然没有这么大，对针叶树而言却同样是致命的。每到秋天，初雨之后，这个歹毒的家族就会生出好几百万个后代，俗称蜂蜜蕈。蜂蜜蕈虽然口感滑腻，不像“黑暗英亩”五月长出的羊肚菌那样美味，但是可以食用。同一个地区偶尔也会有道格拉斯山楂，比俄勒冈州其他地方形成巨大灌木丛的山楂树要更高些。山楂树对蜜环菌是免疫的。事实上，它或许能从针叶树的不幸中获益，因为破坏针叶树树冠能为较小的树木带来更多阳光。

在光蕨类的演化之后，一个了不起的时代到来了。沼泽附近出现了奇妙的森林，里边有数量众多的蕨类、木贼，还有像树一样的古羊齿属植物。在很长的一段时间里，人们一直认为古羊齿就是全世界最古老的树，不过，在 2007 年，科学家在纽约州基利波的一处砂岩采石场发掘到一种新的化石。据他们声称，化石中的树比之前发现的还要古老。这种外形像一个巨大的长柄刷子的树生长在约 3 亿 8000 万年前，那时候，基利波所在的位置离赤道不远，是一片紧邻海洋的热带沼泽，而海洋中则游弋着四吨重的盾皮鱼。由于这座砂石厂马上就要被开采一空，以便为附近的修路工程提供石料，两位古生物学家赶紧用工业锯和起重机忙活起来，想抢在最后期限之前把树冠的化石从地里挖出来。万幸的是，采石场主人在了解情况后，也同意延缓期限，于是古生物学家们回到那里挖掘出树干碎片，像玩填字游戏一样拼回去。[6]

这种树被归为瓦蒂萨属（*Wattieza*），它虽然看上去和今天的树没有两样，但实际上，它和我们的山楂树之间的区别就好像维纳斯捕蝇草和毛茛之间的区别那么大。它有根、叶、树干和繁殖系统，但它和树之间的相同之处也仅限于这些了。就拿一点来说，在化石证据中，没有什么能表明瓦蒂萨属植物长有根。相反，它向四面八方蔓延出大量的卷须，这些显然像锚一样起到固定的作用。而山楂树在种子萌发的头几年就会长出一条长长的直根，然后发展出广泛的浅层根系，从地里吸取水和养分。

瓦蒂萨属植物巨大的叶子就像蕨类一绺绺下垂的叶状体，而道格拉斯山楂的叶子有一两英寸长，看似薄弱，摸一下才发现不一样。（如果你研究一下这些“小型发电机”上的纹理结构，你就会明白，自然界的树叶是如何启发人类在 2011 年发明出用塑料制成的新一代弹性太阳能电池。）然而，使得瓦蒂萨属植物更接近于树木而不是蕨类的却是它的树干。虽然它的顶部直径只有五六英寸，底部直径只有 20 多英寸，高度却能达到 26 英尺。瓦蒂萨属植物能长到这么高，主要是由于两个原因：首先，它的树干细胞像现代的树木一样紧密地排列，彼此间一种叫作木质素的超级有机黏合剂粘在一起，木质素可以增强细胞壁中纤维素的力量。（如果没有木质素，细胞只能以柔软的细丝的形式存在——每年七月下毛果杨飘洒的纷纷扬扬的杨絮就只有纤维素而没有木质素。）茎中没有木质素的维管植物在干燥时会先下垂，继而萎蔫。但是，树木即便遭遇干旱，也会挺立在原地，直到再次得到水分，这是因为它的纤维足够坚硬和顽强。（纸和人造丝不过是对除去了木质素这种黏合剂的纤维重新进行排列而已。）

瓦蒂萨属植物与现在的树一样，主干的中心部位由心材构成。虽然叫这个名字，但心材实际上是已经死亡的物质，包裹在周围的边材才是有生命的，边材中含有输送营养物质的导管。边材外围是形成层，组织中含有的干细胞既可以向内形成边材，也可以向外形成树皮。虽然我们不可能证实，不过山楂树很可能比当初的瓦蒂萨属植物坚硬很多倍。一般来说，像山楂树这类生长缓慢的树木要比像垂柳这类生长迅速的树木更为致密和坚硬。

山楂木究竟有多硬呢？判断木材硬度的标准测试是詹卡测试（Janka test），该测试于 1906 年由奥地利研究者加布里埃尔·詹卡（Gabriel Janka）发明，多年来经过了改进。方法是取一块经过整饬的“整洁”（也就是没有节疤）的心材板，然后把钢制的球形压头压入木板中，直到压入的深度等于钢球的半径为止。这个过程所需要的力的大小会以数字形式记录下来——数字越大，说明木材越坚硬。位于威斯康星州麦迪逊市的美国林业局林业产品实验室提供了一张木材硬度表，上面列出了260种受到测试的不同木材。（该实验室一项令人瞩目的成就是，检验出了2008年美国棒球大联盟[Major League baseball]球棒断裂数量高得异常的原因是用来制作球棒的槭木的纹理排列出了问题。）[7]

不过，该实验室的詹卡表上却没有山楂木。实验室的植物学家迈克尔·维曼（Michael Wiemann）告诉我，这是因为山楂树并没有被视为商业木材。对于家具和地板制造商来说，詹卡测试极其重要，因为它显示了产品在抗断裂和抗磨损方面的性能。不过，正如之前所说，山楂木细瘦多瘤，所以一般只作装饰用。维曼还推测，当初进行詹卡测试的时候，人们可能也把山楂木的样本放到了球形压头的下边，但是，就像同样不在列表上的许多种胡桃木一样，山楂木在干燥环境下很容易出现裂痕，所以很可能并没有相关数据。[8]（我直接考虑过砍一棵道格拉斯山楂树，找个人来检测一下。为了避免裂痕的问题，我可以取一份绿色的心材。虽说詹卡硬度测试要求样本在测试前按标准应达到12%的含水量，不过，我可以通过公式来算出山楂应有的数值，并与其他一些硬木进行对比。但是，既然我已经放弃童年时期的天主教信仰，转而接受了另一个迷信体系，如今我可不敢冒险去杀害一棵山楂树。）

要测量山楂木硬度，一个退而求其次的方法就是借助比重相对密度。这种方法是用绿色的心材排出的水量除以同一样本干燥后的重量，从而确定木材的密度。要知道山楂木的比重，我并不需要砍伐任何一棵道格拉斯山楂树，因为该属的好几个种的相对密度已经由那些显然不顾忌杀害山楂树的人测量过了。虽然道格拉斯山楂这个种并不在测量之列，但是所测得的那些山楂种类的数值相差很小，所以我估计我们家里的这个物种与那些有记录的相差不远，比重都在 0.78 左右。[9] 如果不跟其他种类木材的比重进行对比，这个数字也没有意义。全世界最硬的木材是铁梨木，出自加勒比地区一种矮小且生长缓慢的树，其比重是 1.26，即便在完全干燥的情况下，它也会在水中下沉。北美洲最硬的木材之一是桑橙木，其密度是 0.85。山楂木比用来制造球棒的糖槭木（0.63）、我们家附近的毛果杨（0.30）、房子里地板上铺的红花槭木（0.49）、世界上最轻软的木材——轻木（0.18）以及北美洲其他 600 多种树木中的大多数都要坚硬。

瓦蒂萨属植物是无性生殖的。它通过释放单细胞的孢子来繁殖；孢子落到适宜生长的地方，就会变成一个多细胞的生命体，也就是另一株瓦蒂萨。如果它的繁殖方式与现在的蕨类无异，它的孢子将是包在一个被称为“孢子囊”的封闭的囊中。叶状体背面覆盖着精细小巧的装置，叫作环带，孢子囊就在环带末端。当环带在一次有力的两步运动（two-step motion）中展开时，孢子就会被弹射出去，然后乘风而行。这种繁殖的方式与精子和卵子的结合不同，其优势在于，孢子在等待降雨或水分的时候可以生存很长时间。而劣势则是，孢子所繁育出的后代都是亲本的克隆体，因为缺乏多样性，可能难以适应环境，从而不能生存下去。

山楂树演化出了三种不同的繁殖方式。一种是通常的有性授粉。一棵树上花的雄蕊产生花粉，然后由昆虫、鸟类或风传到另一棵树上花的雌蕊柱头上，通过一根叫作花柱的管道进入子房，让卵细胞受精。之后，受精卵发育成有肉质果实包被的种子。

有些种的山楂也可以自花授粉。但还有很多种山楂可以通过孤雌生殖的方式产生下一代。这个过程叫作无融合结籽(agamospermy),也就是指某些开花植物在没有雌雄结合的情况下产生后代的无融合生殖。某一天,子房开始膨大,很快,树上产生名叫“小坚果”(nutlet)的可育的种子,等着知更鸟把它散播到远方,然后长出新的山楂树。这些树是母体的克隆,遗传特征在各方面都一模一样。(不过,特别奇怪的是,有些孤雌生殖还是需要花粉接触子房后才能开始。)从演化的角度来讲,无融合生殖有利也有弊。一方面,它让某些山楂可以像别克汽车生产线一样大规模生产,但另一方面,一代代都是克隆体,缺乏多样性,最终会使物种走入一个死胡同。然而,无融合生殖的树有时也会恢复有性生殖来避免灭绝的命运。孤雌生殖也许是植物在没有传粉昆虫或互相授粉的异性的情况,不得已才演化出来的。

无融合生殖给一些山楂带来了其他植物所不及的优势,同时也给通过物种来辨认属的植物学家带来了噩梦。部分问题源于美国早期分类学者们的工作失误。其中一个例子是查尔斯·斯普雷格·萨金特(Charles Sprague Sargent),他鉴定了好几百个“新物种”。萨金特出生于1841年,家境优越。他毕业于哈佛大学,并曾在美国南北战争中服役,之后回到故乡,在自家130英亩的庄园中当了一名自学成才的园艺学家,当时这在美国是种新职业。他并不像当时流行的那样,把园圃和灌木丛修剪成规整的几何形人工景观,而是用富有野趣的林木、蜿蜒的小径和英尺高的杜鹃花丛创造了一种更为天然的景致。1872年,他被任命为哈佛大学在波士顿新建的阿诺德树木园的主管。自1882年到1888年间,他出版了内容丰富、影响深远的关于树木的集大成之作:《北美林木》。而在萨金特与其他两位植物学工作者威廉·维拉德·阿希

（William Willard Ashe）和昌西·比德尔（Chauncey Beadle）把注意力转向山楂属时，后来研究山楂的学者们的麻烦就开始了。在 1896 年之前，分类学家描述了大约 100 种北美山楂，但到了 1925 年，这份名单就被夸大到了将近 1100 种。增添的一半以上都是拜萨金特所赐。他对种的区分是基于花、叶、树皮和果实的细微难解的差异。后来的植物学家花了好几十年才搞清，萨金特所定的许多“种”并不是不同的种，只是彼此间存在微小的变异而已。几十年后的植物学家这样形容萨金特开创的局面——“一锅稀里糊涂的巫婆汤”，以及“分类学的灾难”。[10]

首先，萨金特不清楚无融合生殖，尤其是山楂的这一特性：每一代在克隆自身的时候都会将一些细微的变异传给后代。而一位雄心勃勃的分类学家很可能把这些解读为发现新物种的证据，这样他说不定能以自己的名字为之命名。当萨金特面对着一大丛彼此间似乎相关联，但又体现出许多微小差异的山楂灌木时，公布新发现的喜悦很可能把他带偏了。他同样没有意识到，有性生殖的山楂在交配时十分“混乱”，它们可以和其他的种产生出杂交后代。“黑暗英亩”的道格拉斯山楂是“自交亲和”的——它们可以自花授粉来结籽，同时也能进行无融合生殖。道格拉斯山楂花朵中的 10 根雄蕊被用作区分这个种与类似种苏克斯多夫山楂（*C. suksdorfi*）的标志，后者有 20 根雄蕊，以西北太平洋地区的植物学先驱威廉·尼科劳斯·苏克斯多夫（Wilhelm Nikolaus Suksdorf）的名字命名。

山楂同样可以借助人类的力量来繁衍。我们可以通过插枝的方式来种植山楂树。不过这种方式需要好几个星期，而且条件必须达到“完美”——但所谓的“完美”条件到底是什么却无人知晓。简单一些的方法是把一种山楂的枝条嫁接到另一种山楂，甚至梨树、欧楂树或榅桲树的树干上（反之亦然），这些树都属于蔷薇科，亲缘关系很近。山楂属可以在它的表亲们所厌弃的贫瘠土壤中茁壮生长，这使得它可以成为强壮的砧木，作为边材来为两种不同的植物提供水和养分。这样，人们就可以在更多的地方种植果树，而且可以更灵活地更换果园中的作物，不用移除所有旧的果树再等待新树长成，只需嫁接新的枝条就好了。嫁接树木的果农会小心地选取土生土长、在当地不知繁衍了多少代的皮实的山楂。而喜欢冒险的嫁接者甚至能搞出“独木成园”的奇观——同一棵山楂树上竟能结出各种果实，包括梨、欧楂、榅桲和各种山楂。榅桲属于梨果，看上去也很像梨，不过在烹饪之后才能食用。欧楂的味道很甜美，但是只有“烂了”，或是经霜后变成棕色时才能吃，所以它可能是果园中最晚收获的果子。榅桲只有两种，一种是早在三千年前，在它的原产地土耳其驯化的；另一种则是发现于阿肯色州的罕见的濒危物种。之前认为这种榅桲是山楂的一种，直到1990年人们才发现，这种斯特恩榅桲其实是榅桲和山楂杂交的产物。它在幼年时期有山楂一样的尖刺和枝叶，成熟以后却能结出榅桲一样的果实。[11] 它是怎样来到阿肯色州的呢？这个问题的答案就无人知晓了。

除了像弗兰肯斯坦一样收集不同的部分制造新生命所带来的新奇感和挑战感之外，还有什么原因会让人用一棵山楂来嫁接另一棵山楂呢？一个很好的理由是，这样结果的速度更快。如今，美国南方越来越多的果树栽培者把夏花山楂（*C. aestivalis*）这一品种嫁接到普通山楂的砧木上去。（所谓的“品种”是指同一个物种内人类依照自己的喜好选出的具有某些特性的植物。人们会让它们反复杂交以增强那些特性并使之稳定下来。夏花山楂的优良特性就在于其果实的大小和味道。)商业种植的夏花山楂果实直径可达一英寸，色泽艳红，含有丰富的果胶——一种天然的胶凝剂(jelling agent)——而且味道不错，可以用于制作馅饼、果酱、果冻、果丹皮和用来酿酒。美国南北战争之前，南部就有人种植。如今它再次回归，并开拓了更广泛的市场。在北美洲，不仅仅被用作应急储备粮的山楂只有两种,而其中一种就是夏花山楂。[12]

另一种受人珍视的山楂果来自墨西哥山楂(*C. mexicana*)，这种山楂原产于墨西哥高地与危地马拉高原高地，阿兹特克人称它为 *texoctl*，而在这些国家，如今人们依然称之为 *tejocote*。墨西哥山楂果的颜色从铬黄色到铜橙色都有，直径可达两英寸。如果生吃的话，墨西哥山楂和大多数其他山楂并没有什么区别，都是淡而无味的；但如果做熟了的话，就会变得又酸又甜，让人想起李子和杏的味道。像夏花山楂一样，墨西哥山楂在烹煮之后会产生浓稠的果酱，这是因为果实中富含果胶。墨西哥山楂是墨西哥在圣诞节和新年饮用的传统热潘趣酒 ponche Navideño 的主要原料，其他成分还有粗制糖、肉桂、番石榴和其他水果。在 10 月 31 日到 11 月 2 日的亡灵返乡节中，人们会把山楂和辣椒粉制成的糖果献给故去的亲人。用山楂果制成的玫瑰念珠(Rosaries)会被用来装点祭坛，而在每年 10 月 12 日从瓜达拉哈拉出发的朝拜萨波潘圣母的朝圣之行中，信徒们会在脖子上戴上山楂果串成的项链，使得整个仪式都充满了玫瑰和苹果的香气,同时在长达五英里的路程中提供了点心。

对于数量众多的墨西哥人和墨西哥裔美国人来说，山楂果因其象征意义而在他们的节日体验中扮演了非常重要的角色。因此，每到圣诞节，美国加利福尼亚州边境海关就要打起百倍的精神，防止人潮中企图把墨西哥山楂偷运入境的不法分子。墨西哥山楂上可能携带有原产于中美洲高原的果蝇，一旦入境，就会给加州的果业带来灭顶之灾，因此偷带行为是非法的。2002年到2006年间，在美国农业部截获的非法水果清单上，墨西哥山楂一直高居榜首。在1997年的一次突击检查中，执法人员从洛杉矶市中心的农产品区和当地其他市场总共没收了9000余磅新鲜的墨西哥山楂，每磅的价格可达8到10美元。[13]

解决走私问题的办法很简单：让加利福尼亚也能供应墨西哥山楂，走私者就没有市场了。但发展出本土供应商并不简单。自1868年加利福尼亚引进墨西哥山楂以来，人们也尝试过进行栽培，其中最引人注目的当属路德·伯班克（Luther Burbank），在1800年代末他在索诺玛郡占地15英亩的实验农田里做了尝试。伯班克堪称加州农业的指路明灯，他引进了800余种有商业价值的农作物，包括李子、西梅、爱达荷马铃薯的前身、他那颇负盛名的大滨菊、没有木刺的黑莓，还有可以用来喂牛的无刺仙人掌。不过，伯班克的六万多次植物大冒险也培养出了怪物。比如，有一次他用山楂和其他蔷薇科植物的花粉给加利福尼亚悬钩子（*Rubus ursinus*）授粉，悬钩子开出的花很多，果实也是典型的树莓般的浆果。于是伯班克从中取出种子，待其发芽，幼苗长大以后开出的花朵有红、白，还有粉红，丰富多彩，彼此不同。但这5000多棵新的植物中，最终结果的却只有两棵，而且果实外表丑陋，且让人难以下咽。当他想从果实中取出种子，用来培养出更吸引人的下一代时，却发现果壳中空空如也，什么都没有。[14]

伯班克在1914年写道，山楂"这种灌木极有价值，经过人工选育，品种非常有希望得到改良，产出更为美味的果实……我已经用山楂做了一些有趣的实验，不过其他人在这一领域依然有大把的机会。实际上，开发这种果实的工作还只踏出了千里之行的第一步”。这里他所说的很可能是墨西哥山楂：直到今天伯班克的金岭农场中还长着一棵墨西哥山楂呢。不过，它旁边就有两棵杂交的山楂（*C. pinnatifida*），这种原产自中国的山楂极其美味，果实艳红，直径约一英寸。伯班克认为，经过他改良的山楂果总有一天会受人追捧，不逊于加州丰饶的果园中产出的任何一种水果。不过，一个多世纪以来，他的观点尚无人苟同。[15]

20世纪90年代晚期，在美国农业部针对墨西哥山楂发起一次突击行动之后，一位农产品商贩询问墨西哥裔美国果园主詹姆·塞拉托（Jaime Serrato）是否有兴趣为美国市场提供这种水果。2000年，塞拉托在圣地亚哥郡把一株消过毒的墨西哥山楂嫁接到灌木丛的砧木上，他在那里种植了番石榴、甜青柠，还有其他异域水果，都是美国政府禁止从墨西哥进口的。四年之后，他从没有尖刺的品种上第一次获得了收成。到2010年，塞拉托农场成了全美最大的墨西哥山楂种植商，35英亩土地上的收成在各个零售商那里都有出售，比如“极上杂货”(Superior Grocer)、“塔皮亚农产品”(Tapia Produce)。想要亲自种植苗木的人可以从南加州的几家苗圃购买。然而，这个虽小却有利可图的市场也面临着威胁，因为墨西哥政府请求美国批准墨西哥果园主向美国出口经紫外线照射消毒且保证不含病虫害的新鲜山楂，而从墨西哥的商业果园进口的大多数作物卖给零售商，每磅价格不超过一美元。塞拉托署文反对这项计划，声称墨西哥的果蝇问题非常普遍，高达30%的作物都被害虫糟蹋，他还暗示，不可能保证果品在运输过程中不染上病原体。在他写这份文件的时候，美国农业部已经完成了对墨西哥政府所提请求的评估，但还没有做出决策。[16]

山楂树还有另一种更神秘、更难以被外人理解的用途，那就是用于创作盆景艺术。这门艺术由中国传入日本，并推广到了全世界。山楂的生长速度很慢，摆弄它需要耐心，不过，对于盆景艺术家来说，山楂树盆景非常引人入胜，因为其枝干很容易就能弯曲成富于美感、悦人眼目且意境清远的样子，令观者内心平静。2003 年，英国园艺家格拉厄姆·波特（Graham Potter）从威尔士的一处树篱中挽救了一棵上百岁的单子山楂，当时这里正在实施栖息地恢复计划，那棵树原本是要被清走的。他把那棵树种在传统的粗陶花盆里。在记录他给这棵矮小的树改头换面的视频中，他解释道，“山楂树真的很怕伤根。所以我个人的偏好是，先把它放在陶盆里适应五到十年。”早春时节，山楂的叶子还没有萌发，枝干又短又粗，只有三英尺高，顶上的枝杈全被砍了，留下光秃秃的、满是尖刺的枝条在那里耀武扬威，纠结成一团。这些东西在我内心激起的情感不是宁静，而是烦躁。[17]

在视频中，波特在把这么一根不堪入目的地精般的山楂树改造成艺术品时，第一步是把最近一次剪枝后孳生出来的细长的树枝都剪掉。接下来要做的就是解除山楂树的武装。波特解释说：“如果不去除这些刺的话，到完工的时候，我们流的血都能没过膝盖了。”接下来，波特用一种叫作“獀犬”的电动雕刻工具来修理树干顶部被电锯弄出来的扁平而其貌不扬的切口，然后用柔软的粗金属丝裹住树冠，通过扭曲和拉拽，形成盆景所需的大致的形状。下一步是用钢索把较大的树枝拉近树干，让树枝旧貌换新颜。虽然这些手段看上去富于侵略性，但却能让树木生长得更加茁壮。“在盆景艺术中我们会引导树木变得更美，”波特说，“而不是强迫它屈服。”他相信，成功的秘诀在于尊重自然，合理地施以艺植，而不是自负才高，偏要斫正锄直。

两个月之后，山楂树就会生出许多柔嫩的枝条。波特说，现在就是修剪新枝的时候了，不能等它木质化，或者说等它变得坚硬了再动手。美国红枫和榔榆也是盆景常用的树木，但山楂树与之不同，它对早期的修理有很强烈的反应，会滋生出大量的新枝叶。最后，波特会剪断所有垂直的枝条，它们叫作“徒长枝”，是从老木头的芽苞中长出来的。对于刚刚铺好的树篱而言，这些枝条是大受欢迎的；但在盆景中，必须剪掉它们，好让树木把精力集中在花和果实上。波特告诉我，过完整个生长季，他就会除去铁丝，那时，枝叶就会各就各位，保持固定形状，而且丝毫不会显露出用铁丝捆绑过的痕迹。[18] 波特所换来的成果就是一株完美无缺的微缩树木，形状像翩翩起舞的芭蕾女演员，头上戴着花，双臂高举过头，仿佛舞蹈演出正达到最高潮。

*　　　　*　　　　*

在树的演化过程中，一个关键事件就是种子的发展。孢子曾经是，现在也依然是植物的一种成功的繁殖手段，因为亲本可以繁衍出大量与自己一模一样的后代，而且即便在恶劣的环境下搁置很久后也能萌发。在泥炭纪，也就是全球的煤炭矿藏开始形成的时期，植物尸体先是分解为泥炭，再在地质作用下形成煤。那个时候，一些靠孢子繁殖的植物，比如鳞树，能长到 130 英尺高。但是，除非风把孢子带到潮湿且有阳光的地方，或即将达到这种环境的地方，不然，孢子最终还是会死亡。（在我看来，孢子就好比一个顽皮的小孩，逃学在密苏里河的河漫滩上漫无目的地闲逛，没有特定的地方想去，只是四处找乐子。）但是种子却不一样，它随身带着“干粮”——脂肪、蛋白质，还有碳水化合物。（就好比我一样，当初童子军的经历让我有了一些组织性、纪律性，所以我会定好目的地，为这趟为期四天的远足打好背包，然后再出发。）在种子离开树的时候，它的胚已经发展成了足以立刻生长为一棵树的结构。不过，除非种子感到身边的环境足以令自己成功地长大，否则它是不会萌发的。这个等待的过程可能长达数年，原产于北美洲较寒冷地区的山楂要在土里经过两个冬天才会萌发。

每年七月末，我们的道格拉斯山楂就成熟了。紫黑色的果实直径有 3/8 英寸，里面有四到五粒微小的种子，大约和葡萄果仁麦片里的颗粒一样大。在原产于爱尔兰的单子山楂中，一个果实里只有一粒种子；而彩叶山楂（*C. laevigata*）的果实中则有二到三粒种子。不过无论如何，这些小坚果都不适合食用。山楂的种子是小坚果（pyrene），里边一小部分是胚，另外就是在内果皮的保护之下的植物的“粮食”。这与藜麦、无花果以及向日葵之类植物的种子正好相反。与蔷薇科的其他成员，比如杏类似，山楂包裹在内果皮之下的种子中含有少量叫作苦杏苷（amygdalin）的化学物质，通过人类小肠中酶的新陈代谢作用，苦杏苷会产生氢氰酸。苦杏苷同样是苦杏仁素（laetrile）的来源，曾被吹捧为抗癌神药，直到后来法医鉴定出它是好几起氰化物中毒致死案的元凶，而临床试验也证明，它在治疗疾病方面完全没用。山楂的内果皮在人类的消化道中停留 30 到 40 个小时是不可能分解的——这段时间是在熊的消化道中分解所需时间的1/3——如果你不是熊，实在没什么好理由去吃它。在把山楂果加工为食品时，一般都会先把种子除去。

* * *

撰写《旧约》的寓言家们相信，在夏娃让亚当吃下禁果之后，上帝大发雷霆，并诅咒他所造的那些犯了罪的人类。“你既听从妻子的话，吃了我所吩咐你不可吃的那树上的果子，地必为你的缘故受咒诅。你必终身劳苦，才能从地里得吃的。地必给你长出荆棘和蒺藜来，你也要吃田间的菜蔬。”（《创世记3:17》）《旧约》和《新约》中多次提到了荆棘，不过，除了限制动物进入、保护葡萄园的功用之外，几乎没有赋予“荆棘”任何正面的含义。绝大多数情况下，人们都厌恶荆棘的存在。“就如一块田地，吃过屡次下的雨水，生长菜蔬合乎耕种的人用，就从神得福。若长荆棘和蒺藜，必被废弃，近于咒诅，结局就是焚烧。”（《希伯来书6:7》）《圣经》中最富象征意义的荆棘，莫过于耶稣受难时士兵在他头上戴的荆棘冠了。（下一章中我将对此进行详述。）

当然，荆棘并不是专为了骚扰人类才被发明出来的。植物早在4.2亿到3.7亿年前就演化出棘刺了。这些带刺的早期物种之一是镰蕨（*Drepanophycus spinaeformis*）。这种植物不到三英尺高，靠孢子繁殖，植株上布满了向上翘的短刺，很可能非常尖。这些刺应该被归为“脊”（spines）而不是真正的刺，因为它们是由叶子演化而来的，而刺是后来由茎演变而成的。[19] 还有一种刺叫作“皮刺”，比如蔷薇的刺，则是植物表皮上的突起。这些早期的刺用途尚不明确，科学家认为，它们可能是用来收集露水的。另外，出现镰蕨的沼泽中也发现了大批有一匹马那么长的长着八条腿的甲壳类动物，植物演化出尖刺，可能是为了避免被吃掉。这也是关于现代棘刺植物的最流行的理论。不过，开花植物长刺，也就是拥有末端尖锐的硬毛（bristle）的确切机制和作用，依然是科学家们激辩的话题。

即便拥有尖刺，植物也有可能被吃掉。每到春天，鹿就会来到我们的道格拉斯山楂树底下，斯斯文文地咀嚼嫩叶；而在不列颠和爱尔兰，被铺设的树篱所限制的牲畜也会把这些有生命的篱笆中的山楂树和黑刺李当成点心。在纽约州中部的牧场，奶牛会用牙齿给山楂树和野苹果树“雕刻”出“造型”，而这些野苹果树不同于果园里的品种，是有刺的。这些树呈现出明显人工修剪过的碗形或圆锥形，是牛群年复一年“修剪”——细嚼慢咽、啃食枝头嫩芽——的结果。这个过程让树木萌发出了更多的新枝，这些树枝很短，上边满是尖刺，彼此交错缠绕在一起，形成一个浓密厚实的壳，把树保护在里边。持续不断的“修剪”使树木常年处在灌木的阶段，因此有“牛盆景”（bovine bonsai）之称。不过，一旦树木最终成长起来，达到牛再也够不到的高度，树冠就会在垂直方向上放纵肆意地生长，并形成沙漏形。在放牛的牧场上一般只有山楂树和苹果树生长，因为其他种类的树早已葬身牛腹了。然而，其他木本植物，比如稠李和白蜡树，会利用山楂树和苹果树提供的避难所，并在巨壳中扎下根。而牛群吃下山楂和苹果之后，种子也会随着粪便被排到远方，并从牛粪中汲取营养。牛通常不会去碰从自己粪便中长出来的植物，至少在一段时间内，这就给了山楂和苹果更大的优势。再者，牛并不喜欢尚未长刺的山楂幼苗的味道。在苏格兰进行的一项啃牧习性（browsing habits）研究发现，在11种不同树木的幼苗中，牛最不喜欢吃的就是山楂幼苗，而最爱则是橡树苗。[20]

一棵植物如果长刺的话，就势必占用本来可以用于生产更多果实和种子的能量，从而减少留下后代的可能性，所以这一切是为了什么呢？约克大学教授柯林·毕尔（Colin Beale）就提出了这样的问题：“要是尖刺没有作用的话，那么长它做什么？”毕尔研究了非洲稀树草原上许多种啃食树叶的动物的行为，他注意到，那里几乎每种植物都是有刺的，而食草动物在植食行为（即食用植物的行为）中采用了两种不同的策略。第一种策略是把整根树枝咬下来——木头、尖刺、树叶等；另一种策略则是细嚼慢咽，完全避开尖刺，小心翼翼地咀嚼其中的嫩叶，一个例子就是长颈鹿，它会用它 20 英寸长的灵巧的舌头从全副武装的金合欢树上把叶片温柔地取走，这是它最喜欢的食物。不过，毕尔在仔细观察后发现，动物在“修剪”时其实只是趁尖刺尚且柔嫩的时候吃掉枝条最尖端的那一小段。[21]

毕尔告诉我，棘刺虽然不能杜绝食草动物啃食植物，却多少能有所抑制。“尖刺能使鹿的进食速度慢下来，”他说，“有足够的证据显示对山羊和绵羊也是如此。”毕尔指出，如果研究者们把树上的尖刺全都除掉的话，动物们会啃食得更迅速、更彻底。实验显示，树木通过长出更多的尖刺来应对大规模的啃食。人们以为，当树木得到肥料的时候，它会用这些额外的能量去生长更多的枝叶，然而，实际上它长的是更多的刺。这也是很有道理的——树长出的美味可口的部分越多，它被吃掉的可能性就越大。荒漠和稀树草原中生长的植物通常有刺，是因为在干旱的气候下，重新长出枝叶所需要的时间实在太长了；那么，在爱尔兰、诺曼底还有不列颠那气候温和湿润的广阔地带，又为什么会有那么多山楂树呢？这些是人类种植的结果。山楂树几百年来其实都受益于自己与放牧的牲畜之间的关系，因为动物们会吃掉山楂树的竞争者，还会通过啃食来“修剪”山楂树，使之更加繁茂。[22]

就像毕尔指出的那样，植物劳心费力地生长尖刺，这样它才能提醒食草动物：我可是带着家伙的！别等被咬了再后悔！有些山楂树上刺的颜色比枝条鲜艳得多，这也是为了警告动物。比如我在蒙大拿州中部收集的肉山楂（*C. succulenta*）就是这样，它不仅每英尺的枝条上都生有十多根两英寸长的刺，而且刺上还长有倒刺，这些刺都是华美的酒红色泽。另外，刺的表面就像打磨过一样光滑，这样，它扎进皮肉时所受的阻力就减到了最小。道格拉斯山楂每英尺的枝条上，也有六七根长一英寸半的光滑的紫色尖刺。相比之下，在爱尔兰东南部看到的相对娇贵的单子山楂身上，我发现每英尺的枝条上有大约十根半英寸长。尖端呈暗红色的刺，而道格拉斯山楂在幼苗时期，嫩枝也是一种深厚的暗红色，所以鹿和马可能会把嫩枝也当成刺。这种视觉上的警告叫作警戒色。典型的例子就是臭鼬身上的黑白条纹，还有剧毒的银环蛇身上明艳的红黄斑纹。

山楂属的某些物种不仅把满腔热情投入到防御上，而且更进一步，转守为攻。以色列的研究者们检查了在迦密山上收集到的刺山楂（*C. aronia*），这种山楂的果实呈黄色，直径约为一英寸。研究者们的发现令他们毛骨悚然。山楂的刺在幼嫩时呈红色，成熟后变为灰色，表面覆盖着生物膜，其成分是尖刺分泌出的一层坚硬的糖衣保护着的菌落。基因研究表明，在山楂树和另一种有尖刺的植物枣椰树上，有超过 22 种微生物。[23] 其中有 13 种可以导致人或动物患病，包括炭疽、痢疾、破伤风，

肉山楂（*Crataegus succulenta*）。作者在蒙大拿州中部采集到这根枝条，上面还残余着一些叶片和果实。刺长两三英寸，上面附有倒刺。

（作者绘制）

以及坏疽。也许可以得出结论，这些树之所以全副武装，不仅仅是为了吓退掠食者，而且是要把来犯之敌消灭掉。有些尖刺上还有真菌，只有在刺入人或动物体内时才会造成感染，让本来就可能致命的伤势变得更加严重。其中一种真菌会导致着色芽生菌病，这是一种皮肤病，多见于热带地区，可能引发象皮病。另一种在全世界都很普遍的皮肤病是"玫瑰园丁病"(rose gardener's disease)，真菌会从尖刺或芒刺造成的伤口进入人体，然后使患处变成粉紫色。

山楂刺还会导致滑膜炎，这是风湿病的一种，会使关节内层(lining)发炎。受害者一旦被刺中像指关节这样的部位，拔刺时又没有清理干净，留了一小截在伤口里，就很容易发病。人体组织一旦遭到外来物质的入侵，就会做出相应的反应——伤口红肿、发热、疼痛。在被刺伤后几天或几周内，这些症状很可能都会出现。如果刺入人体的碎片没有经过外科医生清理，最终可能就会导致慢性关节炎，行动不便，最后整个关节都废掉。[24]我们的边境牧羊犬克拉拉就遭到了这种噩运，它最终死于中风，而在此之前，我们谁也不知道，它的一处腕关节竟然被一根山楂刺扎到了。从那时起，它就不怎么用那条腿了，后来肩膀都萎缩了。

这些有刺的植物用攻守兼备的方式保护自己的同时，食草动物也形成了避开尖刺、吃掉枝叶的策略，因为它们别无选择。这也是植物与植物之间的战争。以稀树草原为例，防护较少的植物要比那些披坚执锐的植物更多地暴露于食草动物的唇吻之下，更容易落得枝叶不全的下场。1973年，生物学家利·范瓦伦(Leigh van Valen)把这种不断升级的对抗比作演化中的军备竞赛，就像冷战时美国和苏联疯狂地竞相建设最大的核武器库，结果两国都没有从中受益(虽说我的父亲就是靠检查导弹发射塔这份工作来养家糊口的)。带刺植物应对被吃掉的命运，策略就是长出更多匕首般的尖刺，以及更不容易被吃到的小叶片，而食草动物对尖刺的反应则是演化出又细又长的舌头和特殊的取食技巧；于是，树又在尖刺上培养了病菌，相当于给匕首淬了毒。道高一尺，魔高一丈，两者就这样你追我赶地演化着。这就是“红皇后假说”：环境是永远变化着的，与自己敌对的生物也是不断变化着的，而生命体对这些变化永不停止的适应过程就是演化。这一切的唯一目标就是生存。（“红皇后假说”得名于刘易斯·卡罗尔 [Lewis Carroll] 在《爱丽丝镜中奇遇记》中红皇后对爱丽丝说的话：“在我们这儿，要保持原地不动，你得跑得飞快。”）一个极端的例子就是合欢荆棘树（*Acacia drepanolobium*)。有些金合欢树的刺无法阻止食草动物或是被无视了，相应地，它们就会在叶片中灌注毒液来赶走天敌，但这个物种使用的策略却有所不同，它为蚂蚁提供含有大量糖分的花蜜，还会在白色棘刺的底部生出膨大的空心球，为蚂蚁提供容身之地。而蚂蚁也“知恩图报”，当大象在树上觅食的时候，它们就会从球中的巢穴里出来，一拥而上，攻击来犯的巨兽。蚂蚁们会爬到大象的眼睛和鼻子里边的黏膜上，然后拼命蜇咬。大象特别害怕这些微小的昆虫，只要一看见它们，这个庞然巨物就会退避三舍。肯尼亚的研究者做了一个实验：用浓烟熏走树枝上的蚂蚁，大象立刻无视尖刺，毫无顾忌地吃掉了枝叶。[25]

另一种理论认为，如今山楂树之所以会被啃食，是因为它们的尖刺本来是为了抵挡那些现在已经不复存在的动物而演化出来的。在大约 13,000 年以前，北美大陆的统治者是巨型的哺乳动物，比如形似大象的嵌齿象，披着长毛的猛犸，13 吨重的大地懒，还有 2600 磅的骆驼，一共 40 余种大型哺乳动物，如今已经永远离开了我们。现在斯文的白尾鹿，也就是“小鹿斑比”会仔细地避开尖刺，小心翼翼地把道格拉斯山楂的叶子咬下来吃，因为尖刺对于它们来说太粗疏了；然而，史前的贝希摩斯巨兽却有着大得多的巨口。* 科学家相信，它们根本吃

* “贝希摩斯”是《圣经》中提到的巨兽，传说它是陆上的一切动物中最大的。

不到尖刺中的树叶，而如果它们把树枝连叶带刺吞下去的话，就一定会受伤。因此，巨兽会避开这些带刺的植物，去找容易吃到的对象。因为 13,000 年对于演化而言不过是弹指一挥间，所以，山楂依然在防备巨兽的侵犯，虽然这份努力已经毫无必要了。（也许这就是为什么山楂看上去仿佛见了鬼一般——它们在警惕着巨兽的幽灵。）

我们的老朋友桑橙树也是如此。你可能见过这种奇怪的树在秋天的样子——周围落了一圈葡萄柚大小的果实，也就是所谓的“树篱果”。你可能会奇怪，为什么飞鸟和走兽会白白地浪费食物呢？桑橙的果实停留在原地无人问津的原因是唯一以它为食物的动物已经灭绝了。（公平起见，我还是得说一句，桑橙的种子其实是可以吃的，不过你得先花上半天时间，把它从味道像化学药品一样的果肉中剥出来。）这也许就是（桑橙 *Maclura pomifera*）这个种在自然界中的分布范围越来越窄的原因，曾经它遍布北美洲的大部分地区，如今却只剩下了美国南部狭窄的一小条分布带，而桑橙属也由七个物种衰落到了一个。演化史上这种不合时宜的例子还有叉角羚，我见过它们以每小时 50 英里的速度在蒙大拿的草原上飞跃。与它的速度相比，想要吃它的食肉动物，比如狼、熊和美洲狮，就好像是拖着脚步的混混一样。所以，叉角羚跑得这么快有什么用呢？总不能是单纯为了好玩吧？也许答案是，叉角羚曾经是如今已灭绝的北美猎豹（*Miracinonyx*）的猎物，它的速度就是那个时候“训练”出来的。

* * *

7000 万年以前，连接如今的西伯利亚与阿拉斯加之间的那一大块地在大陆板块永不止息的漂移运动之下形成了。这一区域就是今天的白令海峡，当时，它满足次大陆的所有标准。因为降雪相对较少，这块寒冷、贫瘠的陆地在地球的第五次大冰期中从来没有被冰川所覆盖（严格来讲，最近的这次冰期至今依然没有过去，因为格陵兰与南极至今仍覆盖在冰雪之下）。于是，白令陆桥就被很多生物当作避难所，成了冰天雪地中的香格里拉。它从北到南有一千多英里，从堪察加一直横亘到育空河，绿草葱茏，生机勃勃。在冰川形成过程中最冷的时段里，大量的水冻结在冰原中，以致当时的海平面比今天要低 360 英尺。随着冰河时代结束，白令陆桥也被水淹没了，不过在地球上较冷的时期它还是会重新出现。类似的大块陆地在东南亚以及欧洲大陆与不列颠和爱尔兰之间也反复地出现又消失。与此同时，动物和植物群经过白令陆桥从欧亚大陆迁徙到了北美洲，而北美洲的物种也用白令陆桥作为中转来到了欧亚大陆。马和骆驼就是从美洲东来的引人注目的旅行者，虽然它们在欧亚大陆上获得了成功，但是留在美洲的后裔却灭绝了。而人类则是移民到美洲的最成功的物种之一。[26]

山楂也是迁移植物中的一员。一般认为，山楂是在 5600 万前到 3400 万年前的始新世期间逐渐由中国途经白令海峡扩张到美洲的。而在 2300 万前到 500 万年前的中新世期间，又发生了三波迁移的浪潮，其中两波很可能是朝着相反的方向。当时山楂就像现在一样，利用鸟类和哺乳动物来四处散播，并且在红皇后永不止息的舞蹈中与动物们建立了协同演化的关系。华盛顿州中部偏北的位置盛产化石，在那里的一处页岩岩床上，古生物学家发现了一块美丽的山楂树叶化石，而附近也有很多其他植物和鱼类的化石，被称为“石玫瑰”(Stonerose)。这个地方正好处在“黑暗英亩”与道格拉斯山楂分布带的最北端，也就是白令海峡略南边一点的安克雷奇地区之间的那条连线上，看到这一点，我觉得格外有意思。如果以更学术的眼光来看待太平洋沿岸西北部山楂的发展史，我们会注意到两件事。其一，道格拉斯山楂相对粗短的刺与亚洲传来的几种山楂极为相似。其二，道格拉斯山楂对旅行表现出了惊人的热爱，我们甚至能在北美五大湖附近发现它的身影，这就是所谓的“不相连种群”(disjunct population)。[27]

人们相信，欧亚大陆上某个小而分散的山楂种群在两万年前来到相对温暖的白令海峡，从而熬过了北半球严酷的冰川作用。至少从五千年前起，它们就与自己的祖先相隔开来，而且很可能已经发展出了独特的习性(culture)。当时，四处游荡的美洲野牛、牦牛、猛犸，还有一些杂食的食草动物，一起把白令海峡变成了碧绿的草海，就像美洲野牛造就大平原的生态，并与之协同演化一样。这些食草动物同时又是狼、熊、狮子和人类的美餐。当冰川消融，打开了通向美洲大陆的通道后，人类追逐着猎物，先是向南，然后向东迁徙，最终来到中美洲和南美洲。与此同时，由于不再有动物群帮助青草生长，白令海峡退化成了冻土苔原，苔藓和地衣成了那里的主宰者。关于人类进入美洲，上面提到的这个理论至少也是三代人中间最主流的说法。新近的另一个理论则认为，白令海峡的人类是坐着船，沿着北美大陆的西海岸南下的，一路上以海带、海草和贝类为食。而另一种说法则是，从欧亚大陆来的移民穿过北大西洋上的冰架，一路来到现在的加拿大，然后再逐渐向西、向南扩张。[28]

*　　　　*　　　　*

不论以哪种方式，人类来到了北美大陆，在这里找到很多种祖先曾经在欧亚大陆利用过的植物。其中之一就是山楂。就像在白令海峡的另一边一样，山楂也被用作食物和药材，不过与此同时，在人们眼中，它就和几乎一切有生命的东西一样，与“另一个世界”产生了纠缠，尽管程度远不及欧洲。我们即将看到，在那里，山楂如何成为基督教的一个核心的象征符号。

第十一章　荆棘之冠

神迹与自然并不相悖，只与我们对自然的理解相悖。

——圣奥古斯丁

2010 年 12 月，一个滴水成冰的夜晚，一个人拿着链锯砍下了英格兰某座山丘上一棵孤独的小山楂树上的枝条，只剩下被剃得精光的主干。[1] 这种事在“黑暗英亩”附近的人们看来再普通不过，每到冬天，人们为了收集柴火，都会侵扰附近的森林。然而在英国与其他信奉基督教的地方，这种针对树木的蓄意谋杀却能成为头条新闻。因为受害者并不是普通的树木，而是“格拉斯顿伯里荆棘”，它的故事把基督教和更为古老的传统结合到了一起。

《马太》《马可》《路加》和《约翰》这四大福音书提到了一个家境富裕而且有英雄气概的犹太人，他的名字叫作约瑟，来自犹太城镇亚利马太。在耶稣被钉死在十字架上之后，他放胆去见罗马派到犹太行省的巡抚，也就是无奈之下判了耶稣死刑的本丢·彼拉多，请求他允许自己领走尸体。在另一位门徒尼哥底母的帮助下，约瑟把钉子从耶稣的尸体上取下，在尸体上涂上没药和沉香，并用亚麻布包裹好。然后，他把耶稣的尸体带到为自己预备的凿在磐石里的新坟墓中，安放在墓中的石架子上，然后又将一块大石头滚过来挡住墓门。之后，《新约》中就再也没有提到过亚利马太的约瑟这个人。

但是，在公元9世纪，他又回到了人们的视野中。在《抹大拉的玛利亚传》中，美因茨大主教写道，在这些重要的事件之后，约瑟登上了一艘腓尼基人的船只，从犹太来到了位于今天法国南部的罗讷河口，接着，他从那里来到了海伯尼亚半岛。他的船从布里斯托尔海峡进入英格兰西南部，然后在当时还是岛屿的海岸上抛了锚。之后的记载不仅说他把基督教介绍给了不列颠的凯尔特部落，还声称他拥有圣杯，也就是最后的晚餐上耶稣所用的酒杯，约瑟在把耶稣的尸体从十字架上取下时，也是用这个杯子来盛放基督的血液。在约瑟终于踏上陆地后，他登上了今天叫作威里亚尔山（Wearyall Hill）的地方。他筋疲力尽，把手杖往地上一插，然后倒头就睡着了。醒来后，他惊讶地发现，他的手杖——很明显应该是用地中海的山楂木雕成的——竟然开满了洁白的花朵。673年，在格拉斯顿伯里一处据说由约瑟本人建立的简陋的教堂原址上，建起了一座本笃会的修道院。而修道院的围墙就围绕着据说是当初约瑟的手杖所化的那棵山楂树，这棵树与普通的山楂树不同，它一年能开两次花，一次是在春天，另一次是在圣诞节。[2]

随着时间的推移，几个世纪过去了，而约瑟的名望日隆。1191年，修士们宣称在公墓中挖掘到了一座坟墓，里边有两具尸体，安放在用一整块木材凿出的棺材中，埋藏在十五英尺深的地下，两旁各有一个石制的小金字塔。随葬的铅十字架道出了两位逝者的身份："阿瓦隆岛上，此处埋葬着受人尊敬的亚瑟王，以及他的第二任妻子桂尼维尔。"棺材中还有一绺金发，但当一位修士想去触摸那绺秀发时，它却突然消散了。这座坟墓的发现使得人们更加相信传说的真实性：约瑟当初登上的岛屿就是阿瓦隆，这里同时也是亚瑟王被他外甥——叛徒莫德雷德在最后一战中重伤之后的最终归宿。据说，亚瑟是约瑟的直系后代，而约瑟本人又是圣母玛利亚的叔父，或是玛利亚的丈夫约瑟的叔父。另外，不列颠之王与基督的使徒还有一重联系，那就是这位亚利马太人是圣杯的拥有者，而亚瑟的骑士们满心虔诚地英勇寻找的，也正是这件圣物。[3]

这些传奇的叙事力量非常强大。事实上，一部根据约瑟的故事改编的史诗电影——《格拉斯顿伯里：光之岛》定于 2015 年在全球上映*。在这部电影令人心潮澎湃的一幕中威里亚尔山上的格拉斯顿伯里荆棘（当然是遭到破坏之前的样子）赫然耸现在村庄上方，背景是地平线上某处突岩上中世纪教堂废墟的尖顶。整部电影的情节围绕着约瑟带着圣杯从犹太到不列颠的旅程，以及公元 43 年他与凯尔特战士卡拉塔库斯（Cratacus）一起抵抗克劳迪皇帝派遣的罗马人的进攻。制作方一度考虑过让连姆·尼森（Liam Neeson）担任主演。[4]

《福音书》很可能更接近于犹太的逸事集而非对真实历史事件的叙述，而在《福音书》之外，亚利马太的约瑟的整个生平都是由格拉斯顿伯里修道院的修士和作家杜撰的，他们几乎完全没有区分哪些是事实，哪些是幻想。在本笃会修士宣布自己找到了亚瑟王之墓的时候，他们也许是在遵循当时盛行的做法——修士编造出关于自家修道院来历的传奇故事，以图吸引来朝圣客进香与贵族赞助。修道院在 1184 年因火

* 作者写作这本书时电影尚未上映。

灾而遭到了巨大的破坏，虽然重建工作得到了亨利二世的资助，但是，1189 年亨利二世驾崩以后，这条财源就断了。继位的理查一世对修道院的兴趣仅限于在十字军东征的时候向修道院要钱。虽说英国人兴高采烈地接受了与亚瑟王有关的传说，因为亚瑟本来就是凯尔特与后来的萨克逊传说中的重要人物，但是，当本笃会修士在五十年后试图把亚利马太的约瑟与修道院的建立联系起来，并引述圣杯传奇，把约瑟奉为不列颠的圣徒时，传道策略就没有那么卖座了。原因之一是，公元 1 世纪后的早期基督教史家从来就没有把约瑟与圣杯联系到一起，也从没提到过他在凯尔特人的不列颠建立教会的事。实际上，直到 15 世纪约瑟才加入与格拉斯顿伯里有关的圣徒的行列，并最终有了些名气。而亚瑟王——亚瑟王的坟墓从来没有被人证实过，除僧侣之外——与约瑟的关系乃是罗伯特·德·波隆（Robert de Boron）精心炮制杜撰出来的，他在 12 世纪的作品《亚利马太的约瑟》(*Joseph d'Arimathie*) 中描述了约瑟带着圣杯从耶路撒冷启程的旅行。即便如此，修道院还是再度兴旺起来，并且成了萨默塞特郡的一个大地主。但是在 1536 年，亨利八世解散不列颠的八百多所修道院，没收了他们的土地和财产，使得一万五千多名修士和修女无家可归。格拉斯顿伯里修道院的院长理查·怀汀（Richard Whiting）则因为抵抗而被以叛国罪论处。在 1539 年 11 月一个阴冷的早晨，他被系在马拉的木雪橇上，在格拉斯顿伯里的大街上示众，一路来到格拉斯顿伯里山顶的圣米迦勒塔。然后，他在那里被绞死。文艺复兴时期对刑罚的陈述总是很容易夸大其词，文本记载说，他被砍头，尸体砍成四块，头颅钉在修道院的大门上，以警示其他煽动叛乱者。[5]

对于那棵荆棘树，植物学家的观点不一。它有可能起源于地中海，那里温暖的气候使山楂树一年开两次花。不过，英国普通的单子山楂也有两季花的栽培品种 *C.monogyna* 'Biflora'，其野生植株见于威里亚尔山北边一百英里处的自然保护区内。不管那棵不同寻常的山楂来历如何，关于它的记载在 16 世纪的文献中频频出现。比如，威廉·特纳（William Turner）在他 1562 年的《新本草》（*New Herball*）中写道，"有一种山楂经冬而常青"。并没有记录显示这种双花的品种在格拉斯顿伯里繁盛了多久，不过，有关它起源于约瑟手杖的说法，出现的时间不会早于 18 世纪。修道院是何时把它占为己有并用于宣传的，也已经无法考证了。虽然如此，格拉斯顿伯里的荆棘依然是不列颠最激动人心的基督教符号之一，信徒对它的故事深信不疑。[6]

因此，对于很多人来说，侵袭威里亚尔山不啻于令人痛心疾首的亵渎神灵的行为。在那棵瘦小的树遭到破坏的前一天，人们举行了一年一度的庆祝活动，一个男孩爬到梯子上，从 15 世纪的圣约翰教堂的院子里生长的双花山楂（在格拉斯顿伯里和周边地区有好几株这个品种的树）上折下一根含苞的枝条，进献给伊丽莎白女王在圣诞节那天装饰皇家的御桌。这项传统已经有一个多世纪的历史了，不过，进献树枝的仪式更加古老，能够追溯到五个世纪以前詹姆斯一世当政的时代。"破坏树木的暴徒击中了基督教的核心，"格拉斯顿伯里修道院理事凯瑟琳·戈尔宾（Katherine Gorbing）说，"像整个镇上的人一样，我们感到震惊和恐惧。"这株山楂树已经不是第一次受到伤害了。在 17 世纪 40 年代的英国内战中，奥利弗·克伦威尔率领的圆颅党士兵砍倒这棵树并且放火焚烧，他们相信，这棵树激起人们对魔法和迷信的邪恶信仰。不过，格拉斯顿伯里的居民们收集了树根和残枝，在秘密的地方种起了新的山楂树。（如果用的是残枝，大概不得不嫁接到普通的单子山楂树的砧木上，因为双花山楂的种子和扦插的枝条所生出的山楂树一年只能开一次花。）至于传说中威里亚尔山上约瑟曾造访的那个地方长出的那棵双花山楂树，并没有什么古老可言。1952 年人们种下那棵树来替代之前的树，而先前那棵树也不过是一年前为了纪念英国艺术节而种下的，第一棵树在旱灾中干死了。[7]

没有人知道侵扰山楂的罪犯是出于什么动机，直到我写这段文字的时候，那个人仍然逍遥法外。人们猜测，这桩暴行可能要归咎于极端无神论者、极端异教徒，或是头脑不正常的暴徒。（另一种说法是，这是有人要惩罚威里亚尔山的拥有者，他是某家金融公司的大股东，公司在几个月之前倒闭了，而他也在袭击发生的那个星期被捕。）之后，人们包扎了威里亚尔山上的山楂树，并为它的康复而祈祷。就像大多数剪枝过度的树木一样，它只需要充足的水和阳光，然后就能以比原先更充沛的力量生长。但是，无知的来访者把蜂蜜和黑啤酒倒在树的根部，把丝带系在了树干上，阻挡了阳光，还把硬币塞进树皮中祈求好运。即便如此，这棵顽强的树还是生出了几根新的枝条。但是搜寻纪念品的人偷走了那几根枝条，还剥去了树皮。这下，这棵命运多舛的树再也没能撑下去，2012 年一棵在邱园嫁接的新的双花山楂取而代之，并在庆祝女王登基 60 周年的庆典上种下。有人建议在附近装上如今在英国已经无所不在的监控摄像头以确保幼苗的安全。两个星期之后，树干被人从离地 18 英寸高的地方折断了。之后又补种了一棵小树，这次种在村子的中心，人们本以为种在这里会让暴徒望而却步，但是，2013 年 6 月，树干再次部分受到严重损坏,并且又被折断了。[8]

圣约翰教堂院子里的那棵双花山楂是在20世纪30年代由修道院的首席园丁乔治·切斯勒特(George Chislett)种下的。他的儿子从这棵树上截取幼芽,嫁接到山楂的蔷薇科近亲黑刺李(*Prunus spinosa*)的砧木上,然后把新的嫩枝送给了世界各地的树木栽培家。原产于格拉斯顿伯里的一棵双花山楂至今仍在华盛顿特区的美国国家大教堂中茂盛地生长着,它为加利福尼亚的苗圃提供可以嫁接到单子山楂砧木上的嫩枝并以30美元一枝的价格出售,只是后来顾客太多,应接不暇,才拒绝接受新的订单。国家大教堂还把树枝送往康涅狄格州的格拉斯顿伯里镇,这样,当地社区就能用鲜活的结着果实的山楂枝来装点市政徽章了。那棵山楂树虽然饱受摧残,但当它在纷纷降下的雪花中开放时,一定会让人叹为观止,它不只是生存下来了,而且在繁衍生息。不过,使得它一代又一代地焕发出新生的那种宗教信仰可就没有这种好运了。在英国,不论是天主教会还是英国国教的信徒数量都急剧下降,让观察者们不禁怀疑,基督教信仰在英伦诸岛是不是正在衰亡。[9]

虽然当初被基督教取代的异教信仰大体上已经消逝无踪,但是,一项古老的凯尔特仪式却正在经历着某种复兴。那就是五朔节。人们在五月的第一天喧闹地聚集在一起,这标志着暖和天气的开始,在这时候,牛羊就可以赶到夏季牧场中去了。人们燃起巨大的篝火庆祝万物复苏,因为相信篝火产生的浓烟和灰烬有保护的力量,所以,人们不仅会围着火焰跳舞,还会让自家的牛从火堆之间穿过去。在爱尔兰,欢度五朔节的人们把山楂树叫作"五月灌木",并用贝壳与丝带来装点,把山楂花撒在门前的台阶上来祈求好运。人们还会造访圣井和"布条树",

也就是许愿树，祈福者会将一小段布条或其他“礼物”绑在树枝上。五朔节的复兴始于20世纪80年代，那时，嬉皮士、新异教徒，还有威卡信徒开始在爱丁堡与格拉斯顿伯里等地点燃篝火，庆祝夏日的回归。他们会在突岩上彼此致以五月的问候，敲鼓欢唱，翩翩起舞。而所谓的凯尔特重建主义者试图尽可能准确地还原五朔节的历史细节，只在山楂树开花的时候庆祝这一节日。[10]

虽然山楂开花是丰产的象征，但是在巴尔干地区，这种树却寓意着关于僵尸的迷信。比如，19世纪80年代早期，在斯洛伐克一个叫Tomiŝelj的村庄里，村民报告说当地一位有名望的已故男子会以诡异的方式回来。他的妻子声称他在夜晚偷偷潜入她的床榻，邻居也说他们经常看到他坐在岩石上。村里的牧师和一位教区居民一起掘开了他的坟墓，并判定死者已经变成了吸血鬼。于是，他们把一根山楂木桩钉入他的心脏，重新把他埋起来。1882年，保加利亚瓦尔纳的吸血鬼追捕者怀疑一个“僵尸”是最近一场瘟疫的罪魁祸首，他们打开墓穴，发现尸体中满是新鲜的血液。他们把一根山楂刺钉进了尸体的胸口。然后，保险起见，他们把尸体架在山楂枝条搭成的柴堆上烧掉了。显然，钉住僵尸需要用特殊品种的山楂。根据一本题为《南斯拉夫地区对抗吸血鬼之手段》的“指导手册”，要取得最好的效果，须选用“生长在高山上的山楂,长在这里的灌木不可能见过海洋”。人们相信，山楂树上的棘刺代表耶稣的荆棘冠，吸血鬼对它过敏，因此，在塞尔维亚东部，人们认为在坟墓上的十字架旁边钉一根山楂木楔子，能防止尸体变成吸血鬼，而把山楂抛在墓穴上则能够防止逝者报复活人。[11]

*　　　　*　　　　*

耶稣在被钉上十字架之前受到了嘲弄。据《马太福音》记载，罗马士兵把他带到巡抚本丢·彼拉多的总部，鞭打他，给他脱了衣服，穿上一件朱红色袍子，并把一根芦苇放在他的右手里。他们用荆棘编作冠冕，戴在他头上，然后跪在他面前戏弄他说，“恭喜犹太人的王啊！”（而在《马可福音》中，他们给他穿上的袍子是紫色的。）这幕场景富于象征意义。上帝惩罚亚当偷吃禁果的方式是让他变成农夫，他地里的庄稼要和荆棘之类的植物竞争。而罗马士兵在战斗中表现勇敢的话，就能得到橡树叶编的公民冠作为奖励。四大福音书都没有提到耶稣戴的荆棘冠是用什么植物编成的，不过欧洲人用山楂树填补了这一空白。从大陆的这一端到那一端，早在耶稣基督登上历史舞台之前很多年，这种树就已经与不可见的力量联系在一起了。

14 世纪一本极其受人欢迎的书对《新约》中关于荆棘冠的叙述进行了润色。那本书就是《约翰·曼德维尔爵士游记》，最初用盎格鲁－诺曼法语写成，之后翻译成了各种语言。整本书讲的是到耶路撒冷圣地、埃及、印度和中国的游记，说得天花乱坠，可信度极低。作者可能是本笃会修士扬·德·朗格（Jan de Langhe），他十分热衷于收集游记类的海外奇谈。书中描绘了狗头人、食人族和阿玛宗女战士。在第二章“我主耶稣基督的十字架及冠冕”中，作者声称亲眼看到了那顶荆冠，并说它的尖刺并不是枝刺，而是皮刺，制作它的乃是现在所谓的灯芯草（*Juncus acutus*）。它耐盐碱，生长在以色列的海岸和其他地区，叶子窄缩成了能刺破人皮肉的针状。作者声称他手里有一根从圣荆棘冠上弄来的刺，看起来很像单子山楂的刺，也许是为了向读者解释为什么很多人认为圣荆棘冠就是山楂枝条编成的。[12]

作者还写道，耶稣在遭到逮捕之前曾被引到一座生长着“白刺”(albespine)的花园中。“白刺”就是以前英国人对单子山楂的众多称呼之一。在花园里，一伙犹太人责骂耶稣竟敢僭称他们的王，然后制作了一顶山楂冠，强行按到了耶稣的头上，让他头破血流。然后耶稣被引到另一座花园中，在这里，有权的人又给他加了冕，这次用的是“甜荆棘”，指的可能就是我们今天所谓的甜荆棘，它原产于南非，学名叫*Acacia karroo*。作者很明显特别喜欢这个桥段，他又多加了两个花园。在第一个花园里耶稣是以多花蔷薇(*Rosa rubiginosa*)的枝条加冕的，这种蔷薇产于西亚，枝条上满是尖锐的芒刺。最终，耶稣被戴上灯芯草制成的荆棘冠走上十字架。读者如何把这形形色色的荆棘冠和福音书中提到的唯一一个荆棘冠调和起来，就不得而知了。很多文献在引用这段滑稽可笑的描述时，都会省略掉各种其他多刺植物，只提到单子山楂，比如1889年的周刊《一年到头》(*All the Year Around*)就是如此，该周刊由查尔斯·狄更斯创立，1870年他逝世后由他的儿子担任主编。杂志中的一篇文章指出，圣荆棘冠用山楂枝制成，就解释了为什么法国人相信在耶稣受难日山楂树会发出哭喊和呻吟声。[13]

阿查拉山楂(*C.azarolus*)原产于以色列，那些戏弄耶稣的士兵要用它制作荆棘冠想必费了很大力气，说不定还很疼。另一种本地物种叫作西奈山楂(*C. sinaica*)，它是单子山楂与阿查拉山楂的杂交种，也生长在黎凡特。西奈山楂如今已经非常罕见，科学家们正在试验是否能在试管中培育出一批幼苗。[14]不过，旁证表明，如果圣荆棘冠真的存在，它也不是由上述任何一种植物制成的。

除了福音书中的描述，直到公元5世纪才有人说起圣荆棘冠，这时候，它已经被列为十字架圣物的一部分，保存在耶路撒冷锡安山上的一座教堂里了。570年左右，一位名叫卡西奥多鲁斯的罗马政治家兼作家宣称他亲眼见过那顶荆棘冠，“它曾经戴在我们的救主的头顶，为的是让某一天，全世界的荆棘与尖刺都能汇到一处，然后被摧毁。”图尔主教格里高利在6世纪写道，这些尖刺依然是翠绿的，而且每天都会奇迹般地重新变得鲜活。这种叙述其实动摇了这件圣物的真实性（而且从没有证据显示格里高利曾经离开法国一步）。在870年，一位修士描写了在锡安山的教堂上看到圣荆棘冠的情景。1063年左右，这顶荆棘冠被转移到君士坦丁堡，之后成了1228年到1261年之间君士坦丁堡的拉丁帝国统治者鲍德温二世的所有物。在那段时间里，帝国在经济上内忧外困，除了君士坦丁堡城几乎一无所有了。走投无路之下，鲍德温不得不变卖宫殿屋顶上的铅皮。1237年，君士坦丁堡陷入一支联军部队的围攻。当时鲍德温正在欧洲向各个宫廷乞讨借钱，而他手下的男爵们则把圣荆棘冠以13,134个金币的价格抵押给了威尼斯的财团。后者又把这件圣物抵押给了一位叫作尼克罗·基里诺*的威尼斯银行家，抵押的条件更为严苛，如果他们不能在4个月内付清整笔款项外加12%的利息，基里诺就可以把圣荆棘冠占为己有或者卖掉。鲍德温跑去乞求法国国王路易九世帮忙，于是基里诺同意放弃他新得来的这项宝藏。[15]

* Nicolo Quirino。在《罗马帝国衰亡史》中，此人的名字应为尼古拉斯·奎里尼（Nicholas Querini）。

圣荆棘冠被放在木制圣体箱中运送到法国，并于1248年在圣礼拜堂（Sainte-Chapelle）大张旗鼓地进行展示，圣礼拜堂被公认为辐射式哥特建筑的巅峰之一。它由路易九世建于巴黎，用来存放他收集的圣物。其中包括耶稣受难时刺进他身体的朗基努斯之枪，真十字架上的一大块木头，还有基督垂死时旁人为了戏弄他而蘸醋给他解渴的海绵。如今，路易的财宝又多了一顶圣荆棘冠。* 此后，圣荆棘冠一直保存在那里，直到法国大革命时才被转移到法国国家图书馆，之后又在1806年移到巴黎圣母院，1896年被装进用水晶和白银制成并镶嵌着华美错金丝的管中。（这就是与耶稣相关的物品一贯的命运。虽然耶稣只是个平凡的木匠，而且还教导人们不要同时侍奉上帝和玛门。）在每个月的第一个星期五和四旬斋期间，人们将圣荆棘冠从华丽的黄金圣体盒中取出，拿到教堂外巡展。你能看到一个据说是用灯芯草或藤条等植物材料编成辫子状的圆环，周长大概26英寸，外面用金线固定。在编结的辫子外边粘着尖刺或是长着尖刺的枝条。不过这件受到束缚和监禁的圣物本身却已不再有任何尖刺了。一个个世纪过去，那些刺被一根根拔下来，由其所有者作为赏赐送给别人了。路易九世及其继承者送出去六七十根刺。其中一根献给了苏格兰女王玛丽，在之后的四个世纪中被保存在英格兰斯托尼赫斯特学院里一个玻璃与金属制的小管子中，里边还有这位后来被砍了头的女王所拥有的珍珠。[16]

现代对这些保存下来的尖刺进行的检查得出的结论是，它们来自一种二十英尺高的满是尖刺的树木，这种树是从苏丹扩散到以色列

* 根据吉本的《罗马帝国衰亡史》，朗基努斯之枪与真十字架上的部分木头是在圣荆棘冠之后由鲍德温二世卖掉的。

的，名叫耶稣刺枣（Christ’s thorn jujube, *Ziziphus spina-christi*）。除了在特别寒冷的冬天，它终年常青，而且每片叶子的底部都有一英寸长的张牙舞爪的尖刺，在掠食者来去之间毫不留情地刺穿它们。意大利和比利时各自保存着一截刺枣残枝，据说是当初圣荆棘冠上的一小块。除圣荆棘冠之外，都灵裹尸布也被信徒们当作亚利马太的约瑟用来包裹耶稣尸体的亚麻裹尸布。一项相关研究显示，都灵裹尸布上有花粉，据说来自刺枣，还有一种多刺风滚草（spiny tumbleweed, *Gundelia tournefortii*）。此外，印在裹尸布纤维上的幽灵般的影子所呈现出的那个男人头部的伤口，很可能就是荆棘冠所致。与圣礼拜堂保存的圆箍状的荆棘环不同，都灵裹尸布上的伤痕显示出荆棘冠其实是头盔状的，覆盖在整个头颅上。另一种研究途径得出的结论则是，裹尸布来自耶路撒冷周边，第一次使用是在三月到四月之间，其历史可以追溯到公元8世纪之前。虽然富于争议的放射性碳测试确定了裹尸布来自中世纪，色素分析也表明上面的血迹是染料，并不是鲜血，然而，都灵裹尸布依然是全世界最吸引人的谜题之一。[17]

山楂树白色的花朵，还有春天比其他树木更早开花的特性，使得它与圣母玛利亚联系到了一起。12世纪的神秘主义隐修士、圣维克托的休以当时典型的反犹太主义写道，玛利亚就是从犹太种族的荆棘中绽放的洁白花朵，山楂花象征着她永久的童贞。因此，山楂成了圣母显灵时的一个化身——玛利亚的幻影经常会出现在树上或树旁。例如，法国北部有一则传说称，一位牧羊人看到了一丛燃烧的山楂树，树中赫然出现了怀抱圣婴的玛利亚像。荆棘圣母教堂（The Basilique Notre-Dame de l’Épine）是火焰哥特式建筑的杰作，它完工于1527年，就建在玛利亚像的周围。1399 年，在西班牙，两个牧童看到一群幽灵般的人聚集在山楂树旁，而树冠上有一位女士，全身熠熠生辉，光芒极其夺目，使他们不得不移开自己的双眼。[18]

1932 年 11 月，比利时博兰的一个村庄里，五个放学的孩子正在一所女子修道院的院子里玩耍，忽然，异象向他们显现了，它浮在云上，出现在学校旁边的铁路桥附近。孩子们说，那是一位“美丽的女士”，披着洁白的长袍和头纱，身上发出蓝色的光芒。一开始，没有人相信他们的说法，因为只有这群孩子看到了异象，而他们又是出了名的调皮捣蛋、爱搞恶作剧。之后医生给他们做了检查，权威人士也进行了问话，但是没有任何证据表明他们是在开玩笑。孩子们显然陷入了某种狂喜的状态，几个人对异象的描述一模一样。在之后的六个星期里，圣母的异象向他们显现了三十多次，大多是在学校花园入口附近的那棵山楂树枝底下，有时候，圣母出现之前还会有闪电和火焰。[19]

其中一个最早看到异象的女孩是安德丽·德金布莱（Andree Degeimbre），她后来每天晚上都来到山楂树旁念玫瑰经祷告，风雨无阻，坚持了 45 年。[20]1949 年，天主教会正式承认这是超自然的圣母显灵。1985 年，教皇约翰·保罗二世在安放在博兰的奇迹山楂树下的白色大理石玛利亚雕像前跪拜。

* * *

在爱尔兰，一棵孤独的小山楂树突兀地立在大地上，树上披挂着布头、碎布条和塑料袋，就像无家可归者装扮出的圣诞树一样。它生长在沃特福德郡诺克米尔康山 800 英尺高的峰顶上，旁边是一条双车道公路。这棵树就是广为人知的“布条树”，爱尔兰全境有好几十棵这种用于祈祷的树。（在爱尔兰北部，这种树被叫作“布带树”。）这棵特殊的山楂树处在从沃特福德郡海岸上的阿德摩尔到蒂珀雷里郡的卡舍尔之间一条50英里长的朝圣路线上。1985年，在米勒雷岩洞（Melleray Grotto）附近，有来访者声称目睹了一尊玛利亚像在圣所的树林中行走，预言未来的事件，向人们传达爱与和平的讯息。朝圣者们用一些不值钱但是对个人来说很有意义的东西来装饰这棵树，以祈求健康、财富或人们所希望的其他东西。[21]

在苏格兰，这种山楂树和其他一些种类的树被称作“许愿树”。其中最著名的树木之一是长在阿盖尔郡阿德马迪城堡（Ardmaddy Castle）上方小径旁边的一棵老山楂树。人们相信，往它的树干里塞一枚硬币就能得到好运，而如果把别人的硬币拿走，就会遭遇不幸。于是，塞在树干里的硬币足有好几百枚。[22]最终，这棵不堪重负的树枯死了，死因很可能是重金属中毒。离我曾祖父的教区几英里远的地方有一棵孤独的白花荆棘。这个“巨大的灌丛”生长在离基尔肯尼郡威尔士山里的基里纳斯匹克教堂（Killinaspick Church）不远的十字路口旁。一直到最近，人们还在往这棵树的树枝上缠布条，以祈求好运。从这里的高地俯瞰，可以把一切尽收眼底：舒尔河、四郡交界的地方，还有树篱划分出的一块块田野——我母亲的家族曾在这里挣扎求生，但最终还是家破人亡。虽说人们对山楂树含义的记忆已经褪色了，不过，在英国内战期间，以及1690年天主教军队败于新教徒军队之手的日子里，这些树丛一直是天主教教徒秘密举行弥撒的场所，因为他们的教堂像大多数爱尔兰教堂一样，已经被新教徒没收了。

在爱尔兰，人们相信把带叶子的山楂树枝挂在大门外可以阻挡恶灵、带来好运，但是，如果把山楂花带到屋里来，却会招来非常大的不幸。这种迷信有不少原因，当然，其中没有一条是经得起验证的。首先，山楂花散发出糜烂的气味，就像黑死病时期街上四处横陈的腐烂尸体一样，而当初黑死病就是从各个港口，比如沃特福德，传入爱尔兰的。这绝不是什么讨人喜欢的气味，尤其是在爱尔兰农民狭窄的陋室里。其次，爱尔兰人也不想冒犯那些在山楂树中安家的小妖精。山楂树含有的天主教的意味，也对它不利。在我曾祖父成长的年代，爱尔兰80%的人口是天主教徒，[23]可他们特别害怕新教徒，以及为新教徒的权力保驾护航的士兵和警察，因此不敢把山楂花带到屋里来装点家中的祭坛。这些祭坛是献给童贞玛利亚的，上面有一座圣母像，底下是一张堆满了洁白花朵的桌子。全家人聚集在祭坛旁边，然后念玫瑰经祈祷，其中包括十次“圣母万福”的朗诵祷文。这项传统能追溯到中世纪黑暗时期，并且随着圣母崇拜传遍了全欧洲，而玛利亚也有了“五月女王”的称号。山楂花精致的花朵象征纯洁（虽然它的气味让人想起了性与死亡），而它的刺让人想到了耶稣的荆棘冠以及上帝因亚当与夏娃犯下的原罪而给他们的惩罚。

*　　　　*　　　　*

在每一个文化和每一段时期，树木都曾受到人们的崇拜，因为信徒认为树木是来去自如的精灵们的安身之所，或是人的灵魂从死亡到来世之间的临时中转站。凯尔特人占领爱尔兰后，继承了之前的文化中万物有灵的信仰，并加入他们自己的理解，认为树有独特的力量。他们聚集在森林和树丛中，向九十多位男女神祇祷告。领导他们的人是德鲁伊，在这个没有书写文字的文化中，德鲁伊要接受二十余年的训练，并把内容庞大的史诗铭记于心之后才能向武士国王谏言。为了削弱这个祭司阶层，爱尔兰最早的基督教徒把他们描述为平平无奇，没什么本事，只会装神弄鬼的术士。但与此同时，他们也在采纳异教信仰的方方面面。比如说，凯尔特人对树的崇拜换了一种新的阐释，树成了耶稣基督之大能的象征。新凯尔特教会的祭司把森林里的神圣集会地从一个具有德鲁伊教内涵的地方变成了从《圣经》汲取力量的地方。他们抄袭关于德鲁伊魔法效力的夸张描述，挪用到祈祷和信仰基督教神灵所引发的奇迹上。关于格拉斯顿伯里荆棘的传说，就是基督教的奇迹在树木中展现的一个有力例证，然而这个故事很有可能是依据异教传说改编的。在罗斯哥蒙郡奥兰镇的一处泉水边，有一株叫作"圣帕特里克灌木"的山楂，每年都会迎来朝圣的人。据说，圣帕特里克曾经在此处休息，并祝福了这个地方。然而考古学家判定，这里其实是古代凯尔特人庆祝"卢娜萨节"(Lughnasa)——也就是纪念收获季开始的节日——的地方。[24]（在这个节日中，把丝带缠绕到灌木上的传统已经逐渐消退了。）在另一个剽窃来的有关奇迹的故事中，圣伊塔（475—570 年）从她的驴子的蹄中拔出了一根尖刺，并命令它从此不得再在她的圣山上为恶。然后，她把尖刺插进地里，那里就长出了一棵树，树上的刺全都是倒着朝下长的。

在欧洲大陆，基督教的策略正好相反，它的目标不是把异教的自然崇拜据为己有，而是将其彻底消灭。早在 380 年，基督教徒就在忙于破坏凯尔特人和日耳曼人的树木与森林，这种行为一直持续到了 11 世纪。从12世纪到18世纪，天主教教会一直在破坏异教的圣树，他们在其周围砌上砖，把它们囚禁起来，不让人们过来膜拜，或是在枝条上钉上圣家族的画像以让它们俯首。在爱尔兰，最神圣的树莫过于单子山楂，尤其是当它生长在水井或泉水边时，水源甚至比山楂树本身更加强大有力。全爱尔兰大约有3000处这样的泉眼，其中之一是莫塞尔（Mothel），凯尔特人古老的水之圣所。这些圣所往往是从一处圣地到另一处圣地之间路线上的一个个中途站，叫作“pattern”，这个词来自古盖尔语 patrun，意思是“守护圣徒”（patron saint）。

世界上每种文化中，都会有这样的传说：在我们中间生活着某些其他的存在物，它们的社会与我们的社会并行不悖地存在着，除非它们主动向我们显现，否则我们看不见它们。这种信仰虽然在其他的工业化世界中已经很大程度上被人遗忘了，但在爱尔兰却一直闪现。凯尔特人相信，他们到达爱尔兰，使得那些比人类个头小的种族不得不隐匿了起来。基督教会渴望利用妖精们的存在，于是告诉异教徒们这些小仙子其实是迷途的天使，当大天使路西法在天国掀起革命的时候，它们没有选择任何一方，因此在大战后也被放逐了。不过，在天使们纷纷堕入地狱的时候，上帝决定把它们送到爱尔兰。它们的居所就在孤独的山楂树中，这些树不同寻常，不会生长在其他灌木丛中。人们一般忌讳说出“妖精”这个词，并且把独自生长的山楂树叫作“高贵的灌木”，免得那些爱惹麻烦，有时甚至怀有恶意的精灵注意到自己。人们对茕茕孑立的山楂树的敬意，部分是因为它们没有同伴的守望相助，仍然能在干旱、洪水、野火和犁锄、牧群与铁锹之下顽强地活下来。集体总是有力的。比如说在“黑暗英亩”，灌木丛就发展出自己的小生态环境来吓阻食草动物，以及压制覆盖在地面上的可能着火从而危害到树木的植物。它们在最近二十年内两次被上涨的河水淹没，而且很可能被这段经历弄得心惊胆战，但却没有一棵死亡。另外，山楂树丛扎下的根系就像铜墙铁壁一样坚牢，铲除它们是件非常困难的事。

某些爱尔兰人对妖精的灌木有非常强烈的依恋之情，1999 年，一条新的公路路线本来要穿过一棵孤独的山楂树，这棵树就是克莱尔郡的拉图恩荆棘，传说它生长的地方就是曼斯特省的妖精在出兵征讨康诺特省的妖精之前讨论战术的司令部。于是，在民俗学家艾迪·勒尼汉（Eddie Lenihan）的组织下，人们举行了一次抗议示威。勒尼汉警告说，相关部门一定要当心这著名的“sceach”（盖尔语里“白花荆棘”的意思），它的报复包括车祸等等,但不限于这些。最终，公路绕开了山楂树，人们还在树的周围修了一道木栅栏来保护它。2002 年，一个故意破坏公物的恶徒重创了兰图恩荆棘的每一根枝条，但整棵树还是生存了下来。[25]

在 2004 年的《白花荆棘林》(*Whitethorn Woods*)中，著作颇丰的爱尔兰作家梅芙·宾奇（Maeve Binchy）讲述了一个关于山楂树丛中的泉水和圣安娜像的故事，而故事中的山楂树丛就在道路规划的必经之途上。镇上的神父乐见这些偶像崇拜的圣所被毁，但小镇的一些居民却挺身而出反对这项计划，因为他们的祷告很灵验，抑或是他们在把自己的布条、便笺和丝带系在山楂树枝上时感到有人听取了他们许下的愿望。这部小说旨在研究这些地方所拥有的支配当代人想象的力量，以及新的城市化的爱尔兰与古老的乡村爱尔兰之间的冲突，这场斗争的结果在三代人之前的美国就已经注定。最终，道路规划了新的路线，圣所也得到了保全。[26]

1978年，美国汽车制造商约翰·德罗宁（John DeLorean）开始在贝尔法斯特的郊区建设工厂来制造他的梦中名车，也就是电影《回到未来》中那鸥翼式的不锈钢两座跑车。1982年，就在最初9000台所谓的德罗宁跑车生产出来一年之后，这家公司却遭遇财政危机，被英国政府下令关闭，之前，英国政府曾为这项方案提供资金，以振兴当时失业率高达20%的贫困的北爱尔兰。同年，德罗宁因一场吸食可卡因后驾车的事件被捕，这一场官司价值2400万美元（这笔钱他后来在法庭上予以回击了）。而工厂的关闭导致了2000名工人失业。在爱尔兰，人们普遍相信，如果德罗宁能够容下工厂边土丘上生长的妖精树的话，他就不会遇上这么多麻烦了。他的工人中没有一个人愿意动手除掉碍事的白荆棘，有传闻说，是德罗宁亲自动手，趁半夜用推土机把长着山楂树的小丘夷为了平地。不论下毒手的人是谁，随着黎明的降临，人们发现，晨光下的山楂树已经消失了。[27]

虽说现代大多数爱尔兰人已经不再相信岛上的旧迷信，并视之为无知的乡村文化的残余，但是关于另一个世界的信念显然还有一席之地。与我的爱尔兰祖先不同，我对关于山楂树神奇能力的传说并不怎么着迷。不过，我注意到，我那些伤害了自家土地上的山楂树的邻居们一个个都倒了大霉。我也相信，长在“黑暗英亩”上的一棵庞大的山楂树依然多少左右着我的运势，它就算不要求我毕恭毕敬，至少也要我注意它。

第十二章　武士女王

这些树组成的森林如此壮观，让人目不暇接，无法凝视。

——大卫·道格拉斯（David Douglass）

让法国人来为这种感觉创造一个巧妙的词吧，那是一种朦胧且转瞬即逝的错觉，虽然你肯定到过某个地方很多次，感觉却完全陌生。他们称之为 *Jamais vu*，也就是“未视感”。

在那个奇妙的春日，我在“黑暗英亩”上发现了山楂的世界。十五年后，我站在雨中，从吸管杯中一口一口地抿着山楂泡的伏特加药酒。刹那间，我突然觉得被转移到了百万年后的另一颗行星上，或是因为时间扭曲被遣送到了10世纪的西伯利亚。

但这里显然还是我们的森林，我和姬蒂的森林，周围是我们的沼泽。身边还有我们的小狗，边境牧羊犬克拉拉与柯基犬林顿·贝恩斯·约翰逊，它们蜷成一团，在脏兮兮的积雪中簇拥在一起，同时研究着我，冲阴惨的天空眨眨眼睛，思索什么时候我会带它们穿过树林，回到房子里吃晚饭。它们从来没有自己在外面待到这么晚，所以不满地噘着嘴。

我摇摇头，然后搓了搓手。片刻之后，这种“未视感”消逝了。我企图回味那种感觉，但已无影无踪了。

然后真实感回到了我的身边。我整整一个星期都企图推到一边的恐慌如今卷土重来。白昼最后的天光从我头顶树叶落尽的树冠细碎的罅隙间掠过，嶙峋多刺的枝条垂下来，仿佛老掉牙的恐怖电影中巫婆的手指一样。我又看了看手机，确保手机开着，这样我才能确定没有医院发的消息。

在我上小学一年级的时候，我母亲教会我如何祷告——要说什么话，用什么样的音调来祈祷。每天晚上我都要念一长串日益增多的人和动物的名字，央求上帝和耶稣保佑他们。念完之后，我以妈妈教我的方式在胸前画一个十字，把自己的请求封好，送到天上去。在我做这个秘密又强大的动作时——我是用神父做弥撒的方式画十字的，最后还要吻一下自己的手——我能闻到熏香，听到拉丁文的吟诵。

这一长串名单的第一个当然是我的母亲，而最后一个则是我在每个星期天播出的《迪士尼奇妙世界》中看到的最新的野生动物。只有在为这些他者祷告完之后，我才会允许自己向上帝祈求，说出我想要的东西。

有一次，我弄丢了祖父送给我的铅笔。当天晚上，在请求上帝让老虎们都能幸福生活之后，我问他能不能帮我把这件礼物找回来。第二天的上学路上，我发现自己的祷告应验了。原来，铅笔从我的书包里掉到了大街上，结果被一辆驶过的汽车轧成了两截。这件事并没有动摇我的信仰，只是表明我在祷告的时候没有把话说清楚，脑中构想的图景本来就有问题。

一个月之后，我母亲突然去世了。他们告诉我，那是一场事故。她曾经在第二次世界大战中作为护士在美国军队中服役，并被派往了菲律宾。后来她每个工作日早晨在天亮之前开车穿过城市，到她曾经作为注册护士工作过的空军基地医院去。天冷的时候，她在我们小小房子旁边的车库中发动她的旧车，让它先预热，趁这时候打开车库门，回到厨房去再喝一杯咖啡。但在那个一月天，她发动汽车之后，下车的时候不知怎的滑了一跤，撞到了头，撞得太厉害，回到车里就不省人事了。当时，我在念一年级，白天去上学，而妹妹还小，家里雇了一位保姆照看她。保姆隔了一两个小时过来的时候发现我和妹妹都还躺在床上睡觉，迷迷糊糊，茫然无知。保姆显然没有闻到车库里的汽油味，也没有听到引擎空转的声音。

几年后我听到了故事的另一个版本。父亲刚同母亲离婚，她伤透了心，从房子的后门走出去，打开车库的后门，进去之后关上门，坐进车里，然后拧开了车钥匙。

在我上大学的时候，我的父亲告诉了我故事的第三个版本，与第一个版本大致相同，除了一点：他告诉我，那个绊倒了母亲让她撞到头的东西，是我的自行车。

在她离去后好一阵子，我都觉得她会回来。也许跟当初的样子不完全一样。也许她彻底换了个形态。谁知道呢，我想，说不定是只老虎呢？不过最终我还是断了她一定会回来的念头，我明白了，我在祈祷中没能正确地想象出她的模样——一个完整的、鲜活的妈妈，而不是一个二维的速写或一个电视上的形象——跟她的死亡没有关系。同样，也不会阻碍她的复活。所以我把不绝如缕的伤逝切断，并且不再祷告了。

如今，我站在“黑暗英亩”一丛凌乱而潮湿的山楂枝干中间，再次想起了祈祷，五十多年来这还是第一次。我突然想到了一个老笑话：一个小孩的一只胳膊瘫痪了，于是他闭上眼睛，仰起脸向上天祷告，“上帝啊，让我的一只胳膊和另外那只一样吧！”上帝应允了，结果这孩子的两只胳膊都瘫痪了。

几年前，我在一家二手书店里偶然见到了一本平装书，讲的是北部平原的一些印第安人认为能产生特殊能量的特定地点。我从来没有听说过这些地方，虽然很多地点就在我小时候住的房子的附近，开车一两天就能到，而且“黑暗英亩”附近也有不少这样的奇妙地点。我想知道，我是否也能在这些神圣的地方有所感应。

结果我还真的有了感觉，不过我仍然没法弄清那天我在这些古老的地点所经历的触电般的感觉到底是不是自欺欺人的幻觉，抑或家族遗传的高血压的产物。即便如此，我依然从每个地方收集了纪念品——贝尔丘、丁伍迪岩、酋长山、斯威特格拉斯岭的石头，阿尔姆·皮什金的破碎的箭头，以及怀俄明州北部著名的“医药轮”下面的斜坡上的一块鹿骨。之后我把这些碎石砌进了我们花园的墙壁上。墙头种满加利福尼亚罂粟花，细碎的花朵在石头上倾泻而下，形成金色的花瀑。

现在，我又有了一棵“布条树”。

树的枝头挂满了丝带、纸条、碎布头和装在小袋子里的照片，在闲逛的时候不小心看到这一切的陌生人很可能以为这些东西是祭品，或是物神。我得承认，这些东西是有点奇怪，就像《午夜凶铃》或《厄夜丛林》中的道具一样。

但这些东西的作用并不是贿赂这棵树。我是说，这棵树要这些东西也没用。虽然我心里明白在树丛里悬挂这些垃圾就像买彩票或是寄连锁信一样不理性，但是，直到被事实打醒之前，我还是会孤注一掷地这么做，权当是在赌博。无论如何，这棵山楂树比我自己大得多，也年长得多。虽然我绝对不敢从她的七根主干里砍一根来计算里边的年轮，也不敢用钻头一探究竟，因为有时树木钻了孔就很容易生病，但是，我还可以用其他的方法来得知她的年龄。我测量了这棵树最粗的一根主干离地面 54 英寸处的周长，然后锯下几根已经枯死的树枝，来测量每道年轮的宽度。然后根据公式算出树干的直径和半径，减去树皮的厚度，也就是 1/4 英寸，再用树干的半径除以每道年轮的平均宽度。得出的结果是，这棵树大概有 120 到 160 岁了。

我是个普通人，没有做过什么让邻居吃惊的大事，也不属于什么公民组织，出趟门只是为了打网球或到杂货店采购，而这棵山楂却属于一个值得敬畏的家族，在全世界连绵数千年的文明中扮演着不为人知却又举足轻重的角色。虽说山楂在我所抛弃的天主教信仰的象征符号体系中也是极为重要的一个，但是，我还是觉得，自己和山楂的联系必然有其价值；至少树木是活生生的，看得见摸得着的，其能量也可以证实，与高高在上、天威莫测的神灵迥然不同。

而且，虽然当下诸事不顺——实际上，我们的情况简直不能再糟了——我还是愿意相信，一个月前我们收到一些次要的好消息，要归功于这棵老山楂树，因为就在那之前不久，我们在枝条上系了一根绿色的丝带。

绿色象征着钞票嘛，虽然钞票很快就花光了。

我往油布雨衣的兜里摸去，掏出了一条项链。这是一条细细的蛇形银项链，上面挂着一个吊坠，雕刻成非写实的霍皮族鹌鹑的样子，上边镶嵌着绿松石和翡翠。我是在圣达菲的购物中心把它买来送给姬蒂的。她称之为她的“勇气鸟”，并且在参加牛仔竞技绕桶赛时佩戴着这条项链，提醒自己要勇敢骑行，保持牛仔姑娘的精气神。

我避开尖刺，手伸向头顶的树枝，把“勇气鸟”挂在上边并扣好搭扣。我不知道除此之外还能做什么。我对她的情况完全无能为力。

手机突然响了，那单调无趣的铃声让两条狗遽然站起。我把手机从兜里拎出来，希望是有人打错了，或是电话推销员的垃圾来电。但都不是。

* * *

我给我那可怕的山楂树起名叫梅芙（在盖尔语里读作“mah-ay-vah”），这是古代爱尔兰一位武士女王的名字。这样，它就成了“她”，和“黑暗英亩”的其他 135 棵山楂树都不一样了。梅芙女王也许是个虚构人物，要么就是许多历史原型综合出来的形象。爱尔兰传说和英雄神话系列《厄尔斯特记》中最核心的作品就是“夺牛记”*，讲的是梅芙女王（在古爱尔兰语中她的名字也写作“Medb”）如何率领康诺特大军入侵厄尔斯特，以抢夺一头珍贵的公牛。（在前基督教铁器时代爱尔兰岛分散的异教社会中——也就是学者们认为人们最早讲述这些传奇故事的时代——牛群经常会成为战争的起因，因为它们代表了一个人的财富。）据说，梅芙在战场上心狠手辣，而在床笫上贪求无度，每次都需要七个男人来满足自己的欲望。据说，她的墓葬地是诺克纳里亚山顶上一座石

* 也译作“库林格的夺牛大战”。

灰岩搭建的巨大的坟堆，一处新石器时代有墓道的大墓，至今也没有人充分挖掘过。我的梅芙比本地区典型 30 英尺高的道格拉斯山楂只高 5 英尺，不过，她最粗的树干周长足有 41 英寸，是一般山楂树的三倍多。另外，她的树冠直径也有 38 英尺了。（不过，在全世界最高的树，也就是加利福尼亚海岸被命名为“许珀利翁”[Hyperion] 的红杉木面前，梅芙就不过是个侏儒了，因为许珀利翁的高度能达到 379 英尺，周长则有 80 英尺。）梅芙是在“黑暗英亩”上巨大乔木的阴影下长大的，这里有高达 100 英尺的毛果杨与高达 130 英尺的西黄松。她比爱达荷州那棵有记录以来最高的道格拉斯山楂稍微矮一点，比美国先前最大的一棵道格拉斯山楂要细不少，那棵树生长在华盛顿州的比肯岩州立公园，直到 1993 年，哥伦比亚河把它连根拔起，一路冲到了太平洋。

我之所以知道梅芙的体形之巨大足以载入记录，是因为有位专家来测量过。在一个雾蒙蒙的八月的下午，海伦·史密斯（Helen Smith）与一位助手开车来到“黑暗英亩”。我们小心翼翼地穿过梅伯尔河左岸生长的山楂丛，来到一小块林间空地上，那里就是这位武士女王的宫廷了。史密斯是美国林业局的一位野火生态学家，她研究野火的利弊以及用人工控制的火来改善不同种类的森林的方法。她用三角法测高计来测量梅芙，那种设计巧妙的工具看上去就像一台装在黄色套子中的价值 2500 美元的便携式摄像机。测量者通过目镜观察被测物体，然后按下按钮，射出一道激光。激光打在被测物体上之后弹回来，并把所记录到的数据报告给仪器内载的计算机，然后就可以下载到电脑中了。如果梅芙像我在那个值得纪念的日子里见到的那棵山楂树一样独自矗立在平原中的话，那么，测量起来会比较容易。然而，梅芙的树冠和几根主干实际上与其他一些较小的山楂树纠缠在一起，所以我们颇费了一番工夫才辨别出哪些枝干属于梅芙，哪些属于其他。实际上，我们说梅芙是道格拉斯山楂也只是出于猜测，她与本地土生土长的其他物种，比如火果山楂（*C. chrysocarpa*）、肉山楂（*C. succulenta*）、哥伦比亚山楂，还有落基山脉分水岭以东相对罕见的苏克斯多夫山楂（*C. suksdorfi*）都不一样。她甚至有可能是这些物种杂交形成的混种。不过史密斯的一位学生通过叶片的形状和十根粉红色的雄蕊判断出，梅芙确实是一棵道格拉斯山楂树。

除了作为研究者，史密斯还是美国"国家冠军树计划"蒙大拿州分部的协调人，该项目由全国最古老的保护组织"美国森林"赞助。我在采摘羊肚菌的时候偶然遇到梅芙后听说了这个项目。我发现梅芙到底比她的兄弟姐妹还有表亲们大得多，于是决定搜查关于其他巨型道格拉斯山楂树的报告。正是在这时我听说了"国家巨树登记"活动，这是《美国森林杂志》1940 年的一篇文章"一起来寻找和保护最大的树吧！"引出的。这篇文章号召私人、公司和政府的土地所有者为自己地产上生长的巨大树木提名来作为公关宣传，以图把美国的森林恢复列入经济和政治议程。有时候，选民和消费者会忘记，森林具有巨大的经济效益，远不止于提供木材。森林能净化空气，涵养水域，并为鸟类、昆虫等各种野生动物提供容身之处。"美国森林"所做的工作不只是为树木摇旗呐喊。自 1990 年起，他们还种下了超过 4600 万株树苗，而且打算在接下来的几年内再种几百万棵。虽然只靠这些手段并不能恢复前哥伦布时代北美洲广袤无垠、郁郁葱葱的森林，但这毕竟树立了模范，指明了方向。[1]

当“美国森林”为我寄来梅芙的信息时，我激动万分。原来，梅芙不仅是一棵大树，还是目前全世界记录在案的最大的道格拉斯山楂树。而且她还有不少同伴——她是751棵“总冠军树”中的一员，其中还包括15种其他的山楂树。梅芙在“全美树木登记”的等级评分中获得了86分，相对的，康涅狄格州的单子山楂冠军获得了168分，达拉斯的勒韦雄山楂（*C. reverchonii*）获得了21分。我惊奇地发现，全美还有49种山楂树目前的冠军宝座是空缺的。说不定我能靠着为本清单寻找和命名新的巨人而开展一项新事业？也许我也可以拉来企业赞助，比如像“奇迹实验室”或“清教徒的骄傲”这类生产山楂制品的大型草药补充剂公司。我会像汽车比赛协会（NASCAR）的司机一样穿着印有公司商标的紧身衣现身在地产拥有者的面前，自称是“提名人”。某种意义上，我将会像两个英勇无畏的植物猎人一样，那两位足迹遍布天涯海角的植物学家彼此之间时间相隔125年，但都曾在北美洲寻找新的物种并与全世界分享。

第一位是充满英雄气概与悲剧色彩的苏格兰植物学家大卫·道格拉斯（David Douglas），道格拉斯山楂就是他在1827年发现并命名的（当然，之前的几千年来美洲原住民就知道这种植物并且给它起过各种不同的名字）。[2]1799年，道格拉斯出生在靠近珀斯的一个石匠家里。他上过几年学，11岁那年开始在曼斯菲尔德伯爵司康宫地产的首席园丁手下干活。七年后，他的学徒生涯结束了，并在罗伯特·普雷斯顿爵士（Sir Robert Preston）的地产上工作，照料室外和温室里的植物。道格拉斯是自学成才的，他孜孜不倦地阅读普雷斯顿爵士卷帙浩繁的图书馆中每一本相关领域的书籍，从而掌握了更多的植物学知识和动物学知识。

1820年，格拉斯哥大学雇佣道格拉斯来打理植物园。正是在这里，道格拉斯遇到了植物学教授威廉·胡克（William Hooker）。胡克带着道格拉斯到野外考察，并教给他压制、干燥植物的技艺，这对于植物采集者来说是必不可少的。后来，英国皇家园艺学会有意寻找一位手艺精湛的植物学家到北美洲探索当地的植物，于是胡克推荐了道格拉斯。道格拉斯一生中做过三次这样的旅行。第一次，他在1823年6月从利物浦去了纽约。从那里出发，他游览了美国东北部，探寻了北美洲的树木、果园、花园和鸟类，一路向西，最远达到了底特律河。在河中的小岛上，他通过用枪把树枝打下来的方法来收集种子。他收集到的物种中至少包括两种山楂，他对其中一种的描述是“非常硕大”，果实的尺寸“几乎与海棠果不相上下”。在进一步向加拿大进发时，他发现了更多的山楂，他相信，这些山楂比美国的还要大。在阿尔巴尼，他考察了一座农场，农场的主人名叫杰西·布尔（Jesse Bull），以前是一位画家，曾经从不列颠进口 *C.oxycantha*（现在已被重新定名为单子山楂）来种植树篱保护他的花园。在这次探索北美洲东北部的旅程中，道格拉斯也考察了路易斯与克拉克*在探险中发现的植物，当时这些植物在美国的花园中已经颇为常见。此外，他还收集了费城附近珍稀植物的种子，并把它们寄回了伦敦。这些标本的质量之高让皇家园艺学会的人大为惊奇，于是，当哈德逊湾公司宣布将资助一位采集者来探索哥伦比亚河流域直至太平洋海岸西北部的植物区系时，学会立刻把人选锁定在道格拉

* Lewis and Clark，两位探索美国中西部的著名冒险家。

斯身上。他在这次旅行和另外几次旅行中为学会所做的工作给他赢来了巨大的声望，使他成为了新大陆最勇敢，同时也是成就最高的植物学探险家。不过，这些旅程最终也让他送了命。

道格拉斯在 1825 年 7 月登上了“威廉与安”号。九个月之后，在绕过南美洲最南端的和恩角之后，他抵达了哥伦比亚河上的温哥华堡，那里如今属于华盛顿州。然后，他立刻开始工作。

在沿着大河进行野外考察时，道格拉斯几乎每天都能发现在欧洲以及欧洲人在美洲的定居点从未见过的植物。他春天采集野花，夏天采集植物的枝叶，打包寄回伦敦，秋天再回去采集那些植物的种子。他越往上游走，所见的植物区系就越奇妙。他在 1826 年秋天寄回国的标本集中包括被他称为“俄勒冈松树”的树枝与松针，之后植物学家将其命名为道格拉斯冷杉。

在这一年里，道格拉斯的足迹遍布了遥远又广阔的地域。他探索了俄勒冈州与华盛顿州，并在不知疲惫地搜寻植物的旅程中成为第一位翻越喀斯喀特山脉数座山峰的欧洲人。凛冬的到来使他的户外旅行告一段落，不过他依然利用这段时间来整理笔记、制作植物标本，并将制作好的标本送往伦敦。虽然一开始有些美洲原住民并不信任他，而且因为他有些奇怪的习惯，比如戴眼镜、喝茶，还有用放大镜聚焦阳光来点烟斗而感到畏惧，但是在双方彼此了解了之后，他们亲切地称他为“草人”。

1826 年开春的第一天，道格拉斯和陪同的 16 个人乘坐两条小船离开温哥华堡，一路溯流而上。他们的目的地是东北方 350 英里外的水壶瀑布，就在今天加拿大边境以南 30 英里，“黑暗英亩”以西 200 英里。道格拉斯一路上在每个落脚点采集植物标本。正是在这次旅程中，1826 年 5 月 13 日他第一次提到后来他在皇家园艺学会的同僚们为了纪念他而命名为道格拉斯山楂的那种树。当时探险队在斯波坎河与哥伦比亚河交界的地方停下来："我在这里遇到了约翰·沃尔克（John Work）先生，我们自去年开始就彼此相熟了，他曾给我寄来关于本地区植物和高山绵羊的一些有价值的信息。我发现他标注为'行者蒿'的那包种子其实属于三齿苦木（*Tigarea tridentata*）*；而我自己打了问号的则是一种非常优良的、只生长于内陆的山楂。"

5 月 24 日，探险队在水壶瀑布扎营。瀑布挡住了产卵的鲑鱼的去路，它们必须用尽全身的力气高高跳起，才能逆流而上。于是，这里成了当地部落代代相传的重要的捕鱼地点了，原住民会在长杆上套上渔网，把猎物捞上来。道格拉斯在日志中写道："阵雨，风向西南。把一些植物从压制器中取出，另一些放进去，然后出发寻找更多植物。"当晚道格拉斯带回来的战利品包括一种山楂，他说这是"我所见的该属中唯一一种生长在内陆的；出现在河流与溪水边；是一种贴近地面蔓延的灌木"。

他送回伦敦的道格拉斯山楂种子被种下去。种子发芽，生长，然后显现出不同于之前任何一种已知的山楂的特征。大多数英国人都已经见惯了原产于本国的高大的山楂树，比如单子山楂，所以不会太留意这一大蓬杂木（标本中没有一棵有我的梅芙这么高大）。但是科学家们却惊喜异常。

第二年春天，探险队沿着哥伦比亚河走得更远，一直深入到加拿

* 现更名为 *Purshia tridentata*。

大境内。他们横跨落基山脉，抵达哈德逊湾。道格拉斯在那里乘船返回英国。两年之后，他又来到美洲西北部采集植物。这一次他向南进发，探索了加利福尼亚的植物区系，并发现500个新种。不过当时俄勒冈州和华盛顿州属于英国，而加利福尼亚州却为墨西哥所有，因为政治的原因，离开加利福尼亚要比进入这里困难得多，所以他不得不多待了两年。

1833年，道格拉斯出发前往夏威夷，当时那里叫三明治岛。他之前曾有好几次在这里过冬。岛上奇特的植物区系对他来说是个令人激动的挑战，当然，他也攀越了好几座高山，而陪伴他的则是他的㹴犬比利。在1834年1月，他和向导乘坐牛车登上冒纳凯阿山，当晚借住在两位野牛猎手的小屋里。关于当地的野牛，道格拉斯在日志中写道，"山坡的侧面青草茂盛，有很多野牛，是温哥华船长留在这里的牛群的后代，如今看来这让岛上的居民受益良多。"他计算出，火山的最高峰并不是他之前听人说起而且信以为真的海拔18,000英尺，而是只有13,000英尺（实际上应该是13,796英尺）。

道格拉斯在七月又来到火山，打算在16,000英尺高的山坡侧面的小径上进行远足。陪伴他的是他的爱犬比利、一位向导，还有几名脚夫。7月12日清晨，道格拉斯在进行远足之前，来到爱德华·葛尼（Edward Gurbey），也就是"奈德"（Ned）家里吃了早餐。奈德是一位野牛猎手，他同意陪道格拉斯沿着通往火山脚下的道路走一段路，帮助他避开当地的野牛猎手挖的陷阱，这些陷阱一般设置在野牛经常过来饮水的水坑附近。（很显然，要杀死一头野牛，最简单的方法就是挖一个深坑，让这头牲畜掉进去，然后开枪打死它。）奈德称，在两人分手之前，他还提醒了道格拉斯前方几英里有三处陷阱，其中有两处就在道路中间，另一处在路旁。

那天早上晚些时候，当地的原住民发现了骇人的一幕。一头落入陷阱的野牛脚下赫然踩着大卫·道格拉斯的尸体。他们跑到奈德的家中报告了这一消息，这个猎人立刻抓起毛瑟枪飞奔到了陷阱旁，射杀了那头牛。他们听到比利的叫声，然后发现这条狗就在不远处，身边是道格拉斯的背包。人们推测，道格拉斯曾经在陷阱旁边向下看，然后接着沿着道路向上走，可不知怎的，他把狗和背包留在一边，自己回到陷阱边想再看一眼，然后就跌落进去。他之前确实抱怨过自己的视力越来越差了，实际上，他的一只眼睛已经完全失明了，但是即便如此，也根本没有人相信他的死亡是一场意外。首先，他头上十道又深又长的伤口与牛角抵伤的痕迹根本不吻合。其次，按说，他手里应该拿着一个装满了金币的钱包，可之后再也没人找到那个钱包。另外，道格拉斯是个经验丰富的登山者，要说他会失足落入陷阱，还不如说他吃了颠茄籽被毒死可信呢。人们还注意到，道格拉斯的向导奈德本来就是一个犯过案的窃贼，先前曾被流放到澳大利亚臭名昭著的罪犯流放殖民地植物学湾（Botany Bay）待了七年。有人怀疑这场事故根本不是意外并推测奈德并没有回家，而是一直跟踪道格拉斯，用斧头杀害这位自然学家，偷走他的钱包，然后把尸体扔进了困有一头小牛的陷阱中。

可能如此。大抵如此。

然而，正如众多无法让嫌犯供认，也没有找到关键证据的案件调查，没有人因这起谋杀被逮捕。奈德在 1839 年离开了夏威夷，据说，他在临死前供认了这桩罪行。比利被送回英格兰，并被送到一位圣公会教区牧师的家中，在那里度过了余生。在大卫·道格拉斯于35岁英年早逝之后，他所采集的植物在接下来的几年中源源不断地通过轮船送抵伦敦，而他对自己引入伦敦的240余种植物的专业描述也将继续占据《皇家园艺学会会报》的页面。

第二位对我们关于北美植物区系的知识积累贡献良多的植物学家是詹姆斯·博德·菲普斯（James Bird Phipps）。在漫长的职业生涯中，他发表了60多篇关于山楂的群落、繁殖系统、生态和物种鉴定的专业论文。他本人发现并命名了北美洲27种新的山楂属物种。这些文章是同一系列的120余篇论文和64个科学讲座的一部分，这些成果丰硕的研究都收录在他那部插图精美的《山楂与欧楂》（*Hawthorns and Medlars*）一书中。[3] 目前，他正在为洋洋洒洒的30卷本《北美植物》撰写山楂属部分，这套卷帙浩繁的总集包括几百位专家对美洲大陆每一种植物的研究成果——比起1840年那单薄伶仃的两卷本植物志而言，这实在是巨大的进步。

菲普斯对这个奇特的属兴趣到底从何而来呢？他于1934年出生在英格兰的伯明翰。父亲是一位教师，出身于贫穷的矿工家庭，但在伯明翰大学以优异的成绩获得了数学物理学位。菲普斯的外祖父是一位以种植玫瑰为业的商人，拥有一栋豪宅，周围环绕着花园、果园，还有网球场。菲普斯的父母也是天资卓然的园丁，他们鼓励儿子在城里的地产上一个偏远的角落规划了自己的小花圃。[4]

小菲普斯是在和母亲一起去乡村散步时接触到自然世界的。而他与博物学初次邂逅，则是通过家族收藏的香烟广告画。当时，像约翰·普雷尔父子牌这样的烟草公司为了加固软纸做的包装盒，会在里边加一张硬纸卡片，后来在卡片上也会印各种广告画，卡片的一面是全彩的图画，另一面则是说明文字。这些卡片是成套的，每套 25 张或 50 张，主题从著名的板球运动员到树木与蝴蝶，各不相同。由此，菲普斯了解到，所有的植物和动物都有两个名字，一个是学名，一个是俗名。

菲普斯十几岁时和家人一起到周围的乡村度假，在驾车旅行的途中，他们见到了被树篱围起的田野和小树林。在这时候，菲普斯对植物学产生了终生不渝的热情。在某次旅行中，他发现了一种在图鉴上没见过的花。于是他鼓起勇气，与英国皇家植物园，也就是邱园的一位著名的兰花学者取得了联系，后者对这次发现激动万分，立刻坐火车从伦敦赶过来，结果发现是南方沼泽兰花（southern marsh orchid, *Dactylorhiza praetermissa*）。于是，菲普斯取得了伯明翰大学植物学专业的入学资格。在大学期间，他学习了攀岩与登山的技能，这在他努力理解自然世界的探索生涯中大有裨益。1954 年，他发表了第一篇学术论文——《论鸦葱（*Scorzonera humilis*）在英国的第二个分布点的发现》——当时他还是本科生。这是他参与由才华出众的业余植物学家、吉百利巧克力家族的多萝茜·吉百利（Dorothy Cadbury）出资赞助的华威郡植物区系项目时，辨认并清点“一平方”（平方公里）内所有植物物种的工作成果。

1956 年毕业之后，他登上了开往南非开普敦的“比勒陀利亚城堡”号。上岸后，他搭乘火车前往东北方 1500 英里处的一所政府植物标本室就职，该地在当时是罗得西亚国的索尔兹伯里（现在则是津巴布韦的哈拉雷）。罗得西亚农业部聘请他来探索、发现、辨认和记录欧洲所没有的本地特有植物。一路上，火车慢慢悠悠，有些乘客甚至在某一站下车去看场电影，再搭乘汽车赶往下一站，结果还比火车提前到达。

菲普斯本以为自己会到达一个脏兮兮的偏远殖民地的前哨基地，四周除了狮子为患的大草原什么都没有。不过，1956 年的索尔兹伯里已是一座拥有 25 万人口的现代城市，在地图标识中也有一席之地。这里的乡村与他想象的大不相同。除了狮子，这里还是河马、水牛、非洲野狗、鬣狗、狒狒、毒蛇和头号食肉动物鳄鱼的乐园。某些地区疟疾十分常见，境内局部地区因舍蝇传播的非洲锥虫病而没有人烟。其他虫害还包括非洲蜜蜂、行军蚁和白蚁——它们吃掉了菲普斯的板球靴的皮制鞋底。大草原茫茫无边，有时一周能走出来，有时则需要三周，而当他开着路虎车或是步行向深处探险时，他明白了荒野的守则：绝对不能迷路；永远要为撤退做好打算；在移动手或脚之前要先看清楚；还有，绝对不要喝没有煮开过的水。

在罗得西亚待了差不多五年之后，菲普斯出发去了西安大略大学，在那里完成了关于非洲草类的博士论文，这篇文章不仅让他在 1969 年取得植物学博士学位，还为他谋到了一份教职。他寻找着一份新的挑战，希望自己的成果能够解决长期以来困扰着人们的有趣的问题。“看哪！”他对我说，“光是在安大略就有超过 25 个山楂属的物种，而在北美洲的其他地方还会有更多更多。”这个属吸引他的地方有三点：其一，相关的研究相对较少；其二，同属的各个种比较难以区分；其三，根据推测，其繁殖方式包括无融合生殖，即孤雌生殖，这一现象对分类学家而言是很大的挑战。

菲普斯在研究生的协助下开始在整个南安大略收集山楂属植物的标本。在一位来自印度的细胞专家穆尼亚玛（Muniyamma）帮助下，最终他得以证实，山楂属植物确实可以做到无融合生殖。对于分类学家而言，这些无融合生殖体之间多次克隆所导致的细微的基因变异可能出现在严格定义的同一物种之间，并使得辨认孤雌生殖的类型格外困难。鉴定山楂的种，难处还在于它们很容易产生各种杂交品种，光是在北美洲就有1100多种。这被称作“山楂属难题”。[5]

不过，山楂的命名却和其他的植物没什么两样——都是基于相同的特征，比如说雄蕊的数量和叶片的形状。每一个得到命名的种都拥有一个“模式标本”，也就是展现该种的构成特征的最终范例。模式标本一般是一小段干制的树枝，上面带有花朵或果实（就山楂属植物而言），这个标本被认为是具有代表性的，并被收藏在公共植物标本陈列室中，比如美国标本存量最多的密苏里植物园的标本室。植物学家对于山楂的无融合生殖的组并不总能达成共识，这并不在于山楂属到底有多少个“种”——这是不可能搞清楚的，因为无融合生殖体并不等同于普通的有性生殖的种——而是在于就现实意义来说，有多少个种值得去辨认。根据菲普斯的记录，北美洲的山楂属植物约有150个种。

菲普斯已经在美国拥有大量山楂种群的47个州、加拿大的7个省，还有墨西哥大多数海拔较高的州采集过山楂标本。在发表论文和做讲座的同时，菲普斯也为他所在大学的植物标本馆提供了大约11,000份山楂属植物的标本，其中有一些是副本，可以用来和其他的植物标本馆交换，就像他童年时的烟画一样。一位植物学家写道，“菲普斯是研究北美山楂与欧楂的最出类拔萃的学者，他精力充沛的野外活动和细节丰富的修订研究为这些植物提供了极其大量的新信息。”[6]

正在考虑是否要成为植物学家的研究者可能会被像大卫·道格拉

斯和詹姆斯·菲普斯这样成就卓著的植物采集家吓倒，以为天下的植物已经被他们发现光了。但事实却是，每年都有“新”的植物得到命名。比如，2011年，采集者在巴西发现了一种小花，它会把枝条伸到地下给自己播种，这种特征叫作“地下结实性”。（因为这种植物实在是太灵巧了，所以人们决定把它命名为*Spigelia genuflexa*。）[7]

随着技术的进步，环境变化使得人们对科学新的实际应用的需求日益增长。世界各国都不得不开始考虑气候变化对农林业的影响。而消费者对非人工合成的天然药物的渴望也促使现在所谓的膳食补充剂形成了一门新兴产业。另外，法医植物学家甚至能够在刑事案件中作为专家证人出庭。（虽然到我写这本书的时候为止，山楂属植物的身影还没有出现在法庭上，不过，以人类争先恐后地堕落的速度来看，这是迟早的事。）

如果你要探索世界的话，再没有比当一名植物收集者更好的机会。菲普斯在向我形容他去蒙大拿的野外考察时说：“在九月中旬阳光晴美的日子，站在遥远又孤独的斯威特格拉斯岭面北的斜坡上，……俯视远处阿尔伯塔一望无际的平原，还有什么比这更美妙的事呢？那种安详宁静的场景让你想忘都忘不了，我很幸运，经常能看到大自然这种场景。”

*　　　　*　　　　*

回到当下，我在家里待了几个小时了，我喂狗、喂马，支付一些账单。我盯着响个不停的手机，手不由自主地哆嗦起来。为了控制自己不去揣测那可怕的坏消息——接下来的生活中也许再没有姬蒂了——我的精神一直紧绷着。但最终，我决定还是暂时卸下防备。一个星期之前，她所患的哮喘明显恶化了，于是我带她去了医院。医生解释说，X光片显示出她的肺部有灰色区域，表明此处受到严重的感染。在她住院的翌日早上，她两侧的肺就塌陷。医生给她做了麻醉，在肺里插了管子，把里边的东西排空，并重新充气。他们给她抽了血，送到实验室化验，希望能尽快诊断出结果。她的家人全都来了，和我一起守在她的床前，一边做着最坏的打算，一边盯着监视屏上的生命指标，特别是肺部吸入的氧气量。数字慢慢地、慢慢地越变越小。而与此同时，我努力平复自己的心态，让脑海中的思绪不要被当下的现实所左右。

三天之后，医生们终于确诊为急性嗜酸细胞性肺炎，这种疾病是因为一种名叫嗜酸细胞的白细胞积累在肺部，导致本来应该吸收氧气的空间被它们微小的尸体堵塞住了。在热带国家，这种病相对常见，其病因是血液寄生虫让整个身体反应过度，产生出白细胞大军来对抗入侵者。而在发达国家，这种病相对罕见，可能由癌症、吸毒、用药或暴露在空气中特定的刺激源下引起——在“9·11事件”中，一位消防员就因为吸入了世贸大楼倒塌时扬起的尘埃而患上这种病，而一些驻守在伊拉克的美军也因初次暴露在香烟和沙尘中而患病。但就姬蒂的情况而言，医生排除了所有这些诱因，包括他们首先怀疑的生长在干草上的霉菌。他们说，这是“突发性的”，原因不明。

如果疾病没有发展到不可收拾的地步，那么，通过注射大剂量的皮质类固醇就可以很轻松地治愈。这天早上，护士们已经开始给姬蒂做静脉注射。但是，八小时后在我离开医院的时候，她肺部吸入的氧气量还是没有什么起色。

我最终接了电话，听了片刻，然后挂断了。姬蒂的生命指标在这两个小时恢复得特别迅速，她的医生们终于松了一口气，并决定明天就让她从麻醉的状态中醒来。我激动得俯下身去，亲吻陪在身边的两只狗。

然后我伸开双臂，像对待老朋友一样地抱住了梅芙，她确实是一位老朋友。

后记

对于我的爱尔兰祖先，我最多只能追溯到中世纪，因为更早的证据已经湮灭无存了。不过，有记录显示，莫兰家族是属于爱尔兰西部马由郡与斯来哥郡一个叫作“*Uí Fiachrach*”的部族的氏族（sept），也就是一个分支家族，这个大家族的中心组织似乎在1066年诺曼征服之后就瓦解了。氏族这个词源于拉丁语中的septum，意思是“圈地”。一个氏族可能会有自己的首领，而更有可能的是，它会服从某个更有权势的家族中强有力的头领的安排。莫兰家族有好几个不同的纹章，上面都有三颗星和家族的拉丁语格言：“Lucent in tenebris.”——“在黑暗中闪耀。”

不过，19世纪沃特福德郡的莫兰一家似乎压根儿就闪耀不起来。虽然在我曾祖父长大成人的时候很多针对天主教徒的法律限制都被撤销了，土豆饥荒和圈地运动却使得托马斯·莫兰在爱尔兰根本找不到工作。1849年的《土地抵押条例》对走投无路的他来说更是雪上加霜。该条例允许土地拥有者在负债严重的情况下拍卖其被扣下的土地。虽说这些拍卖的土地中有 90% 被其他爱尔兰人购得，但是，莫兰一家完全没能从中获益。因为当地地主雇佣的中间人对农民的苦难没有半点怜悯，他们想的是让农民从土地上滚出去，这样就能用这块地来养牛而不是种庄稼了。他们抬高地租，在 1849 年到 1854 年间赶走了将近 5 万户人家，这些人把济贫院塞得满满当当，并且加剧了爱尔兰岛上劳动力过剩的状况。在英格兰，类似的土地革命让农民涌入城市，到工厂里工作。但是在爱尔兰，除了亚麻纺织业以外，根本没有任何工业。[1]

因此，托马斯·莫兰像数以百万计的乡亲们一样，登上了逃往美国的轮船。1860 年，他 22 岁的时候，跟随哥哥们的脚步离开故乡，同时带着他的母亲霍诺拉·布里吉特。她离开爱尔兰，显然也是离开了她的丈夫埃德蒙。1866 年，埃德蒙死于所谓的慢性支气管炎，享年 70 岁，不过他的病在今天很可能被诊断为肺气肿，病因则是长年吸入木头与泥炭燃烧产生的烟尘。托马斯在波士顿北边切尔西外的一处农场找到了工作，他唯一能胜任的工作只有这个。[2] 爱尔兰难民大批涌入，在波士顿的新英格兰家庭中激起了强烈的反天主教和反爱尔兰情绪，这些古老的家族能毫不费力地把自己的世系追溯到“五月花号”，就像追述自家马儿的纯正血统一样。而对托马斯来说，情况比起他们在沃特福德郡的时候并没有什么改善。他目不识丁也许是件好事，因为当时从商店到工厂，到处悬挂着臭名昭著的“爱尔兰人免开尊口”的标语。

1861 年他进城报名入伍，想参加南北战争，但是负责征兵的官员告诉他，北方的士兵已经足够了，而且一定能在几个星期之内轻松赢得战争。走投无路的他一怒之下借道巴拿马，穿越地峡来到太平洋，并启航去了旧金山。淘金热在很久以前就结束了，黄金也没有了。他的工作是在加利福尼亚的圣克拉拉挤牛奶，每天晚上睡觉的时候，他都把手泡在冷水桶里，因为在一天的劳累之后，双手早已红肿不堪了。

之后，他与一个朋友和一匹马一起离开了加利福尼亚，一路向北来到了蒙大拿州的金田公司（gold fields）。在那里，班纳克和拉斯特钱斯峡谷（Last Chance Gulch）的新矿吸引了全世界的投机者。他们采用“边骑边拴”的方法，两人轮流骑一匹马。这种方法是一个人在前面骑行，然后把马拴在树上，自己下马步行，让马等着后边徒步的人赶上来。这样，他们来到了俄勒冈州的尤马蒂拉，然后两人就各奔前程了。

从加利福尼亚北部到波特兰，沿着蜿蜒流过华盛顿州的哥伦比亚河，一路上，莫兰穿过了一丛丛壮观的山楂荆棘。这些是以大卫·道格拉斯命名的道格拉斯山楂，以及哥伦比亚山楂，两种山楂在刘易斯与克拉克的日志中都有记载。莫兰独自赶着驮行李的骡子，沿着哥伦比亚向西。来自瓦拉瓦拉堡的一个分遣队的士兵们给了他一匹马，并劝说他留在城堡过冬，躲避四处劫掠的内兹珀斯部落和肖松尼部落。在去往城堡的路上，这一行人遭到了印第安人的袭击；后来当莫兰把他的铺盖卷从鞍上解下来的时候，他发现里边有一枚子弹。

当莫兰在海伍德山里和沿着拉斯特钱斯峡谷在今天的海伦娜镇上漫游的时候，他携带着军队发给他用来抵抗印第安人的夏普斯式 0.50 英寸口径针发枪。当时，正是这个地区的部落遭到白人包围、被驱赶到保留地中的时候，我有点好奇，托马斯·莫兰是否也感到了此事的荒谬呢？当初没有土地、遭受压迫的爱尔兰人如今在协助那些限制蒙大拿州原住民的人，打压他们的语言、压制他们的宗教、夺走他们的土地。

1866 年 1 月，莫兰在 28 岁时，终于在这个世界中找到了真正的安身立命之地。那其实是一场意外，险些要了他的命。当时，关于森里弗地区发现了巨大的新金矿的谣传甚嚣尘上，于是，他加入一群破衣烂衫的矿工，靠着徒步和骑马从今天的海伦娜往北急行了好几百英里。然而，从来没有人真的发现黄金。让谣言散布四方的奇努克风*后边就是来自北极的暴风雪，酷寒导致一些人丧生，还有几十人身体某些部位失去了知觉。莫兰顶着暴雪，掉头回海伦娜。许多年后，他告诉一位边境编年史家，他曾经在零下40度的情况下与700名圣彼得传教团（St. Peter's Mission）的人一起扎营。[3]传教团的耶稣会神父竭尽全力才保住这些衣衫褴褛的人的性命。莫兰感念他们的慷慨和救命之恩，在余生都没有离开传教团。

之后的那个春天，黑脚族印第安人踏上了征程，他们杀死定居者，焚毁房屋并屠戮牲畜。于是，耶稣会士离开了他们的传教团，把托马斯·莫兰和爱德华·刘易斯（Edward Lewis）留下来当看守，他们俩后来成了邻居和终生的挚友。这两个人没有被剥去头皮，主要是因为刘易斯非常明智地和黑脚族首领“沉重盾”的女儿结了婚。在双方的敌对情绪结束之后，莫兰就开始寻求两样当初他在爱尔兰从来无缘拥有的东西：教育和土地。直到1870年，一位耶稣会士给他写信的时候，他还不识字呢。但15年之后，他想必是学会识文断字，因为那个时候他被任命为圣彼得的邮政局长。他在传教团附近的山脚下和山谷中拥有了1700英亩的土地——这里曾经是野牛漫游的土地，一度属于黑脚族人——并成为了这个年轻的州最成功的农民之一。虽然耶稣会士在放弃这个传教团之后也曾重新造访，但是直到1874年，圣彼得的传教团才

* 冬末从落基山脉东侧吹下来的干燥暖风。

重新开团。[4]

以今天的货币来算的话，莫兰在 1879 年购买他第一个 1/4 平方英里时所支付的价格约合 2 万美元。那是在蒙大拿建州十年之前，经济通货膨胀得厉害，寄一封信都要 1 美元，可即便是以那时的标准来看，这也是一大笔财富：一个爱尔兰农民要想拥有这么一大笔钱，除非是抢银行，或是挖到了金矿。不过，从任何记录来看，莫兰都完全是个遵纪守法的公民。他曾经在民兵队服役，追捕杀人犯和马贼。没有人知道他究竟是怎么获得这一大笔钱的，不过，家里人最倾向于推测，他找到了臭名昭著的亨利·普鲁玛（Henry Plummer）抢劫矿工和公共马车后藏匿起来的黄金。普鲁玛既是治安官也是亡命之徒，1864 年被自卫队员绞死了。据说他的赃物藏在圣彼得附近，靠近一处名叫"伯德泰尔岩石"（Birdtail Rock）的地质构造。[5]

托马斯·莫兰和托马斯·弗朗西斯·玛尔的人生道路再次交会就是在 1866 年的圣彼得。在 1848 年的叛乱中，玛尔因煽动罪被判处死刑，后来改为流放到如今位于塔斯马尼亚的范迪门地。1852 年，他从流放地逃走了，之后来到了纽约市。与莫兰不同的是，他不仅得到了美国军队的接纳，而且还被任命为旅长，指挥爱尔兰旅。1865 年，他被指派为蒙大拿领地的军事秘书。几乎在他抵达海伦娜的同时，蒙大拿的总督就辞了职，于是，玛尔成了实质上的总督。那年秋天，在他横穿整个蒙大拿领地去和黑脚族人谈判的旅途中，因为暴风雨的阻碍，他和随行人员在圣彼得过了几夜。在耶稣会士抛弃这个传教团的第二年，玛尔安排美国军队租下了这个地方。1867 年 7 月 1 日，玛尔在乘蒸汽船泛舟密苏里河时不慎落水，或是被人推了下去。当时的情形成了不解之谜，而且从来没人找到过他的尸体。在蒙大拿州的首府海伦娜矗立着他的巨型雕像，而在沃特福德市也有玛尔的一座较小的雕像，他骑着骏马，高举宝剑，准备冲锋。

虽说我的外祖父和我的母亲在圣彼得出生，我却直到中年才第一次来到这里。圣彼得遗址所在的山谷位于落基山脉脚下，离“黑暗英亩”不到200英里。我父亲和母亲的家人从没在我面前谈起过这里，我也从来没有惦记过这个地方，直到我可以心平气和地思考死亡。我是在一个秋日踏上这里的，那天风和日丽，暖意融融。我围着两所巨大的石头建的集体宿舍那斑驳、焦黑的墙转了几圈，这两所宿舍是耶稣会士和乌尔苏拉会的修女为黑脚族的孩子们建的，他们在这里接受灵魂的洗礼。那些“黑袍子”当初一定以为这些建筑可以永久流传，然而，某个冬天，男生宿舍被烧成了平地，而女生宿舍在几年后也遭遇了同样的命运。我穿过一片养牛的牧场，来到莫兰帮着耶稣会士修建的一座粉刷洁白的小教堂。它的建材是粗糙的方形毛果杨木材，罅隙中填补着黏土。一直到最近，我的舅父和姨母们每年都还在这里做圣诞弥撒。我从窗户里窥视圣彼得雕像和抱着圣婴的玛利亚。四周一片静寂，我甚至怀疑自己的听力出了问题。

我离开教堂，来到小山顶上四周有栅栏环绕的墓园。在那里，我找到了托马斯·莫兰的墓碑。风霜侵蚀下，他的姓名几乎不可辨认。一只獾把洞穴一直挖到了他的墓室里。我想起某部关于圣彼得历史的书里刊登他的照片，他是一个瘦高的男人，头发稀疏，炫耀着自己灰白色的大胡子，穿着连身工装和一件工作衬衫，手里拄着一根藤杖。就像我们家族的所有人一样，他的耳朵很大，还长着显眼的鹰钩鼻子。

我回到车上，驱车几英里回到传教团路，然后把车停下，踏上他曾经拥有的土地并向当年他建造的谷仓走去。我来到一条细细的小溪旁边，溪边都是20英尺高的树，树冠上满是秋天炫目的金黄叶子，丰硕的艳红果实把枝条都压弯了，吸引了各种雀鸟前来贪婪地享受这顿盛宴。矛盾是浑然天成的。这些树装备着恶毒的两英寸长的尖刺，它们就是山楂树。

附录一

注释

第一章　全世界最繁忙的树

1. Kate Waters, *On the "Mayflower": Voyage of the Ship's Apprentice and a Passenger Girl* (New York: Scholastic, 1999), 36.

2. Sylvia Plath, "The Bee Meeting," in Plath, *Ariel* (New York: Faber and Faber, 1965), 81.

3. J. K. Rowling, *Harry Potter and the Sorcerer's Stone* (Pottermore Limited, kindle edition, Chaoter 5, 2012); "Wand Woods," www.pottermore.wikia.com/wiki/Wand Woods.

4. Marcel Proust, *Swann's Way, In Search of Lost Time*, vol.1 (New York: Modern Library, Kindle edition, first published in 1913).

第二章　山楂树下

章节前引文出自：John Barrow, *A Tour Round Ireland, Through the Sea-coast Counties, in the Autumn of 1835* (London: J. Murray, 1836), 246。

1. Christine Zucchelli, *Trees of Inspiration: Sacred Trees and Bushes of Ireland* (Cork, Ireland: Collins, 2009); Herbert Thurston, "Devotion to the Blessed Virgin Mary," in *The Catholic Encyclopedia*, vol. 15 (New York: Appleton, 1912).

2. 苏·莫兰（Sue Moran），“托马斯·莫兰”（2004），未发表的手稿；从原作者处复印。对家族的爱尔兰根源的调查通常来自于受过良好训练的猜测。我的表亲苏·莫兰在她所著的传记中生动传神地描述了我的曾祖父，她搜寻并采纳了数量众多关于他在美国的冒险的文件和记述。不过，正如她所说，“我们对托马斯早年在爱尔兰的生活知之甚少。”莫兰一家的姓名并没有出现在任何的官方户口普查中，因为当时的记录大多已于1922年在爱尔兰内战中因都柏林的历史档案馆的大火而遭到焚毁。不过，很多农民都包含在《格里菲斯评估》(Griffith's Valuation)中，这是一部对于爱尔兰所有土地的调查，上边列着其地主和佃农的姓名，虽然这里的姓名只包括一家之主。该份评估是在1847年到1864年之间完成的——而关于沃特福德郡的部分发表于1853年——旨在评估土地的价值以决定地主应该承担的税款，这些税款中的一部分用于资助1838年《济贫法》所导致的恶名昭著的济贫院。佃农不论大小，一律算作其所承租的土地的“占有者”。作为莫兰一家的家长，如果艾德蒙拥有或租赁了某处土地的话，无论其如何狭小，他也本应名列《格里菲斯评估》中的。然而，评估里却没有他的名字。也许莫兰一家属于1838年到1860年间获准进入舒尔河畔的卡里克的济贫院的穷人的名单。但是，我在爱尔兰接触到的人中，没有谁知道济贫院的记录下落如何。人们一般会躲避济贫院，除非实在穷途末路，否则不会到那里边去；约翰·奥康纳（John O'Connor）在《爱尔兰的济贫院》一书中把它描述为“爱尔兰有史以来设立的最可怕以及最可恨的机构”（都柏林：铁砧出版社，1995）。

然而，有两份现存的文件勾勒出了我曾祖父在爱尔兰的生活的大概样貌。其一是他的出生证明。因为档案材料放在莫塞尔与拉斯戈马克教区，所以他的家人很可能就生活在这一带的农村。但具体是哪里呢？爱尔兰的农民很少会在村子周围来回搬家，他们生于兹，长与兹，最后也归葬于兹。而艾德蒙1866年的死亡证明显示了这个家庭生活的地方属于巴利纳库拉镇，与拉斯戈马克村相距一英里左右，距离莫塞尔村的遗迹也差不多是这个距离。他的死亡证明也同样解释了为什么《格里菲斯评估》上没有他的名字——他的职业是“劳工”。该评估并没有包括农场的劳工，因为他们耕种的土地是由别人拥有和承租的，他们用汗水换来容身之地。还有一种很微茫的可能，就是莫兰一家是住在“荒地”，也就是沼泽或是布满岩石的坡地——但是在土豆饥荒的时候，即便是这样土地也寥寥无几，大都已经被圈走了。

因此，我只是从大略上描述了爱尔兰的莫兰一家的生活。19世纪中期，沃特福德郡绝大多数的小佃农和农场劳工的生活就是如此，所以我估计莫兰一家也不例外。

3. 参见 William Williams, *Creating Irish Tourism: The First Century, 1750—1850* (London: Anthem, 2011), 178-79。

4. 参见 Patrick C. Power, *Carrick-on-Suir: Town and District, 1800—2000* (Carrick-on-Suir: Carrick Books, 2003)。我对19世纪上半叶沃特福德郡中部和北部人们生活的描写很多都出自鲍尔，他引用了大量第一手资料，包括家庭故事以及报纸。

5. Henry D. Inglis, *A Fourney Throughout Ireland During the Spring, Summer and*

Autumn of 1834, vol.1 (London: Whittaker, 1835), 71-73.

6. 关于马铃薯，参见 Thomas Keneally, *The Great Shame* (New York: Doubleday, 1998), 8。

7. Keneally, *Great Shame*, 9; see also Cormac O Gráda, *Ireland Before and After the Famine: Explorations in Economic History, 1800—1925* (Mancheester: Manchester Univcrsity Press, 1933).

8. 参见 Bob Curran, *The Truth About the Leprechann* (Dublin: Wolfhound, 2000), 41。

9. Katharine Briggs, "Changelings," *An Encyclopedia of Fairies, Hobgoblins, Brownies, Boogies, and Other Supernatural Creatures* (New York: Pantheon, 1976), 71.

10. John Bellamy Foster, "Malthus' Essay on Population at Age 200," *Monthly Review 50*, no. 7 (December 1998); Power, *Carrick-on-Suir*, 85.

11. Power, *Carrick-on-Suir*, 82; Susan Allport, *The Primal Feast: Food, Sex, Foraging, and Love* (Bloomington: iUniverse, 2003), 17.

12. Thefts are reported in *Tipperary Free Press*, 17 July 1847.

13. 参见 Power, *Carrick-on-Suir*。

14. Marita Conlon-Mckenna, *Under the Hawthorn Tree* (Dublin: O'Brien, 1990).

15. 参见 Michacl J. Winstanley, *Ireland and the Land Question, 1800—1922* (London: Routledge, Kindle edition, first published in 1994); D. J. Hickey and J. E. Doherty, *A Dictionary of Irish History* (Dublin: Gill and Macmillan, 1980), 86; Virginia Yans-McLaughlin, *Immigration Reconsidered: History, Sociology, and Politics* (Oxford: Oxford University Press, 1990), 100。

16. 参见 Julian Hoppitt, *Parliaments, Nations and Identities in Britain and Ireland, 1660—1850* (Manchester, U. K. : Manchester University Press, 2003), 85-102; Oliver Rackham, *The History of the Countryside* (London: Weidenfeld and Nicolson, 1987), 190; Grenville Astill and Annic Grant, cds., *The Countryside of Medieval England* (Oxford: Blackwell, 1988), 23 and 64。

17. 参见 Allan Kulikoff, *From British Peasants to Colonial American Farmers* (Chapel Hill: University of North Carolina Press, 2000), 11; Enclosure Act of 1845, at the National Archives Web sitc, Legislation.gov.uk; Hoppitt, *Parliaments, Nations and Identities*, 94。

18. James S. Donnelly, *Irish Agrarian Rebellion: The Whiteboys of 1769—76* (Dublin: Royal Irish Academy, 1983).

19. Richard P. Davis, *The Young Ireland Movement* (Dublin: Gill and Macmillan,

1988).

20. 参见 Power, *Carrick-on-Suir*。

21. Keneally, *Creat Shame*, 179.

22. 关于该雕像的解释来自作者与其雕塑家凯瑟琳·格林（Catherine Greene）的电子邮件，2014 年 2 月 21 日。

第三章　凯尔特锻造炉

1. *The Catholic Encyclopedia*, vol. 13 (New York: Encyclopedia Press, 1913), 126; for an extensive discussion of the Penal Laws see Patrick Francis Moran, *The Catholics of Ireland Under the Penal Laws in the Eighteenth Century* (London: Catholic Truth Sociey, 1900).

2. 参见 Padraig Lenihan, 1690: *Battle of the Boyne* (Gloucestershire, U. K. : Tempus, 2003); Thomas Keneally, *The Great Shame* (New York: Doubleday, 1998), 8. 伯克突然叛变、卷款而逃，一直是家族里人们最津津乐道的故事。

3. Antonia McManus, *The Irish Hedge School and Its Books: 1695—1831* (Dublin: Four Courts, 2004); Michael O'Laughlin, "I Never Carried the Sod," and Irish hedge school history, *Irish Central*, 10 October 2009, available at http://www.irish central.com.

4. Joel Mokyr, *Why Ireland Starved: A Quantitative and Analytical History of the Irish Economy, 1800—1850* (Oxford: Routledge, 2013), 184.

5. 参见 Barry Raftery, *Pagan Celtic Ireland: The Enigma of the Irish Iron Age* (London: Thames and Hudson, 1994); Simon James, *The Atlantic Celts: Ancient People or Modern Invention?* (Madison: University of Wisconsin Press, 1999), 136。

6. Tim Murray, *Milestones in Archaeology* (Santa Barbara, Calif: ABC-CLIO, 2007), 221; Geoffrey of Monmouth, *History of the Kings of Britain,* 1138; Paul Jacobsthal, *Early Celtic Art: Plates* (Oxford: Clarendon, 1969).

7. 关于凯尔特人以及他们对人头的崇拜，见 Barry Cunliffe, *The Ancient Celts* (Oxford: Oxford University Press, 1997); Anne Ross, *Pagan Celtic Britain: Studies in Iconography and Tradition* (London: Sphere, 1974), 161—162; Miranda Green, *The Gods of the Celts* (Gloucestershire, U. K.: Sutton, 2004); Ronald Hutton, *The Pagan Religions of the Ancient British Isles: Their Nature and Legacy* (Oxford: Blackwell, 1991), 195。

8. Anthony M. Snodgrass, *The Dark Age of Greece* (Edinburgh: Edinburgh University

Press, 2000), 286—87; F. B. Vagn, "Iron—a Very Special Metal," in *Iron and Steel in Ancient Times* (Copenhagen: KDV Selskab, 2005),63—85.

9. Ernestina Badal Garcia, Yolanda Carrión Marco, Miguel Macías Enguídanos, and María Ntinou, *Wood and Charcoal: Evidence for Human and Natural History* (Valencia, Spain: Departament de Prehistòria i Arqueologia, Universitat de València, 2012), 233; Della Hooke, *Tree in Anglo-Saxon England: Literature, Lore and Landscape* (Woodbridge, U. K.: Boydell and Brewer, 2010), 143; "Archaeological Excavation Report, E3826, Catherweelder 7, County Galway, Iron Working Site," *Eachtra Journal* 8 (October 2010): 8.

10. Stephen Allen, *Celtic Warrior: 300 BC—AD 100*(Oxford: Osprey, 2001), 46.

11. Peter Berresford Ellis, *The Celts: A History* (New York: Carroll and Graf, 2004).

12. 参见 Titus Livy, *The Early History of Rome*, trans. Aubrey de Sélincourt (New York: Penguin, 2002) book 5, chap.37。

13. 同上。

14. 参见 Vagn, *Iron and Steel*, 17。

15. D. Killick and R. B. Gordon, "The Mechanism of Iron Production in the Bloomery Furnace," in *Proceedings of the 26th International Archaeometry Symposium, Held at University of Toronto, Toronto, Canada, May 16th to May 20th 1988*, ed. R. M. Farquhar, R. G. V. Hancock, and L. A. Pavlish (Toronto: Archaeometry Laboratory, Department of Physics, University of Toronto, 1989), 120—23.

第四章　树篱层层

1. William J. Curtis, "Events in the Life of Curtis G. Culin 3rd" (2001), posted at https://groups.yahoo.com/neo/groups/G104/conversations/topics/99.

2. 该影片可于本网址观看：www.youtube.com/watch?v=RsRmEcKrYUE;Frank Carlone, "History of the Essex Troop," posted at http://newarkmilitary.com/essextroop/historycarlone.php。

3. 该影像由罗伯特·弗里德灵顿（Robert Fridlington）与劳伦斯·弗洛（Lawrence Fuhro）复制，Cranford (Mount Pleasant, S. C.: Arcadia, 1995), 40。

4. Leo Dougherty, *The Battle of the Hedgerows: Bradley's First Army in Normandy, June-July 1944* (St. Paul: MBI, 2001), 202.

5. Harold J. Samsel, *Operational History of the 102nd Cavalry Regiment* (self-

published, date unknown).

6. Robert Wolton, Nigel Adams, Emily Ledder, et al., "Report on the Hedgelink Visit to the Hedges and Orchards of Normandy, France" (May, 2000), http://www.hedgelink.org.uk/european-hedges.htm.

7. Martin Blumenson and the editors of Time-Life Books, Liberation (New York: Time-Life, 1978), 20; P. Brunet, *Les Bocages, histoire, écologie, économie* (Rennes, France: Université de Rennes, 1977), 37—41; Martin Blumenson, *Breakout and Pursuit* (Washington D. C.: Center of Military History, 1993), 11.

8. Julius Caesar, *Caesar's Commentaries: On the Gallic War and on the Civil War* (Project Gutenberg, online version).

9. Bradley, quoted in Russell F. Weigley, *Eisenhower's Lieutenants* (Bloomington: Indiana University Press, 1981), 98.

10. "Ryan's Slaughter," *Independent.ie* (online edition, 10 May 2007).

11. Hal Boyle, "Battlefront 'Invention' —Tale of Sergeant Who Whipped Hedgerows," *Sandusky Register*, 16 December 1948, 6.

12. See Michel Rouche, "Private Life Conquers State and Society," in *A History of Private Life*, ed. Paul Veyne (Cambridege: Harvard University Press, 1987), 1:428; John C. McManus, *The Americans at Normandy: The Summer of 1944— The American War from the Normandy Beaches to Falaise* (New York: Macmillan, 2005), 97.

13. Dwight D, Eisenhower: "Remarks upon Receiving the Hoover Medal Award," 10 January 1961. Available at the American Presidency Project, http://www.presidency.ucsb.edu/ws/?pid=12068.

14. See Steven J. Zaloga, "Normandy Legends: The Culin Hedgerow Cutter," 1 July 2001), at the Osprey Publishing Web site: www.ospreypublishing.com/articles/world_war_2/normandy_legends.

15. 参见 Hugh Barker, *Hedge Britannia: A Curious History of a British Obsession* (London: Bloomsbury, Kindle edition, 2012)。

16. Christopher Long, "Hedge-Coppicing and Hedge-Laying in the Bocage Virois" (February 2011), www.christopherlong.co.uk/oth/hedges.html.

17. Max D. Hooper, Ernest Pollard, and Norman Winfrid Moore, Hedges (Glasgow: Collins, 1974).

18. 能帮助树篱铺设工创造一段抵御牛羊的树篱的资料有很多，包括 Murray MacLean,

Hedges and Hedgelaying (Marlborough, U. K.: Crowood, 2006); Marius de Geus, *Fences and Freedom: The Philosophy of Hedgelaying* (Dublin: International Books, 2003); Valeria Greaves, *Hedgelaying Explained* (Devon, U. K.: National Hedgelaying Society, 2002)。

19. James D. Mauseth, *Botany: An Introduction to Plant Biology* (Sudbury, Mass: Jones and Bartlett, 2012), 343—51.

20. 关于英格兰与法国的树篱铺设，另见国家树篱铺设协会网页，www.hedgelaying.org.uk/。

21. 尼尔·福克斯，与作者的电子邮件通信（2013 年 8 月 29 日—9 月 4 日）。

22. "Barley Farming in the UK," UK Agriculture, www.ukagriculture.com/crops/barley_uk.cfm; Bill Bryson, *Notes from a Small Island* (London: Transworld, 2010, Kindle edition); Alison Healy, "Survey Finds Most Hedgerows Will Die If They Are Not Actively Managed," *Irish Times*, 15 January 2014, onlline edition.

23. 参见 Barker, *Hedge Britannia*。

24. 关于图标，见 Robert Wolton, Nigel Adams, Emily Ledder, et al., "Hedgelink Visit to the Hedges and Orchards of Normandy, Franch," 8—10 May 2010, available at http://www.hedgelink.org.uk/files/Hedgelink%20-%20Report%20Visit%20to%20Normandy%20May%202010.pdf。

25. Thomas Karl et al., "Efficient Atmospheric Cleansing of Oxidized Organic Trace Gases by Vegetation," *Science*, 5 November 2010, 816—19.

26. 卡尔在 2014 年 10 月 17 日发给作者的邮件中对异戊二烯和单萜类进行了评论。关于卡尔对树木的空气净化能力的评论，见 "Plants Play Larger Role Than Thought in Cleaning up Air Pollution," NCAR UCAR AtmosNews, 21 October, 2010, available at www2.ucar.edu/atmosnews/news/2937/plants-play-larger-role-thought-cleaning-air-pollution. For Karl's comments about the "right" and "wrong" trees see Bruce Finley, "Deciduous Trees Have Decidedly Beneficial Impact on Air Pollution," Denver Post, online edition, posted 22 October 2010. To compare rates of VOC emissions see the United States Forest Service report "Estimated Biogenic VOC Emission Rates for Common U. S. TreesandShrubs," http://www.nrs.fs.fed.us/units/urban/local-resources/down loads/vocrates.pdf。

27. Emine Sinmaz, "Charles and His Coat of Many Patches: Prince Shows off His Trusted Old Gardening Jacket, Complete with Holes and Tears, During Special Edition of Countryfile," *Mail Online*, 10 March 2013, available at http://www.dailymail.co.uk/news/

article-2291333/Countryfile-Prince-Charles-shows-coat-patches-complete-holes-tears.html。

28. 参见 W. Gordon Bonn and T. van der Zwet, “Distribution and Economic Importance of Fire Blight,” in *Fire Blight: The Disease and Its Causative Agent, Erwinia amylovora,* ed. J. L. Vanneste (Wallingford, U.K.: CABI, 2000)。

29. Louisa Anne Meredith, *My Home in Tasmania: During a Residence of Nine Years,* vol.1 (Cambridge: Cambridge University Press, 2010).

30. Fiona Blackwood, “Hedge Man,” transcript of Stateline broadcast (12 October 2004), available at http://www.abc.net.au/stateline/tas/content/2003/s1262651.htm; Darrel Odgers, *Tasmania: A Guide* (Cameray, Australia: Kangaroo, 1989), 92.

31. 詹姆斯 · 鲍克斯霍尔，致作者的关于他本人及埃利斯的工作的电子邮件，2013 年 9 月 17 日。

32. Mark Lewis, *Cane Toads: An Unnatural History, documentary* (Film Australia, 1988).

33. 关于澳大利亚和新西兰树篱，更多的内容见 Larry Price, “Hedges and Shelterbelts on the Canterbury Plains, New Zealand: Transformation of the Antipodean Landscape,” *Annals of the Association of American Geographers* 83, no.1 (March 1993): 199—40; F. N. Howes, “Fence and Barrier Plants in Warm Climates,” *Kew Bulletin* 1, no.2 (1946): 51—87。

34. Roy Moxham, *The Great Hedge of India* (New York: Carroll and Graf, 2001).

35. 同上。

第五章　美国的棘刺

1. 关于农夫华盛顿的更多内容，见 Alan Fusonie, *George Washington: Pioneer Farmer* (Charlottesville: University of Virginia Press, 1998); Robert F. Dalzell and Lee Baldwin Dalzell, *George Washington's Mount Vernon: At Home in Revolutionary America* (Oxford: Oxford University Press, 2000)。

2. 参 见 Allan Greenberg, *George Washington, Architect* (Winterbourne, U. K.: Papadakis, 1999)。

3. John C. Fitzpatrick, ed., *The Writings of George Washington from the Original Manuscript Sources, 1745—1799*, vol. 35: *March 30, 1796—July 31, 1797* (Washington. D.

C.: United States Government Printing Office, 1939), 66.

4. 关于美国西北部太平洋沿岸的入侵植物的描述，见华盛顿州保护及景观协会等所著的 *Garden Wise* (Federal Way, Wash., 2013)，链接网址为 http://www.nwcb.wa.gov/publications/western_garden_wise.pdf。对于华盛顿订购白花荆棘的要求，见 Paul Leland Haworth, *George Washington: Farmer* (Brooklyn, N. Y.: Bobbs-Merrill, 1915), 163。

5. Fitzpatrick, *Writings of George Washington*, 181—82.

6. 参见 Charles Sprague Sargent , "The Trees at Mount Vernon," *Annual Report of the Mount Vernol Ladies' Association of the Union* (1917), 30。

7. 参见 Avery Craven, *Soil Exhaustion as a Factor in the Agricultural History of Virginia and Maryland, 1606—1860* (Columbia: University of South Carolina Press, 2006), 110。

8. 参见 Edwin Morris Betts, *Thomas Jefferson's Garden Book, 1766—1824* (Whitefish, Mont.: Kessinger, 2010)。

9. Frederick Doveton Nichols, *Thomas Jefferson: Landscape Architect* (Charlottesville: University of Virginia Press), 143.

10. Betts, *Jefferson's Garden Book.*

11. Edmund Quincy, *Life of Josiah Quincy of Massachusetts* (Boston: Ticknor and Fields, 1867).

12. "Hawthorn Hedges in New England," *New England Farmer* 1, no.1 (August 1822): 2-3; Quincy, *Life of Josiah Quincy*, 367.

13. Spencer C. Tucker, *The Encyclopedia of the War of 1812* (Santa Barbara, Calif.: ABC-CLIO, 2012), 849

14. Quincy, *Life of Josiah Quincy*, 366.

15. William Cobbett, *The American Gardener; or, A Treatise on the Situation, Soil, Fencing, and Laying Out of Gardens; on the Making and Managing of Hotbeds and Green-houses; and on the Propagation and Cultivation of the Several Sorts of Vegetables, Herbs, Fruits, and Flowers* (New York: Turner and Hayden, 1846), 25.

16. 同上，31。

17. 同上，28。

18. Michael Kammen, *Digging Up the Dead: A History of Notable American Reburials* (Chicago: University of Chicago Press, 2010), 74—77.

19. "Hedging," *American Agriculturist*, vol.9 (1851): 298.

20. “A Chapter on Hedges,” *Horticulturist and Journal of Rural Art and Rural Tastel*, no.8 (February 1847): 345—55.

21. 参见 Donald Culrose Peattie, *A Natural History of Western Trees* (Boston: Houghton Mifflin, 1950), 477—82。

22. Carriel Mary Turner, *The Life of Jonathan Baldwin Turner* (Stockbridge, Mass.: Hard Press, 1911),

23. 参见 James Edward David, *Frontier Illinois* (Bloomington: Indiana University Press, 2000)。

24. *The Western Agriculturist, and Practical Farmer's Guide* (Robinson and Fairbanks, 1830, Google ebook), 53.

25. 参见 Turner, *Life of Jonathan Baldwin Turner*, 65.

26. Alan W. Corson, “Planting Hedges,” *Pennsylwania Farm Journal* 1 (1852): 207.

27. “Winterthur Bloom Report No.20” (Winterthur, Del.: Winterthur, 29 May 2013), 2.

28. Laws of the State of Delaware, 19, Part 1 (1891); Records from the United State Patent and Trademark Office.

第六章　原住民的回归

1. Susan Olp, “Tribal Members Work to Preserve Their Language,” *News from Indian Country* (July 2012), http://www.indiancountrynews.com/index.php/news/279-culture/12573-tribal-members-work-to-preserve-their-language; Alma Hogan Snell, *A Taste of Heritage: Crow Indian Recipes and Herbal Medicines* (Lincoln: University of Nebraska Press, 2006).

2. 蒂姆·麦克利里发给作者的邮件，2011 年 11 月 26 日；Frank B. Linderman, *Pretty-Shield: Medicine Woman of the Crows* (New York: Harper Collins, 1932)。

3. Snell, *Taste of Heritage*, 135.

4. 同上，135。

5. Richard Mabey, *Food for Free* (Dublin: Collins, 1972, Kindle edition); “Springtime's Foraging Treats,” *The Guardian, 5 January 2007.*

6. Snell, *Taste of Heritage*, xxi.

7. Michael Gard, *The Obesity Epidemic: Science, Morality and Ideology* (London: Routledege, 2004).

8. John R. Speakman, "Thrifty Genes for Obesity and the Metabolic Syndrome—Time to Call off the Search?" *Diabetes and Vascular Disease Research* 3, no.1 (May 2006): 7—11.

9. John R. Speakman, "Thrifty Genes for Obesity and Diabetes, an Attractive but Flawed Idea and an Alternative Scenario: The 'Drifty Gene' Hypothesis," *International Journal of Obesity* 32 (2008): 1611—17.

10. 关于美洲印第安人、蒙大拿州一般居民，以及乌鸦族人的糖尿病发病率，见 http://healthinfo.montana.edu/County%20Profiles/Big%20Horn%20County.pdf and http://www.cdc.gov/diabetes/pubs/pdf/diabetesreport card.pdf. Sneel, Taste of Heritage, 4。

11. James Mooney, *The Ghost Dance Religion and the Sioux Outbreak of 1890* (1896; Google eBook), 996 and 1014.

12. John C. Hellson, *Ethnobotany of the Blakfoot Indians* (Ottawa: National Museums of Canada, 1974).

13. Rosalyn LaPier, "Blackfeet Botanist: Annie Mad Plume Wall," *Montana Naturalist* (Fall 2005), 4—5; Blackfeet Community College and the University of Arizona, "Native Plants and Nutrition," http://www.nptao.arizona.edu/pdf/BlackfeetFinalReport.pdf; telephone conversation with Rosalyn LaPier, 10 October 2005.

14. 关于北美洲印第安人所使用的植物的研究，见 Daniel E. Moerman, *Native American Ethnobotany* (Portland, Ore.: Timber, 1998)。

15. See Mary Beth Trubitt, "The Production and Exchange of Marine Shell Prestige Goods," *Journal of Archaeological Research* 11, no.3 (September 2003): 243—77.

16. Charles A. Geyer, "Notes on the Vegetation and General Character of the Missouri and Oregon Territories During the Years 1843 and 1844," *London Journal of Botany* 5 (1846): 300.

17. 关于毕特如何制作弓的全部信息，出自 Michael Bittl, "Bows Made of Roses Vol.1, Beauty All Around" (22 June 2011), posted at *Bow Explosion*, redhawk55.wordpress.com/tag/holzbogen/。

18. 参见 James W. Herrick, *Iroquois Medical Botany* (Syracuse: Syracuse University Press, 1997), 161—62。

19. Robert M. Utley, *Cavalier in Buckskin* (Norman: University of Oklahoma Press, 1988), 192—93.

第七章　英雄树

1. Ai Mi, *Under the Hawthorn Tree* (London: Virago Press, 2012).

2. 关于贾湖的信息来自芭芭拉· 李· 史密斯（Barbara Li Smith）与李云坤【音】（Yun Kuen Lee）, "Mortuary Treatment, Pathology and Social Relations of the Jiahu Community," *Asian Perspectives* 47 (2008): 242—98, 以及 Juzhong Zhang, Garman Harbottle, Changsui Wang, and Zhaochen Kong, "Oldest Playable Musical Instruments Found at Jiahu Early Neolithic Site in China," *Nature*, September 1999, 366—68。

3. Patrick E. McGovern, Uncorking the Past: *The Quest for Wine, Beer and Other Alcoholic Beverages* (Berkeley: University of California Press, Kindle edition, 2010).

4. See James Bird Phipps, *Hawthorns and Medlars* (Portland, Ore.: Timber Press, 2003), 90.

5. See McGovern, *Uncorking the Past*, also Larry Gallagher, "Stone Age Beer," *Discover*, November 2005.

6. William Shurtleff and Akiko Aoyagi, *History of Kogi—Grains and/or Soybeans Enrobed with a Mold Culture* (300 BCE to 1212) (Lafayette, Calif.: Soyinfo Center, 2012).

7. Michal Pollan, *The Botany of Desire* (New York: Random House, 2002, Kindle edition)。

8. 关于采猎者和农民健康情况对比的讨论，见 Mark Nathan Cohen, *Health and the Rise of Civilization* (New Haven: Yale University Press, 1980)。

9. See, e.g., Robert J. Braidwood, Jonathan D. Sauer, Hans Helbaek, et al., "Did Man Once Live by Beer Alone?" *American Anthropologist* n.s. 55, no.4 (October 1953): 515—26.

10. Statistics Division, Agriculture Organization of the United Nations, http://www.fao.org/statistics/en/(accessed 24 October 2014).

11. "Enforcement Report," U. S. Food and Drug Administration, 29 August 2001, available at http://web.archive.org/web/20070613081904/http://www.fda.gov/bbs/topics/ENFORCE/2001/ENF00708.html.

12. "The Global Wine Industry, Slowly Moving from Balance to Shortage," report from Morgan Stanley, 22 October 2013, available at http://blogs.reuters.com/counterparties/files/2013/10/Global-Wine-Shortage.pdf

13. Tunde Jiri Sochor, Otakar Rop, et al. "Polyphenolic Profile and Biological

Activity of Chinese Hawthorn," *Molecules* 17, no.12 (2012): 14490—15509.

14. Denham Harman, "Aging: A Theory Based on Free Radical and Radiation Chemistry," *Journal of Gerontology* 11 (1956): 298—300.

15. Ruth H. Matthews, Pamel R. Pehrsson, and Mojgan Forhat-Sabet, "Sugar Content of Selected Foods," U. S. Department of Agriculture, Home Economics Research Report, no.48 (September 1987); He Guifen, Jialin Sui, Jinhua Du, and Jing Lin, "Characteristics and Antioxidant Capacities of Five Hawthorn Wines Fermented by Different Wine Yeasts," *Journal of the Institute of Brewing* 119, no.4 (October 2013): 321—27.

16. Simon Singh and Edzard Ernst, *Trick or Treatment? Alternative Medicine on Trial* (London: Transworld, 2009, Kindle edition).

17. Henry C. Lu, *Traditional Chinese Medicine: An Authoritative and Comprehensive Guide* (Laguna Beach, Calif.: Basic Health Publications, 2005), 13.

18. Subhuti Dharmananda, "Hawthorn: Food and Medicine in China" (Institute for Traditional Medicine, Portland, Ore.), http://www.itmonline.org/arts/crataegus.htm.

19. Li Zhisuie, *The Private Life of Chairman Mao* (New York: Random House, 2011), 542.

20. James Reston, "Now Let Me Tell You About My Appendectomy in Peking," New York Times, 26 July 1972, 1.

21. T. V. N. Persuad, *Early History of Anatomy: From Antiquity to the Beginning of the Modern Era* (Springfield, Ill.: Thomas, 1984), 20—22.

22. World Health Organization, "Acupuncture: Review and Analysis of Reports on Controlled Clinical Trials" (2003). For a summary of the criticism of the WHO report see Singh and Ernst, *Trick or Treatment*?

23. Weillang Weng, W. Q. Zhang, F. Z. Liu, et al., "Therapeutic Effect of *Crataegus pinnatifida* on 46 Cases of Angina Pectoris. A Double Blind Study," *Journal of Traditional Chinese Medicine* 4, n0.4 (1984): 293—94.

第八章　医药树

1. 关于心脏病的统计数据来自以下文献：世界卫生组织，“310 号资料页”，2013 年 7 月; Centers for Disease Control and Prevention, Atlanta, Georgia; "Fast Stats," American Heart Association, Circulation (2011); European Society of Cardiology, the European

Heart Network, and the British Heart Foundation Health Promotion Research Group, *European Cardiovascular Disease Statistics*, 4th ed. (Department of Public Health, University of Oxford)。

2. Pedanius Dioscorides, *De medica materia*, trans. Tess Anne Osbaldeston, books 1 and 2; P. De Vos, "European Materia Medica in Historical Texts: Longevity of a Tradition and Implications for Future Use," *Journal of Ethnopharmacology* 132, no.1 (October 2010): 28—47.

3. David Pybus and Charles Sell, eds., *The Chemistry of Fragrances* (London: Royal Society of Chemistry, 1999), 15.

4. Stephen Harrod Buhner, *Sacred Plant Medicine* (Rochester, Vt.: Inner Traditions,2006), 128.

5. "*Crataegus oxycantha* in the Treatment of Heart Disease," Letter from Dr. M. C. Jennings, *New York Medical Journal*, 10 October 1896.

6. Joseph Clements, "*Crataegus oxycantha* in Angina Pectoris with Report of a Case," *Kansas City Medical Index* 19, no.5 (1898): 131—32.

7. 关于本草医学、劳埃德兄弟与约翰 · 乌里 · 劳埃德的材料来自 *Medical Protestants: The Eclectics in American Medicine, 1824—1939* (Carbondale: Southern Illinois University Press, 2013), and Michael A. Flannery, *John Uri Lloyd: The Great American Eclectic* (Carbondale: Southnern Illinois University Press, 1998)。

8. 关于以山楂作为治疗的药物的材料来自芬利 · 埃林伍德编辑的杂志 *Ellingwood's Therapeutist* 8 (1914): 71, and 9 (1915): 217—18; John Uri Lloyd, "A Treatise on Crataegus," Drug Treatise 16 (Cincinnati: Lloyd Brothers, 1917), and Harvey Wilkes Felter, *The Eclectic Materia Medica, Pharmacology and Therapeutics* (Repr.; Sandy, Ore.: Eclectic Medical Publications, 1983), 130。

9. Finley Ellingwood, ed., *Ellingwood's Therapeutist* 11 (1917): 21.

10. "世界卫生组织核心药物模型分类"，世界卫生组织，2013 年 10 月。约翰 · 乌里 · 劳埃德还写过以他童年的故乡——肯塔基州北部为背景的多部小说。其中最著名的是一本题为《艾提朵尔帕》的有插图的科幻小说，这本书在欧洲和美国都十分流行。其类型部分可以归于"空心地球"小说，就像儒勒 · 凡尔纳（Jules Verne）的《地心游记》一样，这种书在美国的文学俱乐部里大受欢迎。甚至有不少父母给孩子起名叫艾提朵尔帕（Etidorhpa, 是阿芙洛狄忒 [Aphrodite] 的同字母异序词）。根据推测，劳埃德所想象的图景——巨大的地底湖泊，周围是遮天蔽日的巨型蘑菇，地底还生活着苍白的智慧生物——受到了他对大麻、裸盖菇素还有鸦片等兴奋剂的认识的影响；见 Marcus Boon, *The Road of Excess: A History of Writers on Drugs* (Cambridge: Harvard University Press, 2002), 228。

11. 见于 Haller, *Medical Protestants*; 各种医学院可见于 http://www.lcme.org/directory.htmandhttp://www.osteopathic.org/inside-aoa/about/affiliates/Pages/osteopathic-medical-schools.aspx (osteopathic colleges); Ron Paul, speech before the U. S. House of Representatives, Congressional Record 155, part 17, 23 September 2009—6 October 2009。

12. James D. P. Graham, "*Crataegus oxycantha* in Hypertension," *British Medical Journal*, 11 November1939, 951.

13. 关于梅斯梅尔通磁术以及本杰明·富兰克林在巴黎实验中所起的作用，见 Mark A. Best, *Benjamin Franklin: Verification and Validation of the Scientific Process in Healthcare as Demonstrated by the Report of the Royal Commission of Animal Magnetism* (Bloomington, Ind.: Trafford, 2003), Robert Darnton, *Mesmerism and the End of Enlightenment in France* (Cambridge: Harvard University Press), 以及 Russell Shorto, *Descartes's Bones: A Skeletal History of the Conflict Between Faith and Reason* (New York: Random House, 2008)。

14. Best, *Benjamin Franklin*, 12.

15. 丹尼斯·施拉格黑克（Dennis Schlagheck）致本书作者的电子邮件，莫顿大学图书馆以及莫顿大学霍索恩工厂博物馆，西塞罗，伊利诺伊，2014 年 1 月 24 日。

16. Jonathan Freedaman and David O. Sears, *Social Psychology*, 4th ed. (Englewood Cliffis, N. J.: Prentice-Hall, 1981); Steven D. Levitt and John A. List, "Was There Really a Hawthorne Effect at the Hawthorn Plant? An Analysis of the Original Illumination Experiments," *American Economics Journal* (January 2011): 224—38.

17. Charles Sanders Perice and Joseph Jastrow, "On Small Differences in Sensation," *Memoirs of the National Academy of Sciences 3* (1885): 73—83.

18. "Streptomycin Treatment of Pulmonary Tuberculosis," *British Medical Journal* (30 October 1948): 769—82; J. L. Vanneste, ed., *Fire Blight: The Disease and Its Causative Agent*, Erwinia amylovora (Wallingford, U. K.: CABI, 2000), 22. Streptomycin has been used in the United States to combat fire blight, a serious bacterial disease of hawthorns, pears, apples, and other members of the rose family, although, like tuberculosis, some strains of this bacteria have evolved an alarming resistance to the antibiotic.

19. G. Zapfe, "Clinical Efficacy of Crataegus Extract WS 1442 in Congestive Heart

Failure NYHA Class II," *Phytomedicine* 8 (2001): 262—66. For an analysis of the clinical trials summarized in this section see an overview of research compiled by Mary C. Tassell, Rosari Kingston, Ambrose Furey, et al., "Hawthorn (Crataegus) in the Treatment of Cardiovascular Disease," *Pharmacognosy Review* (January-June 2010): 32—41.

20. 关于山楂的专著由E委员会发布, 19 July 1994, available at http://buecher.heilpflanzen-welt.de/BGA-Kommission-E-Monographien/crataegi-flos-weissdornblueten.htm。

21. C. J. Holubarsch et al., "The Efficacy and Safety of Crataegus Extract WS 1442 in Patients with Heart Failure: The SPICE Trial," *European Journal of Heart Failure* 12 (10 December 2008): 1255—63.

22. M. Tauchert, "Efficacy and Safety of *Crataegus* Extract WS 1442 in Comparison with Placebo in Patients with Chronic Stable New York Heart Association Class-III Heart Failure," *American Heart Journal* 143, no.5 (2002): 910—15.

23. Mary C. Tassell et al., "Hawthorn (*Crataegus spp.*) in the Treatment of Cardiovascular Disease," *Pharmacognosy Review* 4, no.7 (January-June 2010): 32—41.

24. Ibid.; Dr. Keith Aaronson, telephone conversation with the author, 17 October 2005.

25. "University Suspects Fraud by a Researcher Who Studied Red Wine," *New York Times*, 11 January 2012, A15; Malcolm Law and Nicholas Ward, "Why Heart Disease Mortality Is Low in France: The Time Lag Explanation," *Brithish Medical Journal* 318 (29 May 1999): 1471—80.

26. Eliseo Guallar, Saverio Stranges, Cynthia Mulrow, et al., "Enough Is Enough: Stop Wasting Money on Vitamin and Mineral Supplements," *Annals of Internal Medicine* 159, no.12 (17 Decemner 2013): 850—51; "Resveratrol May Not Be the Elixir in Red Wine and Chocolate," May 13, 2014, *NPR*, http://www.npr.org/blogs/thesalt/2014/05/13/311904587/resveratrol-may-not-be-the-elixir-in-red-wine-and-chocolat.

27. 统计材料由 Symphony IRI Group 汇编（Chicago, 2013），可见于美国植物学理事会网站 http://cms.herbalgram.org/herbalgram/issue99/hg99-mktrpt.html。

28. Josh Long, "FDA GMP Inspectors Cite 70% of Dietary Supplement Firms," *Natural Products Insider*, 20 May 2013 (online journal).

29. J. Si, G. Gao, and D. Chen, "Chemical Constituents of the Leaves of Crataegus

scabrifolia," *Zhongguo Zhong Yao Za Zhi*, 23 July 1998, 448.

30. Haller, *Medical Protestants*；折中主义医学研究所的克里斯汀·凯尔（Kristin Kile）发给本书作者的电子邮件，2013年12月26日；Rex Sallabanks, "Fruiting Plant Attractiveness to Avian Seed Dispersers: Native vs. Invasive *Crataegus* in Western Oregon," *Madroño* 40, no.2 (April-June 1993): 108—16。

31. 关于该实验的描述，见 M. Hanus, J. Lafon, and M. Mathieu, "Double-blind, Randomised, Placebo-controlled Study to Evaluate the Efficacy and Safety of a Fixed Combination Containing Two Plant Extracts (*Crataegus oxyacantha and Eschscholtzia californica*) and Magnesium in mild-to-moderate Anxieyt Disorders," *Current Medical Research and Opinion* 20 (January 2004): 63—71。关于对该实验的批判，见于 Sy Atezaz Saeed, Richard M. Bloch, and Diana J. Antonacci, "Herbal and Dietary Supplements for Treatment of Anxiety Disorders," *American Family Physician* 76, no.4 (August 2007): 549—56。

32. Paracelsus, *Liber Paragranu*, 1531.

33. Letter to the editor, "My horse is eating hawthorn is this bad for him?" *Horse and Rider*, n. d., at http://www.horseandrideruk.com/article.php?id=889.

34. Ruoling Guo, Max H. Pittler, and Edzard Ernst, "Hawthorn Extract for Treating Chronic Heart Failure," Cochrane Database of Systematic Review, 23 January 2008.

35. University of Maryland Medical Center, "Hawthorn," online report, http://www.umm.edu/health/medical/altmed/herb/hawthorn (accessed 29 October 2014).

36. David Healy, *Pharmageddon* (Berkeley: University of California Press, 2012), 5—6; "Glaxo SmithKline to Stop Paying Doctors to Promote Drugs," *The Guardian*, 17 December 2013, Business Section.

37. Rhonda M. Cooper-DeHoff, Yan Gong, Eileen M. Handberg, et al., "Tight Blood Pressure Control and Cardiovascular Outcomes Among Hypertensive Patients with Diabetes and Coronary Artery Disease," *Journal of the American Medical Association* 304, no.1 (July 2010): 61—68.

第九章　四季之树

1. A. Barnea and F. Nottebohm, "Seasonal Recruitment of Hippocampal Neurons in Adult Free-ranging Black-capped Chickadees," *Proceedings of the National Academy of*

Sciences of the United States of America 91, no.23 (November 1994): 11217—21.

2. Manji S. Dhindsa and David A. Boag, "Patterns of Nest Site, Territory, and Mate Swithching in Black-billed Magpies (*Pica pica*)," *Canadian Journal of Zoology* 70, no.4 (1992): 633—40.

3. 关于喜鹊的更多资料，见 Gisela Kaplan, "Song Structure and Function of Mimicry in the Australian Magpie (*Gymnorhina tibicen*) Compared to the Lyrebird (*Menura ssp.*)" *International Journal of Comparative Psychology* 12, no.4 (1999): 219—41, and "Black-billed Magpie," Toronto Zoo Web site, www.torontozoo.com/exploretheZoo/AnimalDetails.asp?pg=546。

4. Gary J. Wiles, "Records of Anting by Birds in Washington and Oregon," *Washington Birds* 11 (2011): 28—34.

5. Helmut Prior, Ariane Schwarz, Onur Güntürkün, et al., "Mirror-Induced Behavior in the Magpie (*Pica pica*): Evidence of Self-Recognition," *PLOS Biology* (19 August 2008). 虽然"黑暗英亩"的喜鹊属于另一个物种 *Pica hudsonia*，赫尔穆特 · 普莱尔在 2013 年 5 月 19 日的电子邮件中告诉本书作者，黑喙喜鹊与它所研究的欧亚喜鹊在基因上的差异很小，它们的行为生态"似乎大致是相同的"。

6. Marc Bekoff, *The Emotional Lives of Animals: A Leading Scientist Explores Animal Joy, Sorrow, and Empathy—and Why They Matter* (Novato, Calif.: New World Library, 2009), 1—2.

7. Davorin Tome, "Changes in the Diet of Long-Eared Owl Asio otus: Seasonal Patterns of Dependence on Vole Abundance," *Ardeola* 56, no.1 (2009): 49—56.

8. Sue Manning, "Infrared Camera in Wild Aimed at Montana Owl Nest," Associated Press, 11 April 2013.

9. 可以在一部网络视频中看到霍尔特：http://www.owlinstitute.org/owl-cam.html。

10. Norbert Lefranc, *Shrikes* (London: A&C Black, 2013).

11. Piotr Tryjanowski and martin Hromada, "Do Males of the Great Grey Shrike, *Lanius excubitor*, Trade Food for Extrapair Copulations?" *Animal Behavior* 69, no.3 (March 2005): 529—33.

12. Jane Rider, "Northern Shrike Catches Vermillion Flycatcher," *Missoulian*, online edition, 13 January 2000.

13. 关于植物之间的化学战争的更多信息，见 Elroy L. Rice, *Allelopathy* (New York: Academic Press, 1984), and Zahid A. Cheema, *Allelopathy* (New York: Springer, 2012)。

14. Roger del Moral and Cornelius H. Muller, “The Allelopathic Effects of *Eucalyptus camaldulensis*,” *American Midland Naturalist* 83, no.1 (January 1970): 254—82.

15. Rob Chaney, “City Sees Some Success Removing Norway Maples from Greenough Park,” *Missoulian*, 28 September 2011.

16. 同上。

17. 关于美洲山楂锈病菌的更多信息，见 John R. Hartman, Thomas P. Pirone, and Mary Ann Sall, *Pirone's Tree Maintenance* (Oxford: Oxford University Press, 2000), 273。

18. J. L. Vanneste, ed., *Fire Blight: The Disease and Its Causative Agent*, Erwinia amylovora (Wallingford, U. K.: CABI, 2000).

19. For more about this process of evolution see J. L. Feder, “The Apple Maggot Fly, *Rhagoletis pomonella:* Files in the Face of Conventional Wisdom About Speciation?” in *Endless Forms: Species and Speciation*, ed. D. J. Howard and S. H. Berlocher (Oxford: Oxford University Press, 1998).

20. Roger L. Blackman, *Aphids* (Cambridge: Ginn, 1974).

21. L. Hugh Newman, *Living with Butterflies* (London: Baker, 1967), 208. To see a video about the Camberwell Beauty release go to http://www.britishpathe.com/video/camberwell-butterfly.

22. Kenneth A. Pivnick and Jeremy N. McNeil, “Puddling in Butterflies: Sodium Affects Reproductive Success in *Thymelicus lineola*,” *Physiological Entomology* 12, no.4 (December 1987): 461—72.

23. “Restoration of Douglas Hawthorn (*Crataegus douglasii*) in the Great Lakes Region,” USDA Forest Service Web site, www.fs.fed.us/wildflowers/Rare Plants/consercation/success/crataegus_douglasii_restoration.shtml (accessed 27 October 2014).

第十章　精华与荆棘

1. Alonso Ricardo and Jack W. Szostak, “The Origin of Life on Earth,” *Scientific American*, September 2009, 54—61.

2. Paul Blum, *Archaea: Ancient Microbes, Extreme Environments, and the Origin of Life* (New York: Gulf Professional, 2001).

3. For more about the evolution of life on earth and the first plants and trees see Colin Tudge, *The Tree* (New York: Crown, 2005), and Wilson N. Stewart and Gar W. Rothwell,

Paleobotany and the Evolution of Plants (Cambridge: Cambridge University Press, 1993).

4. C. Kevin Boyce, Carol L. Hotton, Marilyn L. Fogel, et al., "Devonian Ladnscape Heterogeneity Recorded by a Giant Fungus," *Geology* 35 (May 2007): 399—402.

5. 参见 Craig L. Schmitt and Michael L. Tatum, *The Malheur National Forest, Location of the World's Largest Living Organism [The Humongous Fungus]* (N. p.: U. S. Department of Agriculture, Forest Service, 2008)。

6. William E. Stein, Frank Mannolini, Linda VanAller Hernick, et al., "Giant Cladoxylopsid Trees Resolve the Enigma of the Earth's Earliest Forest Stumps at Gilboa," *Nature*, 19 April 2007, 904—7.

7. Michael C. Wiemann and David W. Green, "Estimating Hardness from Specific Gravity for Tropical and Temperate Species," Research Paper FPI-RP-643, U. S. Department of Agriculture, September 2007.

8. Michael Wiemann, telephone conversation with the author, 12 November 2013.

9. Ohio Secretary of State, "Annual Report" (1887), 579—80.

10. 关于"巫婆汤"，见 W. H. Camp, "The *Crataegus* Problem," Castanea 7, nos.4—5 (April-May 1942)。关于"分类学上的灾难"，见 S. B. Sutton, *Charles Sprague Sargent and the Arnold Arboretum* (Cambridge: Harvard University Press, 1970)。

11. James Bird Phipps, "*Mespilus canescens*, a New Rosaceous Endemic from Arkansas," *Systematic Botany* 15, no.1 (January-March 1990): 26—32.

12. Gerard Krewer and Tom Crocker, "Experiments and Observations on Growing Mayhaws as a Crop in South Georgia and North Florida," Cooperative Extension Service, the University of Georgia College of Agricultural and Environmental Sciences, 2009.

13. 关于墨西哥山楂问题的简明解释，见 For a succinct explanation of the tejocote problem see the David Karp, "Tejocote: No Longer Forbidden," *Fruit Gardener* 42, no.6 (November and December 2010): 10—13。

14. Luther Burbank et al., "Luther Burbank: His Methods and Discoveries and Their Practical Application," vol.6 (New York: Luther Burbank Press, 1914), 266.

15. 同上。

16. 参见 Karp, "Tejocote: No Longer Forbidden," ; E-mail from the USDA in response to the author's question about the status of tejocote imports from Mexico, 9 December 2013。

17. *Creating Deciduous Bonsai Trees—Hawthorn*, 视频可见于 http://www.imeo.

com/36470902.

18. Graham Potter e-mail to the author, 28 November 2013.

19. R. J. Rayner, "New finds of Drepanophycus spinaeformis *Göppert* from the Lower Devonian of Scotland," *Transactions of the Royal Society of Edinburgh: Earth Sciences* 75, no.4 (January 1984): 353—63.

20. Peter Marks, "Reading the Landscape," *Cornell Plantations Magazine* (summer 2001); Helen M. Armstrong, Liz Poulsom, Tom Connolly, and Andrew Peace, "A Survey of Cattle-grazed Woodlands in Britain," Forest Research, Northern Research Station, Roslin, Midlothian, Scotland, October 2003.

21. Colin Beale, "Why Grow Thorns if They Don' t Work?" *Nothing in Biology Makes Sense*, http://nothinginbiology.org/2012/02/09/why-grow-thorns/.

22. Colin Beale, 致本书作者的电子邮件, 5 November 2013.

23. Malka Halpern, Dina Raats, and Simcha Lev-Yadum, "The Potential Anti-Herbivory Role of Microorganisms on Plant Thorns," *Plant Signaling and Behavior* 2, no.6 (November-December 2007), 503—4.

24. T. P. Olenginski, "Plant Thorn Synovitis: An Uncommon Cause of Monoarthritis," *Seminars in Arthritis and Rheumatism* 1 (21 August 1991): 40—46.

25. John Cartwright, *Evolution and Human Behavior: Darwinian Perspectives on Human Nature* (Cambridge: MIT Press, 2000), 97—98; Katie Alcock, "Ants Work with Acacia Trees to Prevent Elephant Damage," *BBC News*, 2 September 2010.

26. Dan O'Neill, *The Last Giant of Beringia: The Mystery of the Bering Land Bridge* (New Yor: Basic, 2000).

27. James Bird Phipps, "Biogeographicalm, Taxonomic and Cladistic Relationships Between Eastern Asiatic and North American *Crataegus*," *Annals of the Missouri Botanical Garden* 70 (1983): 666—700.

28. 关于美洲大陆的定居者是从北方的白令海峡徒步而来，渐渐向南扩散的理论，见O'Neill, *Last Giant of Beringia*; for the theory that they traveled by sea see James E. Dixon, *Quest for the Origins of the First Americans* (Albuquerque: University of New Mexico Press, 1991)。

第十一章　荆棘之冠

1. Richard Savil, “Vandals Destroy Holy Thorn Tree in Glastonbury,” *The Telegraph*, 9 December 2010.

2. 关于约瑟的神话，见 Rabanus Maurus, *Life of Mary Magdalene*, a ninth century manuscript discovered a thousand years later and published in 1842; Robert de Boron, *Joseph d'Arimathie* (c. 1350); and Valeria M. Lagorio, “The Evolving Legend of St Joseph of Glastonbury,” *Speculum* 46, no.2 (April 1971): 209。

3. Giraldus Cambrensis (Gerald of Wales), *Liber de Principis Instructione* (c. 1193); Geoffrey Ashe, *King Arthur's Avalon* (Gloucestershire, U. K.: History Press, 2007),

4. *Glastonbury: Isle of Light*, Galatia Film Company, Web site, http://www.glastonburyfilm.com/; “Liam Neeson Could Star in Glastonbury Movie Shot in Kazakhstan,” *Western Daily Press*, 7 September 2012.

5. Rodney Castleden, *King Arthur: The Truth Behind the Legend* (London: Routledge, 2003); Francis Aidan Gasquet, *Last Abbot of Glastonbury and Other Essays* (London: George Bell and Sons, 1908), 68—71.

6. K. I. Christensen, “Revision of *Crataegus*,” in the section “*Crataegus* in the Old World,” *Systematic Botany Monographs* 35 (1992): 1—199; James Bird Phipps, *Hawthorns and Medlars* (Portland, Ore.: Timber Press, 2003), 16.

7. 参见 Savil, “Vandals Destroy Holy Thorn Tree in Glastonbury”。

8. Luke Salked, "Were Anti-Christians Behind Pilgrimage Site Attack? 2,000-year-old Holy Thorn Tree of Glastonbury Is Cut Down," *Mail Online*, 9 December 2010; “Killed Off After 2,000 Years: Glastonbury's Vandalized Holy Thorn Tree Must Be Replaced After ‘Trophy Hunters’ Snap Off Its New Shoots, *Mail Online*, 19 September 2011; “The Story of the Glastonbury Thorn: The Recent Chapters,” Glastonbury Pilgrim Reception Centre Web site: http://www.unity throughdiversity.org/the-recent-chapters.html.

9. Geoffrey Humphreys, *History Today* 48, no.12 (1998); Web site of the Greenmantle Nursery, Carberville, Calif., http://www.greenmantlenursery.com; Peter Marteka, “Town Hoping a Legend Takes Root but Outlook Isn' t Rosy for Glastonbury Thorn,” *Hartford Courant*, 14 April 2006; Adrian Hamilton, “Will the Last Person to Leave the Church of England Please Turn Off the Lights,” *Independent*, 18 April 2011.

10. Ronald Hutton, *The Stations of the Sun: A History of the Ritual Year in Britain*

(Oxford: Oxford University Press, 1996), 218—25; Kathryn Price NicDhàna, Erynn Rowan Laurie, C. Lee Vermeers, and Kym Lambert ní Dhorreann, *The CRFAQ: An Introduction to Celtic Reconstructionist Paganism* (Memphis, Tenn.: River House, 2007), 100—3.

11. Paul Barber, *Vampires, Burial, and Death: Folklore and Reality* (New Haven: Yale University Press, 1988), 48 and 72; Friedrich S. Krauss, "South Slavic Countermeasures Against Vampires," in *The Vampire: A Casebooks*, ed. Alan Dundes (Madison: University of Wisconsin Press, 1998).

12. John Mandeville, *The Voyages and Travels of Sir John Mandevile, Knight* (printed by A. Wilde, for G. Conyers, in Little-Britain, T. Norris, at London-bridge, and A. Bettesworth, in Pater-Noster-Row, 1722), 9—10; John Larner, "Plucking Hairs from the Great Cham's Beard: Marco Polo, Jan de Langhe, and Sir John Mandecille," in *Marco Polo and the Encounter of East and West*, ed. Suzanne Conklin Akbari and Amilcare Iannucci (Toronto: University of Toronto Press, 2008), 133—55.

13. *All the Year Round*, 20 April 1889, 371.

14. Nerman Maharik, Elgengaihi Souad, and Tahaa Hussein, "In Vitro Mass Propagation of the Endangered Sinai Hawthorn, *Crataegus sinaica boiss," International Journal of Academic Research* 1, no.1 (January 2009): 24.

15. *The Catholic Encyclopedia: An International Work of Reference on the Constitution, Doctrine, Discipline, and History of the Catholic Church,* vol.4 (New York: Appleton, 1913), 540—41; Michael F. Hendy, *Studies in the Byzantine Monetary Economy, c. 300—1450* (Cambridge: Cambridge University Press, 2008), 230; Donald M. Nicol, *Byzantium and Venice: A Study in Diplomatic and Cultural Relations* (Cambridge: Cambridge University Press, 1992).

16. "Thorn from Jesus's Crucifixion Crown Goes on Display at British Museum," *Mail Online*, 24 March 2011.

17. Joan Carroll Cruz, *Relics* (Huntington, Ind.: One Sunday Visitor, 1984), 36—37; Avidoam Danin, Alan D. Whanger, and Mary Whanger, *Flora of the Shroud of Turin* (St. Louis: Missouri Botanical Garden, 1999); Mary Whanger and Alan D. Whanger, *The Shroud of Turin: An Adventure of Discovery* (Franklin, Tenn.: Providence House, 1998). 另一个广为人知的圣经传说是向摩西显现的燃烧的荆棘。根据《出埃及记》的说法，这荆棘被火烧着，却没有烧毁。从荆棘里火焰中，先是耶和华的使者向摩西显现，然后又是神的

声音，告诉摩西说，当把你脚上的鞋脱下来，因为你所站之地是圣地。摩西就蒙上脸，因为怕看神。用来指代灌木的希伯来文一般被翻译为“荆棘”。有人认为，这段描述来自于一种开花植物，其味道像柠檬一样，名叫白鲜或“燃烧的灌木”，而学名则是 *Dictamnus albus*。到了夏天，它会释放出一种可燃的油，遇火就冒出烈焰，然而却不会对花朵和植物产生危害。然而，在中世纪和文艺复兴时期的欧洲，人们却广泛相信那令摩西移开目光的燃烧的荆棘是山楂。（关于白鲜，见密苏里植物园网站，http://www.missouribotanicalgarden.org/PlantFinder/PlantFinderDetails.aspx?kempercode=c490；关于认为燃烧的荆棘是山楂的说法，见“山楂树的神话与传说”，http://www.paghat.com/hawthornmyths.html，[2014 年 11 月 2 日访问]。）

18. Francois Leuret, *Modern Miraculous Cures: A Documented Account of Miracles and Medicine in the Twentieth Century* (Bangalore: Hesperides, 2008), 63.

19. Rosemary Guiley, *The Encyclopedia of Saints* (New York: Infobase, 2001), 389.

20. “Our Lady of Beauraing,” http://www.marypages.com/beauraingEng1.html; “What Happened to the Children?” 关于博兰目睹圣母的孩子们长大成人后的情况，见 http://beauraing.catho.be/uk/uk_430_enfants.html。

21. 从某种意义上来说，与“布条树”类似的是北部平原上的印第安人在怀俄明州北部的“医药轮”，这是直径 80 英尺的一圈石头，从圆心到圆周还有 28 根石头堆成的放射状的辐条。在标记它边界的绳篱笆上，固定着珠子、小袋子、用甜草编的辫子，还有用生牛皮卷着的神秘的包裹。虽然我们并不知道它的建造者是谁，以及它有多少年的历史，不过，坐落在比格霍恩山脉一万英尺高的一处多风的山坡上的“医药轮”无疑是北部平原部落的传统信仰中一处核心的圣地。一位名叫老耗子的阿里奇拉族长者解释说，“最终，每个人都会到医药轮来是自己的生命完整。”见 Andrew Gulliford, *Sacred Objects and Sacred Places: Preserving Tribal Traditions* (Boulder: University Press of Colorado, 2000), 135—44。

22. “Best Place to Make a Wish,” *The Scotsman*, 17 October 2007, available at http://www.scotsman.com/lifestyle/outdoors/best-place-to-make-a-wish-1-696724.

23. Virginia Yans-McLaughlin, *Immigration Reconsidered: History, Sociology, and Politics* (Oxford: Oxford University Press, 1999), 100.

24. Christine Zucchelli, *Trees of Inspiration: Sacred Trees and Bushes of Ireland* (Wilton, Ireland: Collins, 2009).

25. Gordon Deegan, “Clare Fairy Tree Vandalized,” *Irish Times*, 14 August 2002.

26. Maeve Binchy, *Whitethorn Woods* (New York: Knopf, 2007).

27. Nick Sutton, *The Delorean Story: The Car, the People, the Scandal* (Sparkford, U.

K.: Haynes, 2013), 69.

第十二章　武士女王

1. 美国森林网站，网址 http://www.americanforests.org/our-programs/global-releaf-projects/。

2. 关于大卫·道格拉斯的生平、工作和离奇死亡，更多的内容见 M. L. Tyrwhitt-Drake, "Douglas, David," in *Dictionary of Canadian Biography*, vol.6 (Toronto: University of Toronto, 1987); David Douglas, *Journal Kept by David Douglas During his Travels in North America, 1823—1827* (London: William Wesley, 1914); Jean Greenwell, "Kaluakauka Revisited: The Dearh of David Douglas in Hawai'i" *Hawaiian Journal of History* 22 (1988): 147—69。

3. James Bird Phipps, *Hawthorns and Medlars* (Portland, Ore.: Timber Press, 2003).

4. Much of the material about Phipps came by way of e-mail between Phipps and the author in 2014.

5. W. H. Camp, "The *Crataegus* Problem," *Castanea* 7, nos.4—5 (April-May, 1942): 51—55.

6. Eugenia Y. Y. Lo, Saša Stefanović, and Timothy A. Dickinson, "Moecular Reappraisal of Relationships Between Crataegus and Mespilus (*Rosaceae, Pyreae*)—Two Genera or One?" *Systematic Botany* 32, no.3 (2007): 596—616.

7. Alex V. Popovkin, Katherine G. Mathews, José Carlos Mendes Santos, et al., "*Spigelia genuflexa* (Loganiaceae), a New Geocarpic Species from the Atlantic Forest of Northeastern Bahia, Brazil," *PhytoKeys* 6 (2011): 47—56.

后记

1. Peter Berresford Ellis, *A History of the Irish Working Class* (London: Pluto), 123—24.

2. Sue Moran, "Thomas Moran" (2004), unpublished manuscript; copy in the author's possession.

3. Robert Vaughn, *Then and Now: Thirty-six Years in the Rockies* (Helena, Mont.: Far County Press, 2001), 97.

4. Genevieve McBride, *The Bird Tail* (New York: Vantage, 1974).

5. W. C. Jameson, *Buried Treasures of the Rocky Mountain West: Legends of Lost Mines, Train Robbery Gold, Caves of Forgotten Riches and Indians' Buried Silver* (Atlanta: August House, 1993), 87—93.

附录二

译名对照表

A

Aaronson, Keith, 基思·阿伦森

acacia 金合欢;*Acacia catechu*(black cutch) 儿茶树;*Acacia drepanolobium* (whistling thorn) 合欢荆棘树;*Acacia karroo*(sweet thorn), 甜荆棘

Acanthosoma haemorrhoidale, 盾椿象

Acer platanoides, 挪威槭树

Actaea racemosa, 蓝升麻,或黑升麻

Act of Union (Great Britain and Ireland),《联合法案》

acupuncture, 针灸

agamospermy, 无融合结籽

Ai Mi, 艾米

Akbilitchishée Aashkaate(Hawthorn Bushes Creek), 阿克比利奇西·阿什卡特 (山楂丛溪)

albespine, 白刺

allelopathy, 化感作用

B

C

cedar-hawthorn rust，美洲山楂锈病菌

cedar waxwing，雪松太平鸟

Celtic Sea，凯尔特海

Celts，凯尔特人

changeling，调换儿

Chanticleer，香缇克利尔

charcoal，木炭

Charles, Prince，查尔斯王子

Charles the Bald，秃头查理（查理二世）

Chateau Jiahu，贾湖城

Cherokee Indians，柴罗基印第安人

chi，气

Chiang Kai-shek，蒋介石

Chi nei tsang，气内脏

Chinese hawthorn，中国山楂

Chislett, George，乔治·切斯勒特

chloroplast，叶绿素

chokecherry，美洲稠李

Christ's thorn jujube，基督刺枣

Chrysopidae，草蛉

Cincinnati College of Pharmacy，辛辛那提药学院

clamp，夹子

Clark Fork，克拉克河

D

E

F

G

H

I

J

K

L

M

miasm，瘴毒

Midas, King，弥达斯王

Midas Touch，点石成金

midland hawthorn，中部山楂

mining bees，集蜂或隧蜂

Miracinonyx，北美猎豹

Missouri Botanical Garden，密苏里植物园

Missouri River，密苏里河

Mohawk Indians，莫霍克印第安人

Monk's Wood，修士林

monoterpene，单萜

Montgomery, Robert Leaming，罗伯特·利明·蒙哥马利

Monticello，蒙蒂塞洛

Moran, Edmond，艾德蒙·莫兰

Moran, Honora Brigit Barton，霍诺拉·布里吉特·巴顿·莫兰

Moran Thomas，托马斯·莫兰

Mordred，莫德雷德

Mothel, Ireland，爱尔兰莫塞尔

Mount Knocknarea，诺克纳里亚山

Mount Vernon，芒特弗农

mourning cloak，丧服蛱蝶

Moxham, Roy，罗伊·莫克塞姆

Muniyamma，穆尼亚玛

N

O

P

Q

R

S

spinescence，棘刺

sporangium，孢子囊

spore horn，孢子角

Steller's jay，暗冠蓝鸦

Stellula calliope，星蜂鸟

Stern's medlar，斯特恩榅桲

Stevenson, Bradley，布拉德利·史蒂文森

stomata，气孔

Stonyhurst college，斯托尼赫斯特学院

Strand, Chris，克里斯·斯特兰德

streptomycin，链霉素

Strikes-with-an-Ax，斧劈

striped hairstreak，条纹灰蝶

Strymon melinus，红纹灰小灰蝶

Stuart, Jeb，杰布·斯图尔特

Suir, River，舒尔河

Suksdorf, Wilhelm Nikolaus，威廉·尼科劳斯·苏克斯多夫

Suksdorf's hawthorn，苏克斯多夫山楂

sweet thorn，甜荆棘

synovitis，滑膜炎

T

Tang Bencao，《唐本草》

Y

yarrow，西洋蓍草

yellow hawthorn，黄山楂

Yellowstone Park，黄石公园

Young, Wesley，韦斯利·杨

Young Ireland，青年爱尔兰

Z

Ziziphus jujuba，枣

Ziziphus spina-christi，基督刺枣

zoopharmacognosy，动物生药学

致谢

我要感谢米歇尔·苔丝勒(Michelle Tessler)，她用自己的专业知识打造了这本书的提纲。另外，我要真诚地感谢宾夕法尼亚州的珍与詹姆斯·格林菲尔德(Jane and James Greenfield)，爱尔兰的威利·霍根(Willy Hogan)，蒙大拿州圣彼得斯的吉姆·科尔奈利乌斯(Jim Cornelius)，堪萨斯州的玛丽与达尔文·丹特(Mary and Darvin Dent)，加利福尼亚州的玛西亚与维克多·利博曼(Marcia and Victor Lieberman)，以及新罕布什尔州的玛西亚·赫林(Marcia Herrin)与阿尔·斯特里克兰(Al Strickland)对我的慷慨帮助和热情招待。布莱恩·迪萨尔瓦多(Bryan DiSalvatore)与我分享了如何用一本复杂的书做研究的方法，帮我省去了很多出师不利和走投无路带来的困扰。最终，我要多谢"梅芙"，她显然是理解了我为什么要在她的树枝上挂这些东西：电脑键盘，碎布条，特别是姬蒂的项链。

图书在版编目(CIP)数据

山楂树传奇:远古以来的食物、药品和精神食粮/(美)比尔·沃恩著;侯畅译.—北京:商务印书馆,2018
(自然文库)
ISBN 978-7-100-15634-9

Ⅰ.①山… Ⅱ.①比…②侯… Ⅲ.①山楂—普及读物 Ⅳ.①S661.5-49

中国版本图书馆CIP数据核字(2017)第297681号

自然文库
山楂树传奇:远古以来的食物、药品和精神食粮
〔美〕比尔·沃恩 著
侯畅 译

商务印书馆出版
(北京王府井大街36号 邮政编码100710)
商务印书馆发行
北京新华印刷有限公司印刷
ISBN 978-7-100-15634-9

2018年5月第1版 开本787×960 1/16
2018年5月北京第1次印刷 印张21¾
定价:59.00元